PENSAMENTO ESTATÍSTICO

Analisando Dados em um Mundo de Incertezas

RUSSELL A. POLDRACK

ALTA BOOKS
GRUPO EDITORIAL
Rio de Janeiro, 2025

Pensamento Estatístico

ISBN: 978-85-508-2399-7

Alta Books é uma Editora do Grupo Editorial Alta Books.

Translated from original Statistical Thinking © 2023 by Russell A. Poldrack. ISBN 978-0-691-21844-1. This translation is published and sold by Princeton University Press, the owner of all rights to publish and sell the same. PORTUGUESE language edition published by Starlin Alta Editora e Consultoria Eireli, Copyright © 2025 by STARLIN ALTA EDITORA E CONSULTORIA LTDA.

Impresso no Brasil — 1ª Edição, 2025 — Edição revisada conforme o Acordo Ortográfico da Língua Portuguesa de 2009.

Dados Internacionais de Catalogação na Publicação (CIP)
(BENITEZ Catalogação Ass. Editorial, MS, Brasil)

P762p
1.ed. Poldrack, Russell A.
Pensamento estatístico : analisando dados em um mundo de incertezas / Russell A. Poldrack ; tradução Cibelle Ravaglia. - 1.ed. - Rio de Janeiro : Alta Books, 2025.
288 p.; il.; 15,7 x 23 cm.

Título original: Statistical thinking: analyzing data in an uncertain world
ISBN 978-85-508-2399-7

1. Ciência de dados. 2. Códigos de programação. 3. Estatística. 4. Estatística - Estudo e ensino. 5. Estatística - Métodos. I. Ravaglia, Cibelle. II. Título.

02-2025/44 CDD 006

Índice para catálogo sistemático:
1. Ciências de dados : Métodos : Estatística 006
Aline Graziele Benitez - Bibliotecária - CRB-1/3129

Grupo Editorial Alta Books

Produção Editorial: Grupo Editorial Alta Books
Diretor Editorial: Anderson Vieira
Editor da Obra: José Ruggeri
Vendas Governamentais: Cristiane Mutüs
Gerência Comercial: Claudio Lima

Produtor Editorial: Thiê Alves
Tradução: Cibelle Ravaglia
Copidesque: Isabella Veras
Revisão: Denise Himpel
Diagramação: Rita Motta

ALTA BOOKS
GRUPO EDITORIAL

Rua Viúva Cláudio, 291 — Bairro Industrial do Jacaré
CEP: 20.970-031 — Rio de Janeiro (RJ)
Tels.: (21) 3278-8069 / 3278-8419
www.altabooks.com.br — altabooks@altabooks.com.br
Ouvidoria: ouvidoria@altabooks.com.br

Editora **afiliada à:**

ASSOCIADO

SUMÁRIO

PREFÁCIO

O intuito desta obra é narrar a história de como a estatística é usada atualmente por pesquisadores do mundo todo. Trata-se de uma história diferente daquela contada na maioria dos livros introdutórios de estatística, cujo foco é ensinar um conjunto de ferramentas para alcançar objetivos muito específicos. Este livro foca a compreensão dos conceitos fundamentais do *pensamento estatístico*: uma abordagem sistemática de pensar como descrevemos o mundo e usamos os dados para tomar decisões e realizar predições, tudo isso considerando a incerteza intrínseca do mundo em que vivemos. Além disso, este volume aborda métodos contemporâneos que só se tornaram viáveis graças ao incrível avanço do poder computacional nas últimas décadas. Análises que, na década de 1950, demorariam anos agora podem ser concluídas em segundos com um notebook comum. Esse poder computacional abre caminho para a simulação computacional, possibilitando a formulação de perguntas inéditas e poderosas.

O livro foi escrito em meio à crise da reprodutibilidade (também chamada de crise de replicação) que assola diversas áreas científicas desde 2010. Uma das raízes importantes dessa crise está no modo como os pesquisadores utilizam (e, por vezes, de forma abusiva, como detalho no capítulo final) os testes de hipótese estatística, o que se relaciona diretamente com o ensino de estatística. Desse modo, esta obra tem como objetivo salientar os potenciais problemas associados a alguns métodos estatísticos atuais e sugerir alternativas.

A Era de Ouro dos Dados

Ao longo deste livro, procurei, sempre que possível, usar exemplos baseados em dados reais. Hoje em dia, isso ficou mais fácil, pois estamos literalmente "nadando" em conjuntos de dados abertos, já que governos, cientistas e empresas estão disponibilizando cada vez mais dados de forma gratuita. Usar um conjunto de dados reais é importante porque prepara os estudantes para trabalhar com dados reais, o que considero um dos principais objetivos do ensino de estatística. Além do mais, isso nos ajuda a perceber (como veremos em diversos pontos no decorrer do livro) que os dados nem sempre chegam prontos para análise, sendo frequente a necessidade de *data wrangling* para que fiquem em formato adequado. Por fim, usar dados reais também evidencia que as distribuições estatísticas idealizadas, frequentemente presumidas nos métodos estatísticos, nem sempre são válidas no mundo cotidiano. Por exemplo, tal como analisaremos no Capítulo 3, a distribuição de algumas grandezas do cotidiano (como o número de amigos no Facebook) pode apresentar caudas longas [long tail] que invalidam muitas suposições padrão.

Peço desculpas desde já pelo viés estadunidense dominante nos conjuntos de dados. Isso se deve, em grande parte, à vasta quantidade de informações disponibilizadas gratuitamente por órgãos governamentais dos Estados Unidos. Neste livro, utilizamos extensivamente o rico conjunto de dados do programa National Health and Nutrition Examination Surveys (NHANES [Pesquisa Nacional de Exame de Saúde e Nutrição]), disponível como pacote do R, assim como diversos conjuntos de dados complexos incluídos no R (como os do pacote `fivethirtyeight`), também de origem estadunidense. Espero que outros países comecem a compartilhar dados de forma mais aberta, possibilitando que edições futuras usem uma gama mais diversificada de conjuntos de dados.

A Importância de Praticar Estatística

O único jeito efetivo de aprender estatística é *praticá-la*. Tradicionalmente, apesar de muitos cursos de estatística terem sido ministrados com softwares estatísticos baseados em interfaces gráficas, a educação moderna vem se voltando cada vez mais para linguagens open-source, facilitando que os alunos programem as próprias análises. A meu ver, a habilidade de programar análises é imprescindível para a compreensão profunda da estatística. É por isso que, no meu curso na Universidade de Stanford, espera-se que os estudantes aprendam a usar a linguagem de programação estatística R a fim de analisar dados, aliando-a ao conhecimento teórico adquirido com este livro.

Dois recursos complementares e gratuitos acompanham esta obra para auxiliar o leitor na aprendizagem de programação. Um deles foca a linguagem R, enquanto o outro foca o Python. Ambos estão disponíveis em *https://press.princeton.edu/isbn/9780691218441*, na seção *Resources*, com exemplos de como criar as figuras e gráficos do livro utilizando Python e R. Lembre-se de que, no GitHub, o autor segue uma numeração diferente para tabelas, dependendo se o código é em R ou em Python.

Vale também lembrar que a maioria das leituras sugeridas, conjuntos de dados e links fornecidos estão em inglês, salvo os casos em que livros foram publicados no Brasil. Desse modo, todos os notebooks de códigos e figuras desta obra seguirão a proposta inicial do autor; ele usa a licença *Creative Commons Attribution-NonCommercial 4.0 International (CC BY-NC 4.0)*. Não é necessário ser fluente em inglês para programar ou para estudar, no entanto, como essa é uma questão controversa na comunidade de programação, ainda que alguns afirmem que o inglês seja o idioma oficial de qualquer linguagem de programação, achamos por bem manter os exemplos originais, fornecendo as traduções e termos em inglês entre colchetes, quando necessário.

Agradecimentos

Gostaria de começar agradecendo a Susan Holmes, quem inicialmente me inspirou a pensar em escrever meu próprio livro sobre estatística. Meus sinceros agradecimentos também a Jeanette Mumford, cujas sugestões foram extremamente valiosas para a obra como um todo, além de sua importante contribuição no desenvolvimento do conteúdo de diversas seções. Anna Khazenzon compartilhou comentários iniciais e inspirou a empreitada. Lucy King, por sua vez, compartilhou revisões e edições detalhadas em todo o livro, e ainda ajudou a padronizar o código de acordo com o Tidyverse.

Agradecimentos especiais também a Michael Henry Tessler por seus comentários inestimáveis no capítulo sobre análise bayesiana. Expresso minha profunda gratidão a Yihui Xie, criador do pacote Bookdown, por sua ajuda na utilização dos recursos do programa para a criação deste livro.

Além do mais, gostaria de agradecer a outras pessoas que forneceram comentários e sugestões úteis: Athanassios Protopapas, Wesley Tansey, Jack Van Horn, Thor Aspelund e Jessica Riskin, bem como @enoriverbend.

Esta obra nasceu de uma versão open-source que permanece disponível gratuitamente online em `http://statsthinking21.org`. Meus sinceros agradecimentos às seguintes pessoas que contribuíram com edições ou identificaram problemas na versão open-source do livro pelo Github ou e-mail: Isis Anderson, Larissa Bersh, Isil Bilgin, Forrest Dollins, Chuanji Gao, Nate Guimond, Alan He, Wu Jianxiao, James Kent, Dan Kessler, Philipp Kuhnke, Leila Madeleine, Lee Matos, Ryan McCormick, Jarod Meng, Kirsten Mettler, Shanaathanan Modchalingam, Mehdi Rahim, Jassary Rico-Herrera, Martijn Stegeman, Mingquian Tan, Wenjin Tao, Laura Tobar, Albane Valenzuela, Alexander Wang e Michael Waskom, assim como barbyh, basicv8vc, brettelizabeth, codetrainee, dzonimn, epetsen, carlosivanr, hktang, jiamingkong, khtan, kiyofumi-kan, NevenaK e ttaweel.

Agradecimentos especiais a Isil Bilgin pelo auxílio na correção de muitos desses problemas na versão open-source do livro.

1

Introdução

Objetivos de Aprendizagem

Após ler este capítulo, você deve ser capaz de:

- Descrever os principais objetivos e conceitos fundamentais da estatística.
- Descrever a diferença entre pesquisa experimental e observacional no que diz respeito ao que pode ser inferido sobre causalidade.
- Explicar como a randomização fornece a capacidade de fazer inferências sobre a relação de causa e efeito [causation][1].

O que É o Pensamento Estatístico?

O pensamento estatístico é uma forma de entender um mundo complexo e de descrevê-lo em termos relativamente simples que, não obstante, capturam aspectos elementares de sua estrutura ou função e nos fornecem alguma ideia sobre o grau de incerteza relativo a esse conhecimento. Em especial, os alicerces do pensamento estatístico se originam da matemática e da estatística, bem como da ciência da computação, da psicologia e de outros campos do saber.

Podemos distingui-lo de outras formas de pensamento menos propensas a descrever o mundo com acurácia. Em termos específicos, a intuição humana tenta com frequência responder às mesmas perguntas passíveis de resposta com o pensamento estatístico, mas, não raro, fornece respostas equivocadas. Por exemplo, nos últimos anos, a maioria dos norte-americanos relatou acreditar que os crimes violentos estão piores em relação ao ano anterior (Pew, 2020). No entanto, uma análise estatística dos dados reais sobre criminalidade mostrou que, na verdade, os crimes violentos estavam *diminuindo* constantemente durante esse período. A intuição falha porque confiamos nas melhores suposições (que os psicólogos chamam de *heurísticas*), que podem estar

[1] Segundo o Australian Bureau of Statistics, em estatística, os termos *causation* e *causality* se referem a conceitos relacionados, porém sutilmente distintos, ambos determinantes na identificação de relações entre eventos ou variáveis. *Causation* implica uma relação direta em que um evento é o resultado direto da ocorrência de outro evento, ou seja, existe uma relação de causa e efeito entre os dois eventos ou entre duas variáveis. Por outro lado, *causality* é um conceito mais amplo que abrange a ideia de causalidade, mas também pode ser entendido como o estudo das relações causais em si. Apesar de os dois termos serem traduzidos como causalidade, neste livro, *causality* foi traduzido como "casualidade" e *causation,* como "relação de causa e efeito", visto que "causação" em português tem uso incomum. [N. da T.]

equivocadas. Por exemplo, os seres humanos geralmente julgam a prevalência de algum evento (como crimes violentos) recorrendo *à heurística de disponibilidade* — ou seja, à facilidade com que conseguimos pensar em um exemplo de crime violento. Por essa razão, nossos julgamentos sobre o aumento das taxas de criminalidade podem retratar mais o aumento da extensa cobertura midiática, apesar da diminuição efetiva na taxa de criminalidade. O pensamento estatístico nos fornece as ferramentas para compreender o mundo com mais acurácia e superar os vieses do julgamento humano.

Lidando com a Ansiedade Estatística

Muitas pessoas encaram a primeira aula de estatística com receio e ansiedade, sobretudo quando ouvem que também precisarão aprender a programar para analisar dados. Em minhas aulas, aplico uma pesquisa prévia aos alunos para mensurar sua postura em relação à estatística. Ela consiste em avaliar uma série de afirmações em uma escala de 1 (discordo totalmente) a 7 (concordo totalmente). Um dos itens é: "A ideia de me matricular em um curso de estatística me deixa nervoso(a)". Em uma turma recente, quase dois terços dos estudantes responderam com 5 ou mais, e cerca de um quarto concordou totalmente com a afirmação. Ou seja, caso se sinta nervoso(a) ao iniciar o aprendizado de estatística, saiba que não está sozinho(a).

A ansiedade pode ser desconfortável, mas a psicologia nos revela que esse tipo de excitação emocional pode, na verdade, auxiliar no *melhor* desempenho em diversas tarefas, pois concentra nossa atenção. Logo, se começar a se sentir ansioso(a) com o conteúdo deste livro, lembre-se de que muitos outros leitores compartilham do mesmo sentimento e que essa excitação emocional pode, na prática, fazer com que seu cérebro absorva o conteúdo de modo mais efetivo (mesmo que não pareça!).

O que a Estatística Pode Fazer por Nós?

Com a estatística, podemos adquirir três habilidades:

- *Descrever*: o mundo é complexo e, com frequência, precisamos representá-lo de forma simplificada para entendê-lo.
- *Decidir*: muitas vezes, baseamo-nos em dados para tomar decisões, geralmente diante da incerteza.
- *Predizer*: buscamos predizer situações novas, com base em nosso conhecimento de situações passadas.

Vejamos um exemplo prático dessas habilidades, partindo de uma pergunta que desperta o interesse de muitos: como definir uma alimentação saudável? Diversas fontes oferecem orientação: diretrizes governamentais sobre alimentação, livros de dieta e blogueiros, entre outras. Vamos focar uma pergunta específica: a gordura saturada em nossa dieta é prejudicial?

Podemos responder a essa pergunta com bom senso. Se ingerimos gordura, ela se transformará diretamente em gordura corporal, certo? E todos já vimos imagens de artérias obstruídas por gordura, logo, consumi-la obstruirá nossas artérias, não é?

Outra abordagem a essa pergunta seria recorrer à figuras de autoridade. As diretrizes alimentares da Food and Drug Administration [Agência Federal de Alimentos e Medicamentos] dos Estados Unidos recomendam, como ponto principal, que "um padrão alimentar saudável limita a ingestão de gorduras saturadas". Espera-se que essas diretrizes se baseiem em pesquisas científicas rigorosas, o que, de fato, ocorre em alguns casos. Mas, conforme Nina Teicholz (2014) expõe em seu livro *Gordura Sem Medo*, essa recomendação específica parece se basear mais em dogmas consolidados dos pesquisadores de nutrição do que em evidências concretas.

Por fim, podemos recorrer à pesquisa científica concreta. Começaremos analisando o estudo PURE, que examinou dietas e resultados das condições de saúde (incluindo morte) em mais de 135.000 pessoas de 18 países diferentes. Em uma das análises deste conjunto de dados (Dehghan *et al.* 2017, publicado na *Lancet*), os pesquisadores do PURE divulgaram uma análise de como a ingestão de diversas classes de macronutrientes (incluindo gorduras saturadas e carboidratos) se relacionava com a verossimilhança de morte dos participantes durante o estudo. Os participantes foram monitorados durante um período *mediano* de 7,4 anos, significando que uma metade das pessoas no estudo foi monitorada por um tempo inferior a 7,4 anos e a outra, por um tempo superior a 7,4 anos. A Figura 1.1 apresenta alguns dados do estudo (extraídos da publicação em inglês), ilustrando a relação entre a ingestão de gorduras saturadas e carboidratos e o risco de morte por qualquer causa.

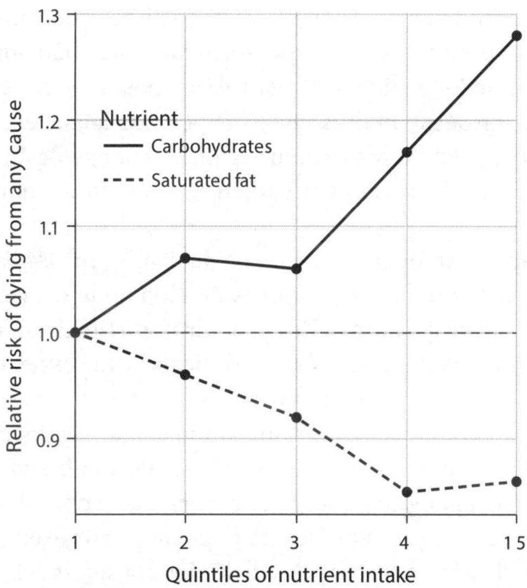

FIGURA 1.1. Um gráfico de dados do estudo PURE, evidenciando o risco relativo de morte por qualquer causa [no gráfico, "Relative risk of dying from any cause"] e a ingestão relativa de gorduras saturadas ["Saturated fat"] e carboidratos ["Carbohydrates"].

O gráfico se baseia em 10 números. Para obtê-los, os pesquisadores dividiram o grupo de 135.335 participantes do estudo (que chamamos de *amostra*) em 5 grupos (quintis ["Quintiles of nutrient intake"]) após ordená-los de acordo com a ingestão de cada nutriente; o primeiro quintil compreende os 20% das pessoas com a menor ingestão, e o quinto, os 20% com a maior ingestão. Em seguida, os pesquisadores calcularam a frequência de óbitos em cada grupo durante o monitoramento. A figura com o gráfico expressa esses dados em termos de *risco relativo* de morte em comparação ao menor quintil: se o número for maior que 1, significa que as pessoas do grupo têm maior probabilidade de morrer do que as do menor quintil; se for menor que 1, isso indica *menor* probabilidade de morte. O gráfico é bastante claro: aqueles que consumiram mais gordura saturada apresentaram *menor* probabilidade de morte durante o estudo, com a menor taxa observada entre os indivíduos do quarto quintil (ou seja, que consumiram mais gordura do que os 60% que consumiram menos, porém menos do que os 20% que consumiram mais). O inverso é observado com os carboidratos; quanto mais carboidratos uma pessoa ingeria, maior a sua probabilidade de morte durante o estudo. Esse exemplo demonstra como a estatística nos possibilita *descrever* um conjunto complexo de dados em termos de um conjunto de números mais simples; se tivéssemos que analisar os dados de cada participante simultaneamente, seríamos atropelados por dados e dificilmente conseguiríamos identificar o padrão que emerge quando eles são descritos de forma mais simplificada.

Embora os números da Figura 1.1 mostrem uma diminuição das mortes com o aumento da ingestão de gordura saturada e o inverso com o aumento dos carboidratos, a incerteza inerente aos dados não pode ser ignorada; podemos observar pessoas que faleceram precocemente, apesar de uma dieta pobre em carboidratos, assim como outras que consumiram elevadas quantidades de carboidratos e alcançaram a longevidade. Dada essa variabilidade, queremos *decidir* se as relações observadas nos dados são fortes o suficiente para descartar a aleatoriedade caso não houvesse uma relação verdadeira entre dieta e longevidade. A estatística nos fornece ferramentas para tomar esses tipos de decisões, e muitas vezes as pessoas leigas enxergam isso como *o* principal objetivo da estatística. Mas, como veremos ao longo desta obra, a necessidade de decisões sem nuances, baseadas em evidências nebulosas, muitas vezes induz os pesquisadores ao erro.

Com base nos dados, também gostaríamos de conseguir *predizer* resultados futuros. Por exemplo, uma companhia de seguros de vida pode querer utilizar dados das pessoas sobre a ingestão de gorduras e de carboidratos a fim de predizer sua expectativa de vida. Um dos aspectos importantes da predição é a necessidade de generalizar os dados existentes para outras situações, normalmente no futuro; se nossas conclusões se limitassem somente aos participantes do estudo em determinado momento, o estudo teria pouca utilidade. Em geral, os pesquisadores devem presumir que a amostra é representativa de uma *população* maior, o que exige que a obtenham de um modo que proporcione uma representação sem viés da população. Por exemplo, se todos os participantes do estudo PURE tivessem sido recrutados em seitas religiosas que praticam o vegetarianismo, provavelmente não seria adequado generalizar os resultados para pessoas que adotam padrões alimentares diferentes.

Os Princípios Fundamentais da Estatística

Quase todos os aspectos do pensamento estatístico são permeados por uma série de princípios fundamentais. Muitos deles são apresentados por Stigler (2016) em seu magnífico livro *The Seven Pillars of Statistical Wisdom*, que incremento aqui.

Aprendendo a partir dos Dados

Uma forma de entender a estatística é como um conjunto de ferramentas que possibilita o aprendizado a partir de dados. Em qualquer situação, partimos de um conjunto de ideias ou de *hipóteses* sobre o que pode ser verdade. No estudo PURE, talvez a expectativa dos pesquisadores fosse que o maior consumo de gordura conduzisse a taxas de mortalidade mais elevadas, considerando o dogma negativo e predominante em relação às gorduras saturadas. Mais adiante, apresentaremos a noção de *conhecimento prévio*, ou seja, o conhecimento aplicado a uma situação. A solidez desse conhecimento prévio pode variar, não raro, com base em nosso nível de experiência; ao visitar um restaurante pela primeira vez, provavelmente terei uma expectativa fraca sobre sua qualidade. No entanto, se já frequentei o mesmo restaurante dez vezes, minhas expectativas serão mais fortes. De forma similar, se eu consultar um site de avaliação de restaurantes e observar que a média de quatro estrelas se baseia em apenas três opiniões, terei uma expectativa menos fundamentada do que se ela fosse baseada em trezentas opiniões.

A estatística nos fornece uma maneira de descrever como dados novos podem ser melhor utilizados para modernizar nossas crenças, havendo, dessa forma, profundas conexões entre a estatística e a psicologia. Aliás, muitas teorias de aprendizagem humana e animal, oriundas da psicologia, relacionam-se estreitamente com ideias do campo do *aprendizado de máquina* [machine learning] — uma nova área na interseção entre estatística e ciência da computação, cujo foco é arquitetar algoritmos computacionais capazes de aprender a partir da experiência. Apesar de a estatística e o aprendizado de máquina frequentemente tentarem solucionar os mesmos problemas, pesquisadores dessas áreas adotam abordagens muito diferentes; certa vez, o renomado estatístico Leo Breiman (2001) se referiu aos campos como "duas culturas" a fim de retratar a disparidade de suas abordagens. Neste livro, busco integrar as duas culturas, pois ambas oferecem ferramentas úteis para o pensamento analítico baseado em dados.

Agregação

A estatística também pode ser entendida como a "ciência de descartar dados". No exemplo anterior do estudo PURE, condensamos mais de 100 mil números em apenas 10. Esse tipo de *agregação* é um dos conceitos mais importantes da estatística. Quando surgiu pela primeira vez, essa era uma ideia revolucionária: se descartarmos todos os detalhes sobre cada participante, como ter certeza de que não estamos perdendo algo crucial?

Como veremos, a estatística nos fornece maneiras de identificar a estrutura dos dados agregados, embasada com fundamentos teóricos que explicam por que isso geralmente funciona bem. No entanto, é importante ter em mente que a agregação pode ser excessiva. Mais adiante, analisaremos casos em que um resumo pode fornecer uma representação falaciosa dos dados sumarizados.

Incerteza

Vivemos em um mundo de incertezas. Atualmente, sabemos que o cigarro causa câncer pulmonar, porém esta relação causal é probabilística: um homem de 68 anos que fumou 2 maços de cigarro por dia nos últimos 50 anos e continua fumando tem um risco de

15% (1 em cada 7) de desenvolver câncer pulmonar, bem superior ao de um não fumante. Contudo, isso também significa que muitas pessoas fumarão a vida toda sem nunca desenvolver câncer pulmonar. A estatística nos fornece ferramentas para evidenciar a incerteza, tomar decisões em cenários incertos e realizar predições cuja incerteza podemos quantificar.

É comum vermos jornalistas escrevendo que pesquisadores científicos "comprovaram" alguma hipótese. Mas a análise estatística jamais pode "comprovar" uma hipótese no sentido de demonstrar que ela é obrigatoriamente verdadeira (como ocorre em uma prova lógica ou matemática). A estatística pode nos fornecer evidências, porém sempre provisórias e sujeitas à incerteza inerente do mundo em que vivemos.

Amostragem a partir de uma População

O conceito de agregação pressupõe que podemos obter insights valiosos ao condensar dados, mas de quantos dados precisamos? A ideia de *amostragem* afirma que podemos sumarizar toda uma população com base em um número reduzido de amostras, desde que obtidas de forma adequada. Por exemplo, o estudo PURE incluiu uma amostra de cerca de 135.000 pessoas, mas seu objetivo era fornecer insights sobre bilhões de seres humanos que compõem a população a partir da qual essas pessoas foram amostradas. Como visto anteriormente, a forma de obtenção da amostra do estudo é crucial, pois determina a amplitude da generalização dos resultados. Outro conceito primordial sobre amostragem é que, embora amostras maiores sejam sempre melhores (em termos de capacidade de representar com acurácia toda a população), há retornos decrescentes à medida que a amostra aumenta. Na prática, a taxa de decréscimo do benefício de amostras maiores adota uma simples regra matemática: ela aumenta na proporção da raiz quadrada do tamanho da amostra. Ou seja, para duplicar a precisão de nossa estimativa, precisamos quadruplicar o tamanho da amostra.

Causalidade e Estatística

Ao que parece, o estudo PURE forneceu evidências bastante sólidas de uma relação positiva entre o consumo de gordura saturada e a longevidade, mas não nos informa o que realmente queremos saber: se comermos mais gordura saturada, viveremos mais? Isso ocorre porque não sabemos se existe uma relação causal direta entre comer gordura saturada e viver mais. Os dados são compatíveis com essa relação, mas também condizem com outro fator que causa tanto o aumento da ingestão de gordura saturada quanto o da longevidade. Por exemplo, pode-se imaginar que pessoas mais ricas consomem mais gordura saturada e tendem a viver mais, porém sua longevidade não se deve necessariamente à ingestão de gordura — ao contrário, pode se dever a melhor assistência médica, menor estresse psicológico, melhor qualidade de alimentos ou muitos outros fatores. Os pesquisadores do estudo PURE tentaram considerar esses fatores, mas não podemos ter certeza de que seus empenhos eliminaram completamente os efeitos de outras variáveis. A constatação de que outros fatores podem explicar a relação entre a ingestão de gordura saturada e a morte é um exemplo do porquê os cursos introdutórios de estatística costumam ensinar que "correlação não implica relação de causa e efeito", embora o renomado especialista em visualização de dados Edward Tufte tenha acrescentado que "certamente é uma pista".

Ainda que as pesquisas observacionais (como o estudo PURE) não possam demonstrar conclusivamente relações causais, geralmente pensamos que a relação de causa e efeito pode ser demonstrada por meio de estudos que controlam e manipulam um fator específico em termos experimentais. Na medicina, esse tipo de estudo é chamado de *ensaio clínico randomizado controlado* (ECR). Digamos que queremos realizar um ECR a fim de examinar se o aumento da ingestão de gordura saturada aumenta a expectativa de vida. Para fazer isso, amostraríamos um grupo de pessoas e, em seguida, nós as atribuiríamos a um grupo de tratamento (que seria instruído a aumentar a ingestão de gordura saturada) ou a um grupo de controle (que seria instruído a manter a mesma alimentação). É essencial que a atribuição dos indivíduos a esses grupos seja feita aleatoriamente. Caso contrário, as pessoas que escolhem o grupo de tratamento podem ser diferentes de alguma forma daquelas que escolhem o grupo de controle — por exemplo, elas também podem ter maior probabilidade de adotar outros comportamentos saudáveis.

Em seguida, acompanharíamos os participantes ao longo do tempo e observaríamos quantos em cada grupo morreram. Como randomizamos as pessoas em grupos de tratamento ou de controle, podemos nos sentir bastante seguros de que não existem outras diferenças entre os grupos que possam *confundir* o efeito do tratamento; entretanto, ainda não podemos ter certeza absoluta, pois às vezes a randomização gera diferenças entre grupos de tratamento e grupos de controle que realmente variam em algum aspecto importante. Em geral, os pesquisadores tentam lidar com essas variáveis de confusão por meio de análises estatísticas, porém remover a influência de uma variável de confusão dos dados pode ser muito difícil.

Diversos ECRs examinaram o seguinte problema: será que a mudança na ingestão de gordura saturada resulta em uma saúde melhor e maior longevidade? Esses ensaios focam a *redução* de gordura saturada devido ao consistente dogma entre os pesquisadores de nutrição de que ela é letal; provavelmente, a maioria desses pesquisadores argumentaria que não seria ético fazer as pessoas comerem *mais* gordura saturada! No entanto, os ECRs demonstraram um padrão bastante consistente: no geral, não existe efeito significativo nas taxas de mortalidade da redução da ingestão de gordura saturada.

Leituras Sugeridas:

- *The Seven Pillars of Statistical Wisdom*, de Stephen Stigler. O autor é um dos historiadores de estatística mais renomados do mundo, e esse livro traça um panorama do que ele considera algumas das ideias fundamentais que embasam o pensamento estatístico. Suas ideias influenciaram decididamente os conceitos básicos apresentados neste capítulo.
- *Uma senhora toma chá: Como a estatística revolucionou a ciência no século XX*, de David Salsburg. Essa obra fornece uma visão geral abrangente e acessível da história da estatística, com forte foco em ampliar as contribuições, muitas vezes negligenciadas, das mulheres na história da disciplina.
- *Naked Statistics: Stripping the Dread from the Data*, de Charles Wheelan. Uma passeio divertido pelos principais conceitos da estatística.

Problemas

1. Descreva de que forma a estatística pode ser entendida como um conjunto de ferramentas para se aprender a partir dos dados.
2. O que significa amostrar a partir de uma população e por que isso é útil?
3. Descreva o conceito de *ensaio clínico randomizado controlado* e explique por que acreditamos que esse tipo de experimento pode fornecer informações sobre o efeito causal de um tratamento.
4. As três habilidade que podemos aprender com a estatística são ______________, ______________, ______________ e ______________.
5. No início da pandemia de covid-19, ocorreu um estudo observacional que relatou a eficácia da hidroxicloroquina no tratamento da doença. Ensaios clínicos randomizados posteriores não comprovaram eficácia do medicamento para tratar a doença. O que poderia explicar essa discrepância entre os resultados observacionais e os ensaios clínicos randomizados controlados? Escolha todas as opções que se aplicam:
   - ▷ Havia diferenças sistemáticas no estudo observacional entre aqueles que receberam o medicamento e aqueles que receberam outros tratamentos.
   - ▷ A randomização ajuda a eliminar diferenças entre os grupos de tratamento e de controle.
   - ▷ O medicamento é mais eficaz quando o médico o administra aos pacientes adequados.
6. Associe os seguintes exemplos ao conceito mais adequado da lista: agregação, incerteza, amostragem.
   - ▷ Um pesquisador sumariza os escores de 10.000 pessoas em um conjunto de 12 números (agregação).
   - ▷ Uma pessoa é fumante inveterada por 70 anos, mas é perfeitamente saudável e está em forma (incerteza).
   - ▷ Um pesquisador generaliza, partindo de um estudo de 1.000 indivíduos para todos os seres humanos (amostragem).

2

Trabalhando com Dados

Objetivos de Aprendizagem

Após ler este capítulo, você deve ser capaz de:

- Identificar diferentes tipos de variáveis (quantitativas/qualitativas, binárias/de números inteiros/reais, discretas/contínuas) e exemplificar cada um deles.
- Distinguir os conceitos de confiabilidade e de validade, bem como aplicar cada conceito a um conjunto específico de dados.

O que São Dados?

A primeira pergunta fundamental sobre os dados é: o que *são* dados? Na língua portuguesa, *dado* se origina da palavra em latim *datus*, "(coisa) dada, entregue" conforme suas cinco declinações e, respectivamente, seus seis casos. Na língua inglesa, *data* é o plural, sendo o singular *datum* (mesmo que algumas pessoas discordem). Ainda na língua inglesa, a pronúncia de *data* também gera dúvidas: costumo dizer "day-tah", porém muitos falam "dah-tah", o que não me impede de continuar amigo delas. No entanto, se elas falassem "the data is", seria um problema delicado...

Dados Qualitativos

Dados são constituídos de *variáveis*. Uma variável representa medidas ou quantidades específicas. Algumas variáveis são *qualitativas*, ou seja, descrevem qualidades em vez de quantidades numéricas. Por exemplo, uma das perguntas da pesquisa introdutória em meu curso de estatística é: "Qual é sua comida favorita?" As respostas variam entre mirtilo, chocolate, tamale, massa, pizza e manga. Perceba que esses dados não são intrinsecamente numéricos; poderíamos atribuir números a cada um deles (1 = mirtilo, 2 = chocolate etc.), mas seria apenas uma forma de rotulagem, sem o uso dos números reais. Isso também limita as operações que podemos realizar com esses números; calcular a média deles, por exemplo, não faria sentido. No entanto, é comum codificarmos dados qualitativos com números para facilitar a análise, como veremos mais adiante.

Dados Quantitativos

Em estatística, trabalhamos com mais frequência com dados *quantitativos*, ou seja, dados numéricos. Por exemplo, a tabela 2.1 mostra os resultados de outra pergunta que faço em minha aula introdutória: "Por que você está cursando esta disciplina?" Observem que as respostas foram qualitativas, mas geramos um resumo quantitativo delas ao calcularmos o número de alunos que forneceu cada resposta.

TABELA 2.1. Cálculo da prevalência de diferentes respostas à pergunta "Por que você está cursando esta disciplina?"

Por que você está cursando esta disciplina?	Número de alunos
Atende a um requisito do conteúdo programático de graduação	105
Atende a um requisito geral de abrangência educacional	32
Não é obrigatório, mas estou interessado na matéria	11
Outros	4

TIPOS DE NÚMEROS

Em estatística, existem diversos tipos diferentes de números. É importante entender essas diferenças, em parte porque as linguagens de análise estatística (como o R) geralmente exigem distinção entre eles.

Números binários: os números binários são os mais simples, ou seja, 0 ou 1. Em geral, eles são usados para representar se algo é verdadeiro ou falso, presente ou ausente. Por exemplo, posso perguntar a dez pessoas se já tiveram enxaqueca, registrando as respostas como "Sim" ou "Não". Normalmente, é útil usar *valores* lógicos, que assumem o valor de True ou False. Isso pode ser ainda mais útil quando começamos a usar linguagens de programação como o R para analisar nossos dados, pois essas já compreendem os conceitos de True ou False. Na verdade, a maioria das linguagens de programação trata valores lógicos e números binários de forma equivalente. O número 1 é igual ao valor lógico `True`, e o número 0 é igual ao valor lógico `FALSE`.

Números inteiros: números inteiros são números sem a parte fracionária ou decimal. Comumente, eles são encontrados quando contamos coisas, mas também aparecem com frequência em medidas psicológicas. Por exemplo, em minha pesquisa introdutória, aplico um conjunto de perguntas sobre a atitude dos alunos em relação à estatística (como "A estatística me parece muito misteriosa"), no qual eles respondem com um número entre 1 (discordo totalmente) e 7 (concordo totalmente).

Números reais: em estatística, é mais frequente trabalharmos com números reais, que têm uma parte fracionária/decimal. Por exemplo, podemos calcular o peso de alguém, o qual pode ser medido com um nível arbitrário de precisão, desde quilogramas até microgramas.

Medições Discretas versus Medições Contínuas

Medição *discreta* é aquela que assume um conjunto finito de valores específicos. Esses valores podem ser qualitativos (por exemplo, diferentes raças de cães) ou numéricos (por exemplo, quantos amigos alguém tem no Facebook). Vale ressaltar que não há meio-termo entre as medições; não faz sentido dizer que alguém tem 33,7 amigos.

Medição *contínua* é aquela definida em termos de um número real. Pode estar em qualquer lugar dentro de um intervalo específico de valores, ainda que, normalmente, nossas ferramentas de medição limitem a precisão com a qual podemos medi-la; por exemplo, uma balança de piso pode arredondar o peso, embora o peso possa, em teoria, ser calculado com mais precisão.

Em cursos de estatística, é comum entrar em mais detalhes sobre diferentes "escalas" de medição, analisadas no apêndice deste capítulo. O aprendizado mais importante é que alguns tipos de métodos estatísticos não fazem sentido para alguns tipos de dados. Por exemplo, imagine que coletássemos dados de código postal de inúmeras pessoas. Esses números são representados como números inteiros, mas, na verdade, não se referem a uma escala numérica; basicamente, cada código postal funciona como um rótulo para uma região diferente. Por esse motivo, não faria sentido falar sobre a média de um código postal, por exemplo.

Quais São os Critérios para uma Boa Medição?

Em muita áreas, como a psicologia, o que medimos não é uma característica física, mas, sim, um conceito teórico não observável, geralmente chamado de *construto*. Por exemplo, suponha que eu queira testar a compreensão de um aluno sobre os diferentes tipos de números descritos anteriormente. Eu poderia aplicar um teste surpresa com diversas perguntas sobre esses conceitos e contabilizaria quantas delas ele acertou. No entanto, essa prova pode ou não ser uma boa medida do construto do conhecimento efetivo do aluno. Por exemplo, se eu escrevesse de forma confusa ou usasse uma linguagem que os alunos não entendessem, o teste poderia sugerir que eles não compreendem os conceitos quando, na verdade, compreendem. Por outro lado, se aplicar uma prova de múltipla escolha com alternativas de respostas claramente erradas, os alunos podem ter um bom desempenho, mesmo que não compreendam realmente o material.

Geralmente, é impossível medir um construto sem algum grau de erro. No exemplo anterior, você pode até saber a resposta, mas pode interpretar mal a pergunta e errar. Em outros casos, o erro é intrínseco ao que está sendo medido, como quando medimos o tempo de resposta de uma pessoa em um teste simples, que varia de tentativa para tentativa por diversos motivos. Via de regra, queremos que o erro de medição seja o menor possível, o que podemos alcançar aprimorando a qualidade dela (por exemplo, ao usarmos um dispositivo com maior acurácia a fim de medir o tempo de resposta) ou calculando a média de um número maior de medições individuais.

Às vezes, existe um padrão em relação ao qual outras medidas podem ser comparadas, o qual podemos chamar de "padrão-ouro" — por exemplo, a medição do sono pode ser feita com inúmeros dispositivos diferentes (como aqueles que calculam o movimento na cama), mas, geralmente, eles são considerados inferiores ao padrão-ouro da polissonografia (que usa a medição das ondas cerebrais para quantificar o tempo que uma pessoa passa em cada estágio do sono). Não raro, o padrão-ouro é mais difícil ou custoso de realizar, e o método mais barato é usado, ainda que possa ter maior erro. Ao refletirmos sobre os critérios para uma boa medição, geralmente distinguimos dois aspectos diferentes: *confiabilidade* e *validade*.

Confiabilidade

Confiabilidade se refere à consistência de nossas medições. Uma de suas formas comuns, conhecida como *confiabilidade teste-reteste*, calcula até que ponto as medições concordam se a mesma medição for realizada duas vezes. Por exemplo, eu poderia lhe fornecer um questionário sobre sua atitude em relação à estatística hoje, repetir o mesmo questionário amanhã e comparar suas respostas dos dois dias; espera-se que elas sejam muito semelhantes, a menos que algo tenha acontecido entre os dois testes que pudesse ter mudado sua opinião sobre a estatística (como a leitura deste livro!).

Outra forma de avaliar a confiabilidade ocorre em casos nos quais os dados incluem julgamentos subjetivos. Por exemplo, suponha que um pesquisador queira determinar se um tratamento muda a qualidade da interação de uma criança autista com outras crianças, medido por especialistas que a observam e avaliam suas interações com as outras. Nesse caso, queremos garantir que as respostas não dependam do avaliador individual — ou seja, queremos ter alta *confiabilidade entre avaliadores*. É possível medir isso fazendo com que mais de um deles avalie o caso e, em seguida, comparando as avaliações a fim de garantir que elas concordem significativamente umas com as outras.

Se quisermos comparar uma medida com outra, a confiabilidade é fundamental, já que a relação entre duas variáveis diferentes não pode ser mais forte do que a relação entre qualquer uma das variáveis e ela mesma (ou seja, sua confiabilidade). Isto significa que, uma medida não confiável nunca pode ter uma forte relação estatística com qualquer outra. Por esse motivo, os pesquisadores que desenvolvem uma medida nova (como uma nova pesquisa) normalmente se esforçam para estabelecer e melhorar sua confiabilidade.

Validade

A confiabilidade é importante, mas, isolada, não é suficiente. Afinal, eu poderia criar uma medida perfeitamente confiável em um teste de personalidade, recodificando todas as respostas com o mesmo número, independentemente de como as pessoas, de fato, respondem. Queremos que nossas medidas também sejam *válidas* — ou seja, queremos ter certeza de que estamos efetivamente medindo o construto que pensamos estar medindo (Figura 2.1). Apesar de existirem diferentes tipos de validade comumente analisados, focaremos três deles.

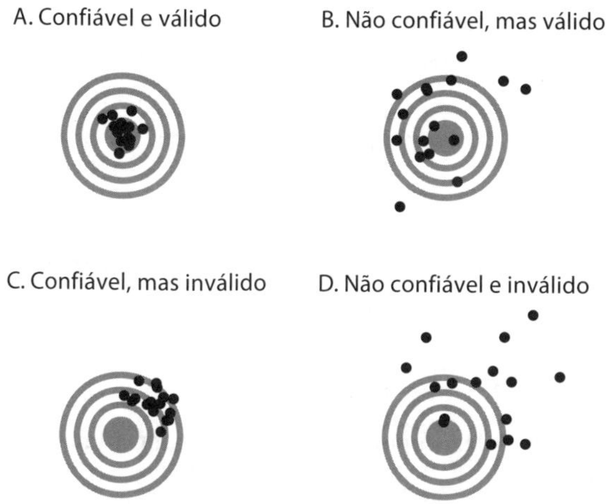

FIGURA 2.1. Figura que demonstra a distinção entre confiabilidade e validade, usando tiros ao alvo. A confiabilidade se refere à consistência da localização dos disparos, e a validade se refere à acurácia dos disparos em relação ao centro do alvo.

VALIDADE APARENTE

A medição faz sentido à primeira vista? Suponha que eu fale que medirei a pressão arterial de alguém analisando a cor da língua da pessoa. Provavelmente, você acharia que essa não é uma medida válida à primeira vista. Em contrapartida, usar um medidor de pressão arterial teria validade aparente (ou validade de face). Normalmente, trata-se da primeira verificação de realidade que fazemos, antes de nos aprofundarmos em aspectos mais complexos da validade.

VALIDADE DE CONSTRUTO

A medição está relacionada a outras medições de forma adequada? Geralmente, esse tipo de validade se subdivide em dois aspectos. *A validade convergente* indica que a medição deve estar estreitamente relacionada a outras medidas que supostamente retratam o mesmo construto. Digamos que estou interessado em mensurar o nível de extroversão de uma pessoa com um questionário ou com uma entrevista. A validade convergente seria demonstrada se ambas as medições estivessem estreitamente relacionadas. Por outro lado, medições que presumem retratar construtos diferentes não devem estar relacionadas, o que é conhecido como *validade divergente* (ou validade discriminante). Se minha teoria da personalidade afirma que extroversão e conscienciosidade são dois construtos distintos, logo eu também deveria observar que minhas medidas de extroversão *não estão relacionadas* às medidas de conscienciosidade.

VALIDADE PREDITIVA

Se forem genuinamente válidas, nossas medições também devem ser capazes de predizer outros resultados. Por exemplo, suponha que acreditamos que o traço psicológico de busca por sensações (o anseio por novas experiências) esteja relacionado a correr riscos no mundo cotidiano. Para testar a validade preditiva de uma medida de busca por sensações, testaríamos até que ponto os escores no teste predizem outros em uma pesquisa diferente que mede o fato de correr riscos no mundo cotidiano.

Leituras Sugeridas:

- *An Introduction to Psychometric Theory with Applications in R*, de William Revelle. Trata-se de um livro didático, online e gratuito que abrange muitos aspectos da teoria da medida e de sua relação com a análise de dados, por um dos pesquisadores mais renomados da área.

Problemas

1. Para cada uma das seguintes variáveis, identifique se é qualitativa ou quantitativa:
   - Membros da equipe de um conjunto de jogadores de basquete
   - O número de eleições vencidas por um político
   - O número da versão de um carro (por exemplo, BMW 330)
   - A proporção de alunos que fizeram aulas de estatística
   - O nome do livro usado para aulas de estatística em todo o país
   - Número de seguidores no X (antigo Twitter)
   - Curso de graduação
   - Volume de chuvas diárias
   - Presença/ausência de anticorpos para doenças
2. Para cada uma das seguintes variáveis, identifique qual tipo de número é retratado (binário, inteiro ou real):
   - O número de estudantes em uma turma
   - A proporção esperada de estudantes em um curso
   - Se um determinado aluno concluiu ou não uma tarefa
   - O peso de uma mosca-da-fruta em gramas
3. Exemplifique um caso em que um número é usado para representar informações que não estão em uma escala numérica.
4. Para cada um dos exemplos a seguir, especifique se é retratado o conceito de validade ou de confiabilidade.
   - Solicita-se que dois especialistas avaliem a qualidade de uma obra de arte, e suas avaliações são comparadas pela semelhança.
   - Alunos recebem uma prova com diversas perguntas sobre determinado tópico, apresentadas em ordem aleatória. As notas das perguntas ímpares são comparadas com as notas das perguntas pares.
   - Alunos recebem duas provas diferentes de conhecimento, uma com questões de múltipla escolha e outra com um teste empírico de conhecimentos práticos. Ambas as notas são comparadas.
   - Um dispositivo vestível para medir a glicose é fornecido a um grupo de pessoas, e as medições de cada uma delas são comparadas com sua verossimilhança subsequente de desenvolver diabetes.

Apêndice

Escalas de Medição

Todas as variáveis devem assumir, pelo menos, dois valores diferentes e possíveis (caso contrário, seriam *constantes* e não variáveis). No entanto, valores diferentes da variável podem se relacionar entre si de formas diferentes, que denominamos *escalas de medição*. Os valores de uma variável podem diferir de quatro formas.

- *Identidade*: cada valor da variável tem um significado único.
- *Magnitude*: os valores da variável retratam magnitudes diferentes e têm uma relação ordenada entre si — ou seja, alguns são maiores e outros são menores.
- *Intervalos iguais*: as unidades ao longo da escala de medição são iguais entre si. Isso significa, por exemplo, que a diferença entre 1 e 2 seria igual em sua magnitude à diferença entre 19 e 20.
- *Zero absoluto*: a escala tem um ponto zero verdadeiramente significativo. Por exemplo, para muitas medições de grandezas físicas, como altura ou peso, é a ausência completa do que está sendo mensurado.

Os valores de uma variável podem diferir em quatro escalas diferentes de medição.

- *Escala nominal*: uma variável nominal satisfaz o critério de identidade. Cada valor representa algo diferente, mas os números funcionam apenas como rótulos qualitativos, conforme já analisamos. Por exemplo, podemos perguntar às pessoas sua filiação partidária e depois codificar as respostas como números: 1 = Partido Republicano, 2 = Partido Democrata, 3 = Partido Libertário, e assim por diante. No entanto, os diferentes números não têm qualquer relação ordenada entre si.
- *Escala ordinal*: uma variável ordinal atende aos critérios de identidade e de magnitude. Os valores podem ser ordenados de acordo com sua magnitude. Por exemplo, podemos pedir a alguém com dor crônica que preencha um formulário todos os dias para avaliar a gravidade da dor, usando uma escala numérica de 1 a 7. Observe que, embora a pessoa possivelmente sinta mais dor no dia em que registra 6 do que no dia em que registra 3, não faria sentido afirmar que a dor é duas vezes maior no primeiro dia em relação ao segundo; a ordenação nos fornece informações sobre a magnitude relativa, mas as diferenças entre os valores não são necessariamente iguais em magnitude.
- *Escala de intervalo*: uma escala de intervalo apresenta todas as características de uma escala ordinal, porém os intervalos entre as unidades na escala de medição podem ser tratados como iguais. Um clássico exemplo é a temperatura física em Celsius ou em Fahrenheit; a diferença física entre 10 e 20 graus é a mesma que a diferença entre 90 e 100 graus, mas cada escala também pode assumir valores negativos.
- *Escala razão*: uma variável de escala razão compartilha todas as quatro características descritas anteriormente — identidade, magnitude, intervalos iguais e zero absoluto. A diferença entre uma variável de escala razão e uma variável de escala de intervalo é que a variável da primeira tem um ponto zero

verdadeiro. Exemplos de variáveis de escala razão incluem altura e peso físicos, bem como a temperatura medida em kelvins.

Devemos prestar atenção à escala de medição de uma variável por duas razões importantes. A primeira é que a escala determina que tipo de operações matemáticas podemos aplicar aos dados (tabela 2.2). Uma variável nominal só pode ser comparada quanto à igualdade; ou seja, duas observações nessa variável têm o mesmo valor numérico? Não faria sentido aplicar outras operações matemáticas a uma variável nominal, visto que elas não funcionam como números nesse caso, e, sim, como rótulos. Com variáveis ordinais, também podemos testar se um valor é maior ou menor que outro, mas não podemos fazer nenhuma operação aritmética. Variáveis de intervalo e razão nos possibilitam realizar operações matemáticas; com variáveis de intervalo, conseguimos apenas somar ou subtrair valores, ao passo que, com variáveis razão, também conseguimos multiplicar e dividir valores.

Tabela 2.2. Diferentes Escalas de Medição Admitem Diferentes Tipos de Operações Numéricas

	Igual/Não igual	**>/<**	**+/−**	**Multiplicação/Divisão**
Escala nominal	OK			
Escala ordinal	OK	OK		
Escala de intervalo	OK	OK	OK	
Escala razão	OK	OK	OK	OK

Além do mais, essas restrições sugerem que existem determinados tipos de métodos estatísticos que podemos calcular em cada tipo de variável. Aqueles que simplesmente englobam o cálculo de valores diferentes (como o valor mais comum, conhecido como *moda*) podem ser aplicados a qualquer um dos tipos de variáveis. Outros métodos se baseiam na ordenação ou no ranking de valores (como a *mediana*, o valor médio quando todos os valores são ordenados pela sua magnitude) e exigem que o valor esteja, pelo menos, em uma escala ordinal. Por último, os métodos estatísticos que incluem a soma de valores (como a *média*) exigem que esses estejam, pelo menos, em uma escala de intervalo. Dito isso, devemos observar que é bastante comum que os pesquisadores calculem a média de variáveis que são somente ordinais (como respostas em testes de personalidade), mas isso, não raro, pode ser problemático.

3

Sumarização de Dados

No Capítulo 1, mencionei que uma das descobertas mais importantes da estatística é a ideia de que podemos compreender melhor o mundo descartando informações, e fazemos exatamente isso quando sumarizamos um conjunto de dados. Neste capítulo, analisaremos por que e como sumarizar os dados.

Objetivos de Aprendizagem

Após ler este capítulo, você deve ser capaz de:

- Calcular distribuições de frequência absoluta, relativa e cumulativa para um determinado conjunto de dados.
- Gerar uma representação gráfica de uma distribuição de frequência.
- Descrever a diferença entre uma distribuição normal e uma de cauda longa [long-tailed], bem como as situações que comumente originam cada uma delas.

Por que Sumarizar os Dados?

Ao sumarizar os dados, estamos necessariamente descartando informações, e é possível que alguém se oponha a isso. Como exemplo, retomemos o estudo PURE que analisamos no Capítulo 1. Não deveríamos considerar importantes todos os detalhes de cada indivíduo, além das informações sumarizadas no conjunto de dados? E quanto aos detalhes específicos sobre o modo de coleta dos dados, como a hora do dia ou o estado de espírito do participante? Quando sumarizamos, todos esses detalhes se perdem.

Uma justificativa para a sumarização de dados é a possibilidade de *generalização* — ou seja, formular afirmações gerais que vão além de observações específicas. A importância da generalização foi enfatizada pelo escritor Jorge Luis Borges em seu conto "Funes, o Memorioso". A história narra a vida de um homem que perde a capacidade de esquecer. Borges foca a relação entre generalizar (ou seja, descartar dados) e pensar: "Pensar é esquecer diferenças, é generalizar, abstrair. No mundo abarrotado de Funes não havia senão detalhes, quase imediatos".

Psicólogos há muito estudam a importância da generalização para o pensamento. Um exemplo é a categorização: somos capazes de reconhecer com facilidade diferentes exemplares da categoria "aves", mesmo que, individualmente, eles apresentem variações significativas em suas características exteriores (como um avestruz, um robin americano e uma galinha). Vale ressaltar que a generalização nos possibilita fazer predições sobre esses exemplares — no caso das aves, podemos predizer que elas voam, comem sementes e, provavelmente, não conseguem dirigir carros nem falar inglês. Essas predições nem sempre serão corretas, mas são boas o suficiente para se mostrarem úteis no mundo.

Sumarização de Dados Usando Tabelas

Uma forma simples de sumarizar os dados é criar uma tabela que represente a contagem de diversos tipos de observações. Este tipo de tabela tem sido usado há milhares de anos (Figura 3.1).

Figura 3.1. Uma tabuinha suméria do Museu do Louvre, em Paris, mostrando um contrato de venda de uma casa e de um campo. (Domínio público, via Wikimedia Commons).

Vejamos alguns exemplos do uso de tabelas, com um conjunto de dados mais realista. No decorrer deste livro, usamos o conjunto de dados do National Health and Nutrition Examination Survey (NHANES [Pesquisa Nacional de Exame de Saúde e Nutrição dos Estados Unidos, programa conduzido pelo National Center for Health Statistics]). Trata-se de um estudo em andamento que avalia, considerando diversas variáveis, o estado de saúde e a nutrição da população a partir de uma amostra representativa de estadunidenses. Usamos uma versão do conjunto de dados, disponível em um pacote de software na linguagem de programação estatística R. Neste exemplo, analisamos uma variável simples, chamada *PhysActive* no conjunto de dados. Ela contém um dos três seguintes valores diferentes: "Sim" ou "Não" (indicando se o entrevistado relatou praticar "atividades esportivas, físicas ou recreativas de intensidade moderada ou vigorosa), ou "NA" (indicando dados ausentes para determinado indivíduo). A ausência de dados pode ocorrer por diversos motivos. Por exemplo, essa pergunta não é feita a crianças menores de 12 anos, e alguns adultos podem ter se recusado a respondê-la durante a entrevista, ou a gravação da resposta pode estar ilegível no formulário de registro do entrevistador.

Quando dados estão ausentes, é importante saber o porquê. Se a ausência não estiver relacionada ao valor lógico da variável, via de regra, podemos prosseguir com a análise dos dados, simplesmente desconsiderando esses valores ausentes. Isso pode ocorrer, por exemplo, caso um entrevistador se esqueça de fazer a pergunta para alguns entrevistados. Em outros casos, o fato de os dados estarem ausentes pode estar relacionado ao valor da variável; por exemplo, se houver uma pergunta delicada sobre saúde mental, pessoas com problemas de saúde mental podem ter maior probabilidade de desconsiderar em vez de responder. Nesses casos, a análise de dados se torna mais desafiadora, sendo aconselhável consultar um especialista para obter orientações adicionais. Em muitos casos, simplesmente desconhecemos por que os dados estão ausentes; é comum seguir em frente, presumindo que a ausência é fruto do acaso, mas é importante saber que ela pode introduzir vieses nos resultados se, na realidade, os dados estiverem ausentes devido à sua relação com o valor real da variável. Para saber mais sobre o tratamento de dados ausentes, consulte Enders (2022).

Distribuições de Frequência

Uma *distribuição* descreve como os dados são distribuídos entre diferentes valores possíveis. Para exemplificar, vejamos quantos entrevistados se enquadram em cada uma das categorias de atividade física.

A Tabela 3.1 mostra as frequências de cada um dos diferentes valores; 2473 pessoas responderam "Não" à pergunta, 2972 responderam "Sim", e 1334 não responderam nada. Chamamos isso de *distribuição de frequência* porque nos revela a frequência de cada um dos valores possíveis em nossa amostra. Lembre também que, conforme mencionado no início deste livro, os exemplos de figuras serão mantidos em inglês, devido aos conjuntos de dados, porém, as tabelas foram traduzidas.

TABELA 3.1. Distribuição de Frequência para a Variável *PhysActive*

Variável *PhysActive*	Frequência absoluta
Não	2473
Sim	2972
NA	1334

Aqui, observamos a frequência absoluta das duas respostas, considerando apenas aqueles que responderam à pergunta. É possível perceber que há mais pessoas dizendo "Sim" do que "Não", mas é difícil julgar, a partir de números absolutos, a dimensão dessa diferença em termos relativos. Por isso, geralmente preferimos apresentar os dados usando *frequências relativas*, obtidas dividindo cada frequência pela soma de todas as frequências:

$$frequência\ relativa_i = \frac{frequência\ absoluta_i}{\sum_{j=1}^{N} frequência\ absoluta_j}$$

A frequência relativa fornece um modo mais fácil de observar a dimensão da discrepância. Podemos ainda interpretar as frequências relativas como porcentagem, multiplicando-as por 100. Neste exemplo, também descartaremos os valores NA, pois queremos interpretar comparativamente as frequências relativas de pessoas ativas e inativas. No entanto, conforme analisado anteriormente, é necessário presumirmos que os dados ausentes são fruto do acaso para que essa interpretação faça sentido. Ou seja, se um grupo de participantes tiver maior probabilidade de se recusar a responder à pergunta do que o outro, isso *enviesaria* nossa estimativa de frequência da atividade física, tornando-a diferente do valor lógico.

A Tabela 3.2 mostra que 45% das pessoas na amostra do NHANES responderam "Não" e 55% responderam "Sim".

TABELA 3.2. Frequências e Porcentagens Absolutas e Relativas para a Variável *PhysActive*

Variável *PhysActive*	Frequência absoluta	Frequência relativa	Porcentagem
Não	2473	0.45	45
Sim	2972	0.55	55

Distribuições Cumulativas

A variável *PhysActive*, que examinamos anteriormente, tinha apenas dois valores possíveis, porém, muitas vezes desejamos sumarizar dados que podem ter mais do que isso. Quando esses valores são quantitativos, uma maneira útil de sumarizá-los é por meio do que chamamos de representação de frequência *cumulativa*: em vez de perguntarmos quantas observações assumem um valor específico, perguntamos quantas observações têm esse valor específico *ou menos* que esse valor.

Vejamos outra variável no conjunto de dados do NHANES, chamada *SleepHrsNight*, que registra o número de horas de sono relatadas pelos entrevistados em dias de semana habituais. A Tabela 3.3 mostra uma tabela de frequência similar à criada anteriormente após removermos qualquer participante com dados ausentes para essa pergunta. Já podemos começar a sumarizar o conjunto de dados apenas observando a tabela; por exemplo, podemos verificar que a maioria das pessoas relata dormir entre 6 e 8 horas. Para visualizar isso com mais clareza, podemos plotar um *histograma*, que mostra o número de casos com cada um dos diferentes valores (painel A da Figura 3.2). Podemos também plotar as frequências relativas, normalmente chamadas de *densidades* (painel B da Figura 3.2).

TABELA 3.3. Distribuição de Frequência Para o Número de Horas de Sono Por Noite no Conjunto de Dados do NHANES

Variável *SleepHrsNight*	Frequência absoluta	Frequência relativa	Porcentagem
2	9	0.00	0.18
3	49	0.01	0.97
4	200	0.04	3.97
5	406	0.08	8.06
6	1172	0.23	23.28

Variável *SleepHrsNight*	Frequência absoluta	Frequência relativa	Porcentagem
7	1394	0.28	27.69
8	1405	0.28	27.90
9	271	0.05	5.38
10	97	0.02	1.93
11	15	0.00	0.30
12	17	0.00	0.34

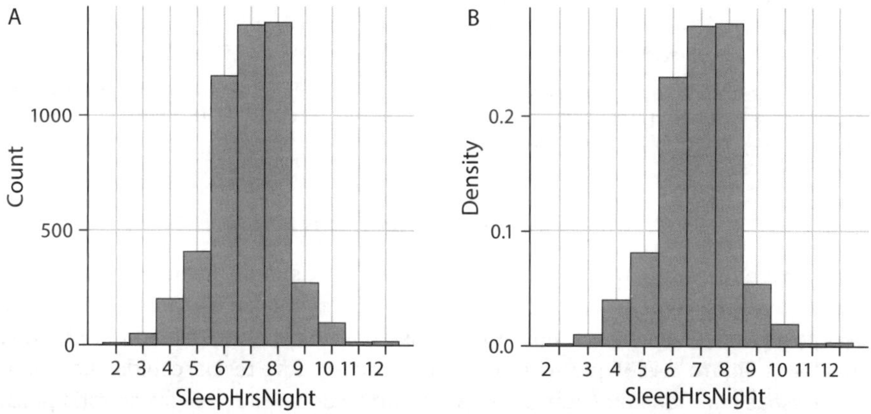

Figura 3.2. Histograma mostrando (A) o número [Count, Contagens] e (B) a frequência relativa [Density, Densidade] (também chamada de densidade ou de proporção) de pessoas que relatam cada valor possível da variável *SleepHrsNight*.

E se quisermos saber quantas pessoas relatam dormir 5 horas ou menos? Para descobrir isso, podemos calcular uma *distribuição cumulativa*. Para calcular a frequência cumulativa de um determinado valor *j*, somamos as frequências de todos os valores até *j*:

$$frequência\ cumulativa_j = \sum_{i=1}^{j} frequência\ absoluta_i$$

Exemplificaremos isso com a variável *SleepHrsNight*, calculando a frequência absoluta e cumulativa. No painel A da Figura 3.3, plotamos os dados para visualizar como são essas representações; os valores de frequência absoluta são plotados em linhas contínuas, e as frequências cumulativas são plotadas em linhas tracejadas. Observamos que a frequência cumulativa está *aumentando monotonicamente* — ou seja, só pode subir ou permanecer constante, mas nunca diminuir. Novamente, as frequências relativas costumam ser mais úteis do que as absolutas, elas estão plotadas no painel B da Figura 3.3. Vale ressaltar que o formato do gráfico de frequência relativa é exatamente igual ao gráfico de frequência absoluta — apenas o tamanho dos valores mudou.

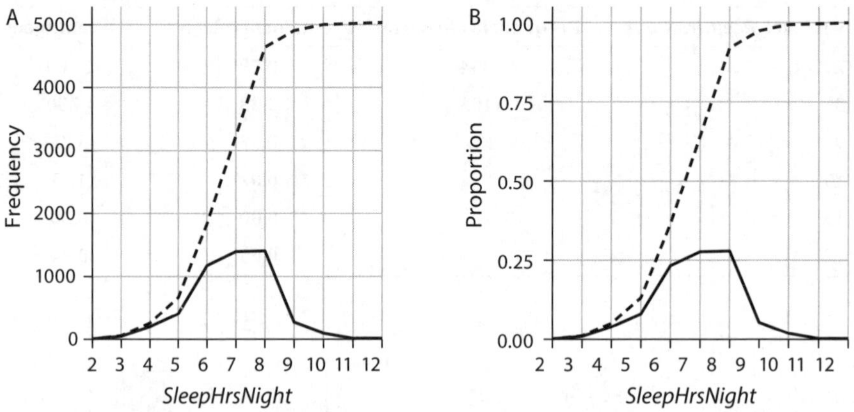

Figura 3.3. Um gráfico do histograma (linha contínua) e da distribuição cumulativa (linha tracejada) de frequência absoluta (A [Frequency, Frequência]) e frequência relativa (B [Proportion, Proporção]) para os possíveis valores de *SleepHrsNight*.

Plotando Histogramas

As variáveis que examinamos antes eram relativamente simples, tinham apenas alguns valores possíveis. Agora, analisaremos outra mais complexa: a idade. Começaremos plotando a variável *Age* para todos os entrevistados no conjunto de dados do NHANES (painel A da Figura 3.4). O que você observa? Primeiro, deve ter percebido que o número de pessoas em cada faixa etária diminui ao longo do tempo. Isso faz sentido porque a população está sendo amostrada aleatoriamente, e, ao longo do tempo, a ocorrência de mortes resulta em um número menor de participantes nas faixas etárias mais avançadas. Segundo, você provavelmente notou um pico acentuado no gráfico em torno dos 80 anos. O que acha que pode explicar isso?

Se pesquisássemos as informações sobre o conjunto de dados do NHANES, encontraríamos a seguinte definição para a variável *Age*: "Idade em anos no momento da triagem do participante do estudo. Observação: Sujeitos de pesquisa com 80 anos ou mais foram registrados como 80". O motivo disso é que o número relativamente pequeno de entrevistados com idades muito avançadas potencialmente facilitaria identificar o indivíduo específico no conjunto de dados, caso soubéssemos sua idade exata; em geral, os pesquisadores prometem aos participantes sigilo sobre suas identidades, e essa é uma das medidas que podem ser tomadas para proteger os sujeitos de pesquisa. Isso ressalta mais uma vez o fato de que é sempre importante conhecer a origem dos dados e como eles foram processados; caso contrário, podemos interpretá-los erroneamente, pensando, por exemplo, que os idosos de 80 anos foram super-representados na amostra.

Vejamos outra variável mais complexa no conjunto de dado do NHANES: a altura. O histograma dos valores de altura está plotado no painel B da Figura 3.4. Nesta distribuição, o primeiro aspecto que você deve observar é a concentração de densidade em torno de 170 cm. No entanto, a distribuição tem uma "cauda" à esquerda, indicando um pequeno número de pessoas com alturas muito menores. O que você acha que pode explicar isso?

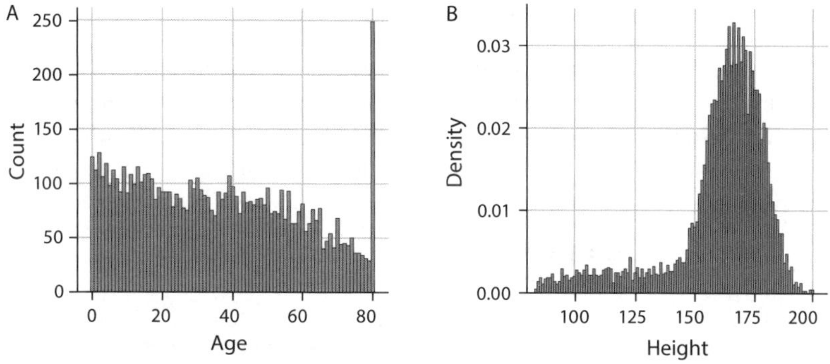

FIGURA 3.4. Um histograma das variáveis *Age* (A [Count, Contagens]) e *Height* (B [Density, Densidade]) no NHANES.

Talvez você tenha deduzido que as alturas menores correspondem a crianças no conjunto de dados. Uma forma de examinar isso é plotar o histograma com cores distintas para crianças e para adultos (painel A da Figura 3.5). Isso revela que, na amostra, todas as alturas menores se referiam, de fato, a crianças. Vamos criar uma versão nova do NHANES que inclua apenas adultos e, em seguida, plotar o histograma somente para eles (painel B da Figura 3.5). Nesse último gráfico, a distribuição parece bem mais simétrica. Como veremos mais tarde, ele é um bom exemplo de uma distribuição *normal* (ou *gaussiana*).

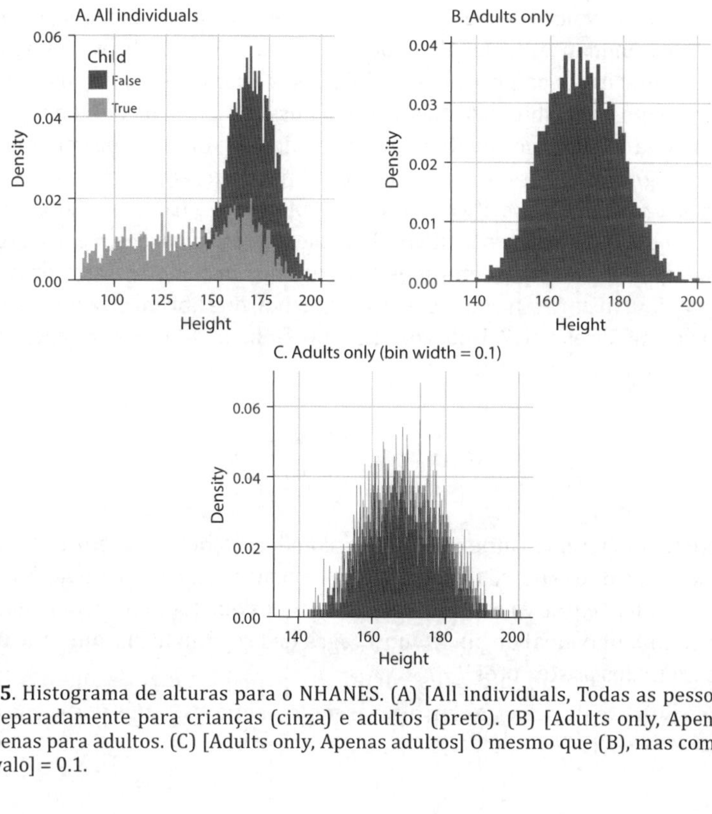

FIGURA 3.5. Histograma de alturas para o NHANES. (A) [All individuals, Todas as pessoas] Valores plotados separadamente para crianças (cinza) e adultos (preto). (B) [Adults only, Apenas adultos] Valores apenas para adultos. (C) [Adults only, Apenas adultos] O mesmo que (B), mas com largura de bin [intervalo] = 0.1.

Bins do Histograma

No exemplo anterior com a variável *SleepHrsNight*, os dados foram registrados em números inteiros, e simplesmente contamos o número de pessoas que reportaram cada valor possível. No entanto, se observamos alguns valores da variável *Height* no NHANES (conforme mostrado na Tabela 3.4), veremos que ela foi medida em centímetros até a primeira casa decimal.

TABELA 3.4. Alguns Valores das VARIÁVEIS *Height* do Conjunto de Dados do NHANES

Variáveis *Height*
169.6
169.8
167.5
155.2
173.8
174.5

O painel C da Figura 3.5 mostra um histograma que contabiliza a densidade de cada valor possível até a primeira casa decimal. Esse histograma parece irregular, resultado da variabilidade em valores específicos de casas decimais. Por exemplo, o valor 173.2 ocorre 32 vezes, enquanto o valor 173.3 ocorre apenas 15 vezes. Provavelmente não há diferenças significativas na prevalência real dessas duas alturas; é mais provável que isso ocorra devido à variabilidade aleatória em nossa amostra de pessoas.

Em geral, quando criamos um histograma de dados contínuos ou com muitos valores possíveis, agrupamos esses valores (em *bins*) para que, em vez de contar e plotar a frequência de cada valor específico, contemos e plotemos a frequência dos valores que se enquadram em intervalos específicos. Por isso, o gráfico parece menos irregular no painel B da Figura 3.5, em que definimos a largura do bin como 1; assim, os valores 1.3, 1.5 e 1.6 contribuem para a frequência do mesmo bin, que abrangeria de valores iguais a 1 até aqueles menores que 2. Uma vez que o tamanho do bin é selecionado, o número de bins é determinado pelos dados:

$$\textit{número de bins} = \frac{\textit{intervalo de scores}}{\textit{largura do bin}}$$

Não existe uma regra inflexível sobre como escolher a largura ideal do bin. Ocasionalmente, ele será óbvio (como quando há poucos valores possíveis), porém, em muitos casos, exige tentativa e erro. Existem métodos que tentam encontrar automaticamente um tamanho ideal de bin, como a regra de Freedman-Diaconis que usaremos em alguns exemplos posteriores.

Representações Idealizadas de Distribuições

Assim como flocos de neve, cada conjunto de dados é único, mas, ainda assim, observamos padrões repetitivos e frequentes entre eles. Isso nos possibilita usar representações idealizadas dos dados para sumarizá-los ainda mais. Usaremos os dados sobre a altura de adultos, plotados na Figura 3.5, a fim plotá-los com uma variável bem diferente: a frequência cardíaca (batimentos por minuto), também medida no NHANES (Figura 3.6).

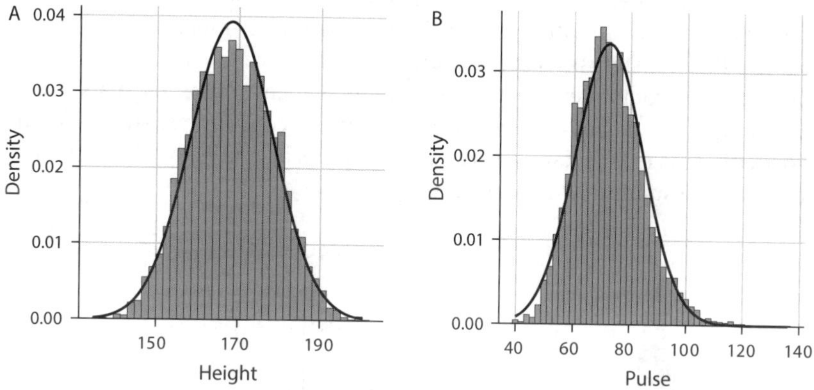

FIGURA 3.6. Histogramas para altura [Height] por Densidade [Density] (A) e frequência cardíaca [Pulse] por Densidade (B) no conjunto de dados do NHANES, com a distribuição normal sobreposta para cada conjunto de dados.

Ainda que esses gráficos, sem sombra de dúvida, não sejam exatamente iguais, ambos compartilham a característica geral de serem relativamente simétricos em relação a um pico arredondado no centro. Na verdade, esse é um dos modos de distribuição comumente observado quando coletamos dados, o qual chamamos de distribuição *normal* (ou *gaussiana*). Ela é definida por dois valores (conhecidos como *parâmetros* da distribuição): a localização do pico central (denominada *média*) e a largura da distribuição (descrita por um parâmetro chamado *desvio-padrão*). A Figura 3.6 mostra a distribuição normal adequada, plotada na parte superior de cada um dos histogramas. É possível observar que, embora não se ajustem exatamente aos dados, as curvas desempenham satisfatoriamente a tarefa ao caracterizar a distribuição — com apenas dois números!

Como veremos mais adiante, quando estudarmos o teorema central do limite (TCL), existe uma razão matemática complexa pela qual muitas variáveis no mundo exibem a forma de uma distribuição normal.

Skewness

Os exemplos da Figura 3.6 seguem a distribuição normal razoavelmente bem, porém, em muitos casos, os dados se desviam sistematicamente da distribuição normal. Uma forma pela qual os dados podem se desviar é quando são assimétricos, quando uma das caudas da distribuição é mais densa do que a outra. Chamamos isso de *skewness*. Normalmente, a skewness ocorre quando a medição se restringe a valores não negativos, como ao contarmos coisas ou mensurarmos tempos decorridos (quando a variável não pode assumir valores negativos).

É possível observamos um exemplo de skewness relativamente leve nos tempos médios de espera das filas de inspeção e segurança do Aeroporto Internacional de San Francisco, plotado no painel A da Figura 3.7. Podemos perceber que, embora a maioria dos tempos de espera seja inferior a 20 minutos, há uma quantidade considerável de casos que ultrapassam 60 minutos! Trata-se de um exemplo de distribuição com "skewness à direita [rightskewed]", em que a cauda à direita é mais longa que aquela à esquerda; isso é comum em contagens ou tempos mensurados, os quais não podem ser menores que 0. É menos comum observar distribuições com "skewness à esquerda [left-skewed]", mas elas podem ocorrer, por exemplo, ao analisar valores fracionários que não podem assumir um valor maior que 1.

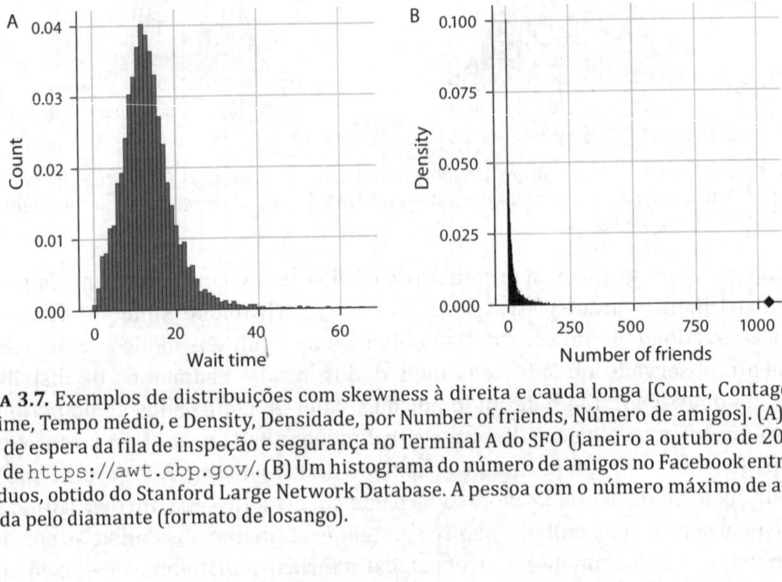

FIGURA 3.7. Exemplos de distribuições com skewness à direita e cauda longa [Count, Contagem, por Wait time, Tempo médio, e Density, Densidade, por Number of friends, Número de amigos]. (A) Tempo médio de espera da fila de inspeção e segurança no Terminal A do SFO (janeiro a outubro de 2017), extraído de `https://awt.cbp.gov/`. (B) Um histograma do número de amigos no Facebook entre 3.663 indivíduos, obtido do Stanford Large Network Database. A pessoa com o número máximo de amigos é indicada pelo diamante (formato de losango).

Distribuições de Cauda Longa

Tradicionalmente, a estatística tem focado bastante os dados que são distribuídos normalmente. No entanto, muitos tipos de dados não se parecem em nada com uma distribuição normal. Em termos específicos, muitas distribuições do mundo cotidiano têm "cauda longa", significando que a cauda à direita se estende muito além dos elementos mais comuns da distribuição; ou seja, são extremamente assimétricas. Um dos tipos de dados mais interessantes em que ocorrem distribuições de cauda longa vem da análise de redes sociais. Como exemplo, analisaremos os dados sobre amigos do Facebook, obtidos do Stanford Large Network Database, e plotaremos o histograma do número de amigos para os 3.663 participantes do banco de dados (painel B da Figura 3.7). Como podemos ver, essa distribuição tem uma cauda longa à direita — a média de amigos por pessoa é de 24.09, enquanto aquela com mais amigos (indicada pelo diamante) tem 1.043!

As distribuições de cauda longa estão sendo cada vez mais reconhecidas no mundo em que vivemos. Em particular, muitas características de sistemas complexos são representadas por essas distribuições, desde a frequência de palavras em um texto, o número de partida e aterrissagem de voos em diferentes aeroportos até a conectividade das redes cerebrais. As distribuições de cauda longa podem ocorrer em uma série de maneiras diferentes, a mais comum ocorre em casos que retratam o chamado efeito Mateus da Bíblia Cristã:

> Para aquele que tem, tudo lhe será dado e terá em abundância; mas para aquele que não tem, até o que tem lhe será tirado. (Bíblia King James Atualizada (Português) © 2012 Abba Press.)

Em geral, isso é parafraseado como "os ricos ficam cada vez mais ricos". Nessas situações, as vantagens são maximizadas, de modo que quem tem mais amigos tem acesso a ainda mais amigos novos, e quem tem mais dinheiro tem a capacidade de fazer coisas que aumentam ainda mais sua riqueza.

À medida que avançarmos no livro, veremos diversos exemplos de distribuições de cauda longa. Não podemos esquecer que muitas ferramentas de estatística podem ser ineficazes quando lidam com dados de distribuições de cauda longa. Como salientado por Nassim Nicholas Taleb no livro *A Lógica do Cisne Negro*, essas distribuições de cauda longa desempenharam papel decisivo na crise financeira de 2008, já que muitos dos modelos financeiros utilizados pelos traders presumiam que os sistemas financeiros seguiriam a distribuição normal, o que claramente não aconteceu.

Leituras Sugeridas:

- *A Lógica do Cisne Negro: O impacto do altamente improvável*, de Nassim Nicholas Taleb. Esse livro controverso defende que acontecimentos mundiais extremamente significativos (como a crise financeira internacional de 2008) retratam o impacto de distribuições de cauda longa, do tipo apresentado neste capítulo.

Problemas

1. Descreva por que se pode pensar que agregar dados para sumarizá-los é péssima ideia.
2. Descreva o conceito de generalização e explique por que ele é uma consequência importante da sumarização de dados.
3. Um conjunto de dados contém resultados de 325 estudantes de psicologia, 212 estudantes de ciências políticas, 54 estudantes de economia e 214 estudantes indecisos. Crie uma tabela mostrando os seguintes valores com base nesses dados:
   - Distribuição de frequência absoluta
   - Distribuição de frequência relativa
   - Porcentagem

4. Para os dados descritos na questão 3, faria sentido criar uma distribuição cumulativa? Por quê? Ou por que não?
5. Uma pesquisa com alunos pergunta quantos irmãos cada estudante tem, e os resultados são os seguintes: 44 são filhos únicos, 28 têm um irmão, 35 têm dois irmãos, 8 têm 3 irmãos, e 1 tem 4 irmãos. Crie uma tabela mostrando as frequências absolutas e cumulativas para esses dados.
6. Desenhe um histograma para os dados de frequência absoluta da pergunta 5.
7. Quais são os dois parâmetros que descrevem uma distribuição normal específica em sua totalidade? Nomeie cada parâmetro e descreva o que ele nos informa sobre a distribuição.
8. Descreva um motivo comum pelo qual uma distribuição pode ser assimétrica.
9. Descreva o conceito de uma distribuição de cauda longa e forneça um exemplo de uma variável que você esperaria que essa distribuição tivesse.

4

Visualização de Dados

Objetivos de Aprendizagem

Após ler este capítulo, você deve ser capaz de:

- Descrever e usar os princípios para distinguir gráficos eficazes e ineficazes.
- Compreender as limitações humanas que devem ser acomodadas para criar gráficos eficazes.
- Prometer nunca criar um gráfico de pizza. *Nunca.*

Por que a Visualização de Dados É Importante

Em 28 de janeiro de 1986, o ônibus espacial *Challenger* explodiu 73 segundos após a decolagem. Todos os sete astronautas que estavam a bordo morreram. Como em qualquer desastre desse tipo, houve uma investigação oficial para apurar a causa do acidente, a qual concluiu que um anel de vedação do tipo O'Ring conectando duas seções do propulsor do foguete vazou, resultando em falha da junta e explosão do grande tanque de combustível líquido (Figura 4.1).

A investigação revelou que muitos aspectos do processo de tomada de decisão da NASA eram ineficientes e focou particularmente uma reunião entre funcionários dessa agência e engenheiros da Morton Thiokol, a contratada que construiu os robustos propulsores do foguete. Os engenheiros estavam bastante apreensivos, pois a previsão do tempo indicava temperaturas muito baixas para a manhã do lançamento, e eles tinham dados de lançamentos anteriores mostrando que o desempenho dos anéis do tipo O'Ring era comprometido em temperaturas mais baixas. Em uma reunião na noite anterior ao lançamento, os engenheiros apresentaram os dados aos gerentes da NASA, mas não conseguiram convencê-los a adiar o lançamento. Suas evidências consistiam em um conjunto de gráficos feitos à mão, mostrando números de vários lançamentos anteriores.

Edward Tufte, especialista em visualização de dados, argumentou que, com uma apresentação adequada de todos os dados, os engenheiros poderiam ter sido mais persuasivos. Em termos específicos, eles poderiam ter mostrado um gráfico como o da Figura 4.2, que destaca dois fatos importantes. Primeiro, mostra que os danos em um dos anéis O'Ring (ocasionados pela fuligem e desgaste no exterior dos anéis após os robustos propulsores serem recuperados do oceano em voos anteriores) estavam estritamente relacionados à temperatura na decolagem. Segundo, demonstra que o intervalo de temperaturas previsto para a manhã do dia 28 de janeiro (indicada na área sombreada) estava bem fora do intervalo de todos os lançamentos anteriores. Ainda que não possamos saber com certeza, parece plausível que uma visualização como essa pudesse ter sido mais convincente.

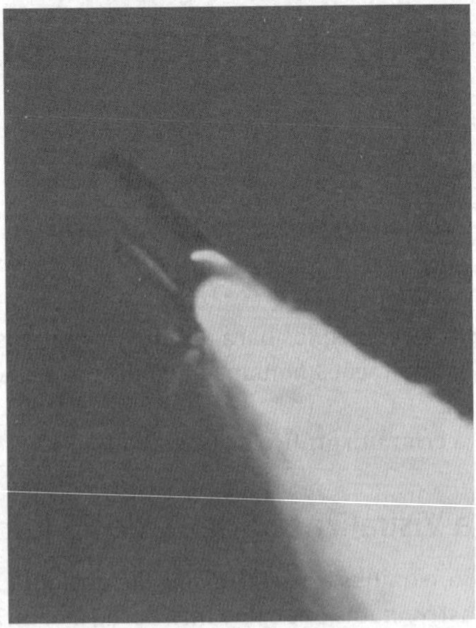

FIGURA 4.1. Uma imagem do robusto propulsor do foguete vazando combustível, segundos antes da explosão. A pequena chama visível na lateral do foguete é o local da falha de uma dos anéis O'Ring. (Foto da NASA; domínio público, via Wikimedia Commons)

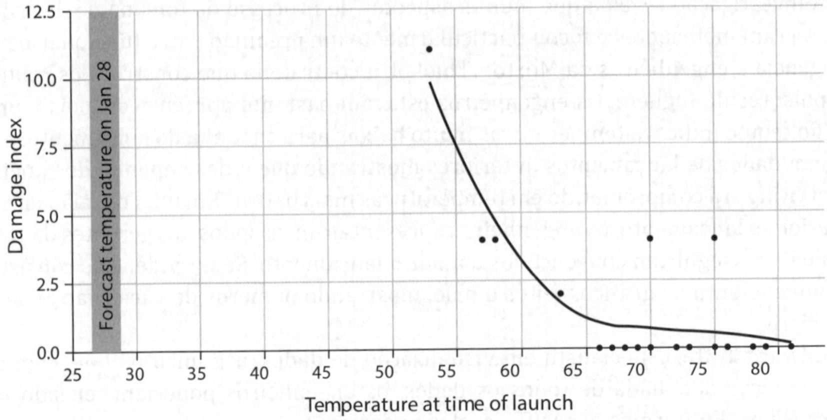

FIGURA 4.2. Uma nova representação gráfica dos dados do índice de danos [Damage index] de Tufte. A linha mostra a tendência dos dados, e o trecho sombreado indica as temperaturas estimadas para a manhã do lançamento [Forecast temperature on Jan 28].

Anatomia de um Gráfico

O objetivo de plotar um gráfico é apresentar um resumo de um conjunto de dados por meio de uma representação bidimensional (ou, ocasionalmente, tridimensional). Chamamos as dimensões de *eixos* — o eixo horizontal é chamado de eixo x e o vertical, de eixo y. Podemos organizar os dados ao longo dos eixos, de modo a destacar seus valores. Esses valores podem ser contínuos ou categóricos.

Podemos usar diversos tipos diferentes de gráficos, cada qual com vantagens e desvantagens. Suponha que queiramos caracterizar a diferença de altura entre homens e mulheres no conjunto de dados do NHANES.[1] A Figura 4.3 apresenta quatro formas diferentes de plotar esses dados.

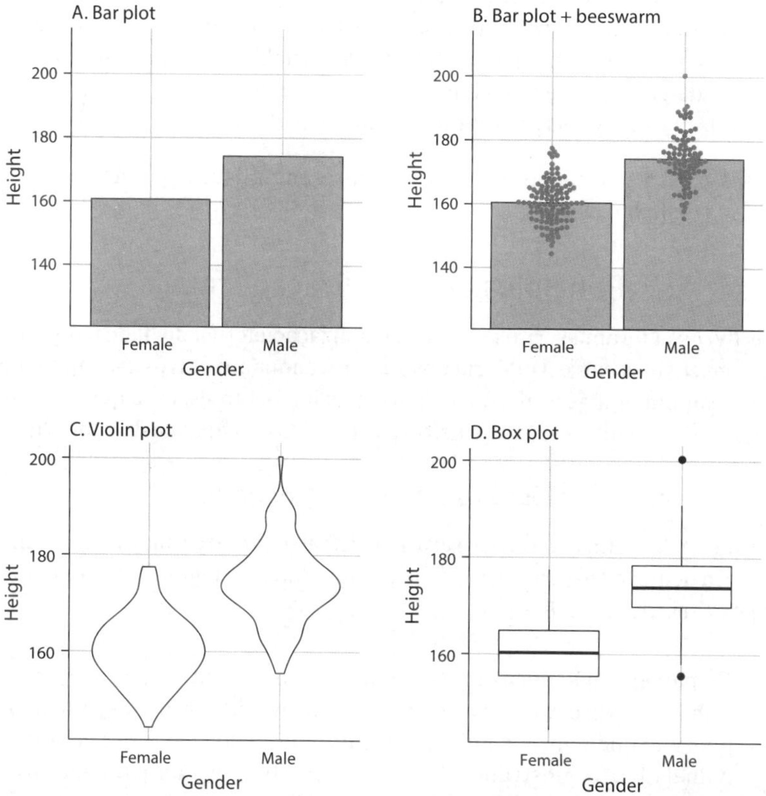

FIGURA 4.3. Quatro formas distintas de plotar a diferença de altura [Height] entre homens e mulheres em uma amostra do conjunto de dados do NHANES. O painel A representa graficamente as médias dos dois grupos, o que não possibilita avaliar a sobreposição relativa das duas distribuições. O painel B mostra as mesmas barras, mas também sobrepõe os pontos de dados com o que é conhecido como gráfico de dispersão beeswarm [Bar plot + beeswarm]. O painel C apresenta um gráfico de violino [Violin plot], que mostra a distribuição dos conjuntos de dados para cada grupo. O painel D representa um gráfico de caixa (também chamado de diagrama de caixa e gráfico boxplot), que destaca a dispersão da distribuição com quaisquer outliers (mostrados como pontos individuais).

1 O uso de *gênero* (e não *sexo*) como um rótulo para variáveis ao longo deste livro é baseado na rotulagem do conjunto original de dados.

1. No painel A, o *gráfico de barras* mostra a diferença entre as médias, porém não revela a dispersão dos dados ao redor delas — e, como veremos mais adiante, conhecer essa dispersão é crucial para determinar se a diferença entre os grupos é significativa o bastante. De modo geral, preferimos usar técnicas de plotagem que forneçam uma visualização mais clara da distribuição dos pontos de dados.
2. No painel B, o gráfico apresenta as barras com todos os pontos de dados sobrepostos, utilizando um *gráfico de dispersão beeswarm*. Isso possibilita observar as distribuições, tornando um pouco mais evidente a sobreposição entre as distribuições de altura de homens e mulheres.
3. No painel C, vemos um exemplo de um *gráfico de violino*, que representa a distribuição dos dados em cada condição (após suavizá-la um pouco).
4. Outra opção é o *gráfico de caixa*, mostrado no painel D, que apresenta a mediana (linha central), uma medida de variabilidade (a largura da caixa, baseada em uma medida chamada *intervalo interquartil*), e quaisquer outliers (observados pelos pontos individuais além das extremidades das linhas).

Os itens 2, 3 e 4 são maneiras eficazes de apresentar dados, pois fornecem uma boa noção da sua distribuição.

Princípios de Visualização Efetiva

Diversos livros já foram escritos sobre a visualização efetiva de dados. Alguns princípios são consensuais entre a maioria dos autores, enquanto outros são mais controversos. Aqui, resumimos alguns dos princípios mais importantes; caso queira se aprofundar no assunto, consulte a seção de Leituras Sugeridas no final deste capítulo.

Mostre os Dados e Destaque-os

Imagine que realizei um estudo para examinar a relação entre saúde bucal e tempo gasto usando fio dental e gostaria de visualizar meus dados. A Figura 4.4 apresenta quatro formas possíveis de representá-los.

1. No painel A, não mostramos os dados propriamente ditos, mas apenas uma linha que expressa a relação entre as variáveis. Claramente, isso não é ideal, pois não podemos visualizar como os dados subjacentes se comportam. Os painéis B a D mostram três resultados possíveis da plotagem dos dados reais. Cada gráfico apresenta uma aparência diferente que os dados poderiam ter.
2. Se observássemos o gráfico do painel B, provavelmente ficaríamos desconfiados — dados reais raramente seguem um padrão tão preciso.
3. Por outro lado, no painel C, os dados parecem reais — mostram uma tendência geral, mesmo sendo irregulares, como geralmente são os dados do mundo cotidiano.
4. No painel D, os dados revelam que a aparente relação entre as duas variáveis é determinada exclusivamente por um ponto de dados, que chamaríamos de

outlier, pois está muito fora do padrão do restante do grupo; no Capítulo 17, analisaremos os outliers com mais detalhes. Deve ficar claro que provavelmente não queremos tirar muitas conclusões de um efeito determinado por apenas um ponto de dados.

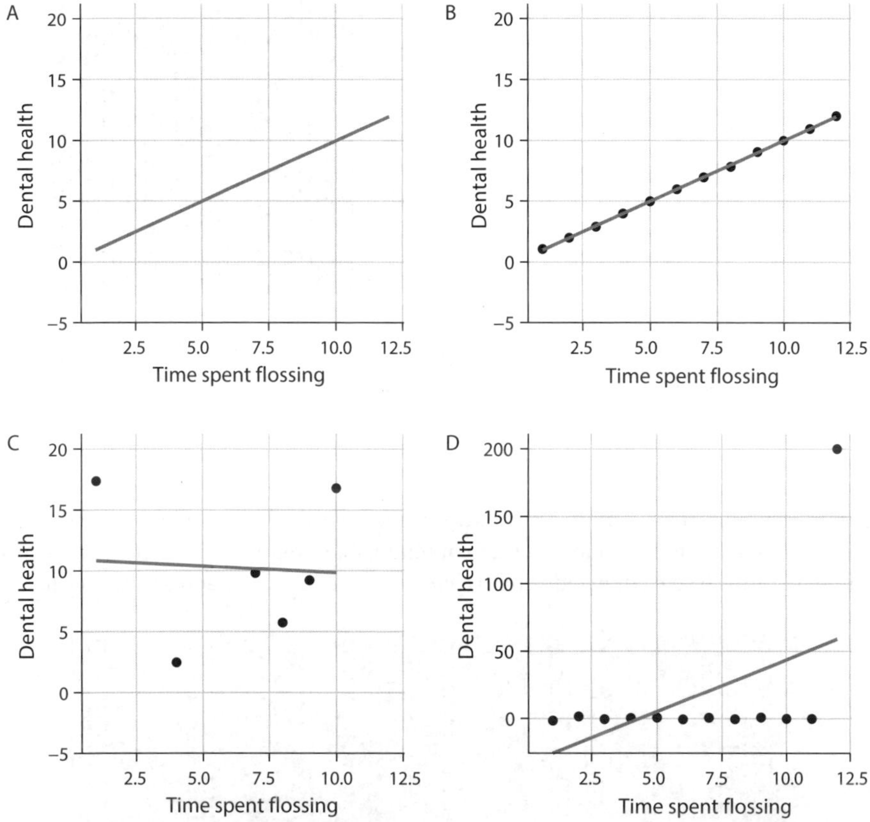

FIGURA 4.4. Quatro apresentações possíveis de dados para o exemplo de saúde bucal [Dental health]. No gráfico de dispersão, cada ponto representa um ponto de dados no conjunto de dados, e a linha em cada gráfico representa a tendência linear nos dados. Aqui, "Time spent flossing" significa tempo gasto usando fio dental.

Esta figura salienta a importância de *sempre* observar os dados brutos antes de confiar demais em qualquer resumo deles.

Maximize a Proporção Data/Ink

Edward Tufte propôs uma ideia chamada *proporção data/ink*:

$$\textit{proporção data/ink} = \frac{\textit{quantidade da proporção data/ink nos dados}}{\textit{quantidade total da proporção data/ink}}$$

O objetivo é minimizar a poluição visual e permitir que os dados falem por si mesmos. Por exemplo, observe as duas apresentações dos dados de saúde bucal na Figura 4.5. Ambos os painéis mostram os mesmos dados. No entanto, o painel A é mais fácil de compreender devido à sua proporção data/ink relativamente maior.

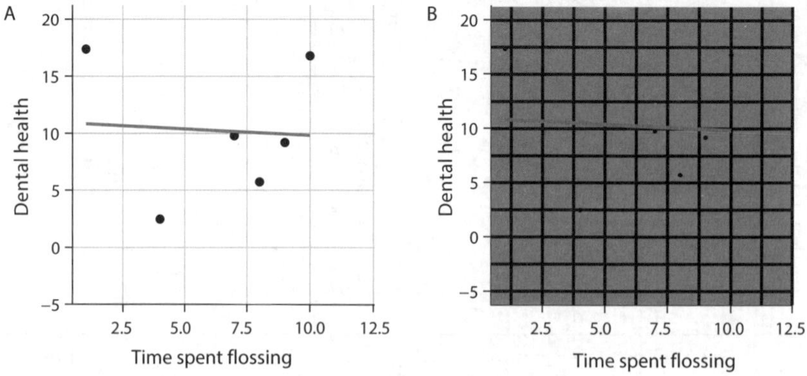

Figura 4.5. Um exemplo dos mesmos dados plotados com duas proporções data/ink diferentes.

Evite o Chartjunk

Nas mídias populares, é comum vermos apresentações de dados repletas de elementos visuais tematicamente relacionados ao conteúdo, mas sem relação com os dados propriamente ditos. Isso é conhecido como *chartjunk* e deve ser evitado a todo custo.

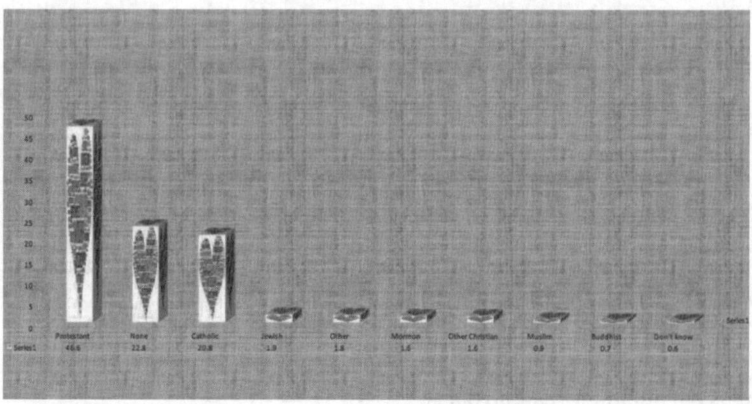

Figura 4.6. Um exemplo de chartjunk.

Uma boa maneira de evitá-lo é não usar os populares programas de planilhas para plotar os dados. Por exemplo, o gráfico da Figura 4.6 (criado no Microsoft Excel) plota a popularidade relativa de diferentes religiões nos Estados Unidos. Há, pelo menos, três problemas com ele:

- Tem elementos gráficos sobrepostos em cada barra que não têm qualquer relação com os dados reais.

- Tem uma textura de background que distrai a atenção.
- Usa barras tridimensionais, que distorcem os dados.

Evite Distorcer os Dados

É frequente usar a visualização para distorcer a mensagem de um conjunto de dados. Uma prática comum é o uso de diferentes escalas de eixo para exagerar ou ocultar um padrão de dados. Por exemplo, suponha que queremos verificar se as taxas de crimes violentos mudaram nos Estados Unidos. Na Figura 4.7, podemos ver os mesmos dados plotados de formas que sugerem que o crime permaneceu constante ou despencou. Os mesmos dados podem contar duas histórias totalmente diferentes!

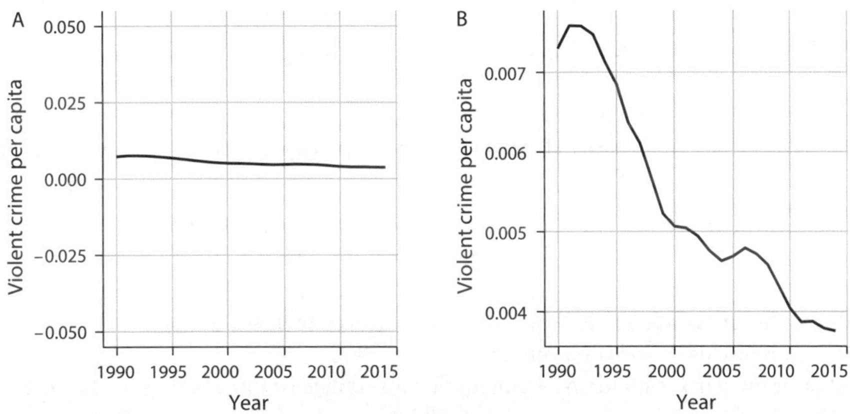

FIGURA 4.7. Dados sobre crimes [Violent crime per capita] ocorridos entre 1990 e 2014 [Year], plotados ao longo do tempo. Os painéis A e B mostram os mesmos dados, porém com diferentes intervalos de valores ao longo do eixo y. (Dados obtidos de https://www.ucrdatatool.gov/Search/Crime/State/RunCrimeStatebyState.cfm)

Uma das maiores controvérsias em relação à visualização de dados estatísticos é como escolher o eixo y e, em particular, se ele deve sempre incluir 0. No famoso livro *Como Mentir com Estatística*, Darrell Huff defende veementemente que o ponto 0 sempre deve ser incluído no eixo y. Por outro lado, Edward Tufte discorda disso:

> Geralmente, em uma série temporal, use uma baseline que mostre os dados, não o ponto 0; não desperdice muito espaço vertical vazio tentando chegar ao ponto 0 à custa de ocultar o que está acontecendo na própria linha de dados. (`https://qz.com/418083/its-ok-not-to-start-your-y-axis-at-zero/`)

Certamente, há casos em que usar o 0 não faz sentido algum. Suponhamos que queiramos plotar a temperatura corporal de um indivíduo ao longo do tempo. Na Figura 4.8, plotamos os mesmos dados (simulados) com e sem o 0 no eixo y. Deveria ser óbvio que, ao plotar esses dados com o 0 no eixo y (painel A), estamos desperdiçando muito espaço na figura, visto que a temperatura corporal de uma pessoa viva nunca poderia chegar a 0! Ao incluí-lo, também tornamos o aparente salto de temperatura durante os dias 21 a 30 bem menos evidente. No geral, minha preferência é por gráficos de linhas e por diagramas de dispersão, porque se usa todo o espaço do gráfico, a menos que o ponto 0 seja realmente importante para destaque.

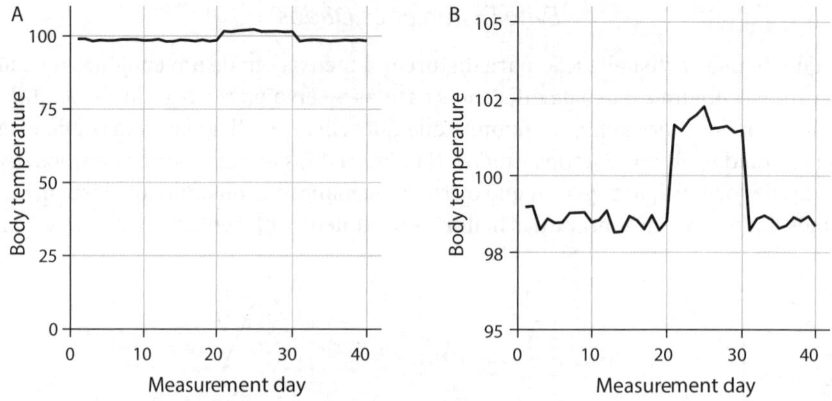

Figura 4.8. A temperatura corporal [Body temperature] ao longo do tempo, representada graficamente com e sem o ponto 0 no eixo y.

Edward Tufte introduziu o conceito de *fator mentira* a fim de explicar o grau de correspondência entre as diferenças físicas em uma visualização e a magnitude das diferenças nos dados. Se tiver um fator mentira próximo a 1, um gráfico está representando os dados de forma adequada. Por outro lado, fatores mentira distantes de 1 refletem uma distorção dos dados subjacentes.

O fator mentira respalda o argumento de que quase sempre se deve incluir o ponto 0 em um gráfico de barras. Na Figura 4.9, plotamos os mesmos dados incluindo e excluindo-o no eixo y. No painel A, a diferença proporcional na área entre as duas barras é exatamente igual à diferença proporcional entre os valores (ou seja, fator mentira = 1). Já no painel B (em que não incluímos o 0), a diferença proporcional na área entre as duas barras é cerca de 2,8 vezes maior que a diferença proporcional nos valores, exagerando visualmente o tamanho da diferença.

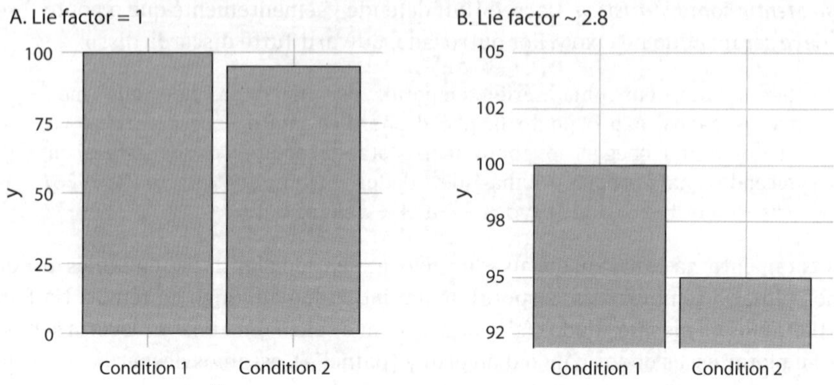

Figura 4.9. Dois gráficos de barras com fatores mentira [Lie factor] associados.

Acomodando as Limitações Humanas

Seres humanos têm limitações perceptivas e cognitivas que podem dificultar a compreensão de visualizações. É essencial considerar essas limitações ao criar uma visualização. Uma limitação perceptiva importante que afeta muitas pessoas (inclusive eu) é o daltonismo. Isso pode dificultar muito a percepção das informações em uma figura que tem apenas contraste de cores entre os elementos, mas nenhum contraste de brilho. Usar elementos gráficos que difiram substancialmente em brilho e/ou textura, além da cor, sempre ajuda. Existem também paletas de cores "amigáveis para daltônicos", disponíveis em muitas ferramentas de visualização.

Mesmo para aqueles com visão cromática perfeita, existem limitações perceptivas que podem tornar alguns gráficos ineficazes. Essa é uma das razões pelas quais estatísticos *nunca* usam gráficos de pizza: muitas pessoas podem ter dificuldade para perceber exatamente as diferenças no volume de formas. O gráfico de pizza da Figura 4.10 (apresentando os mesmos dados de afiliação religiosa que mostramos anteriormente) demonstra como isso pode ser complicado.

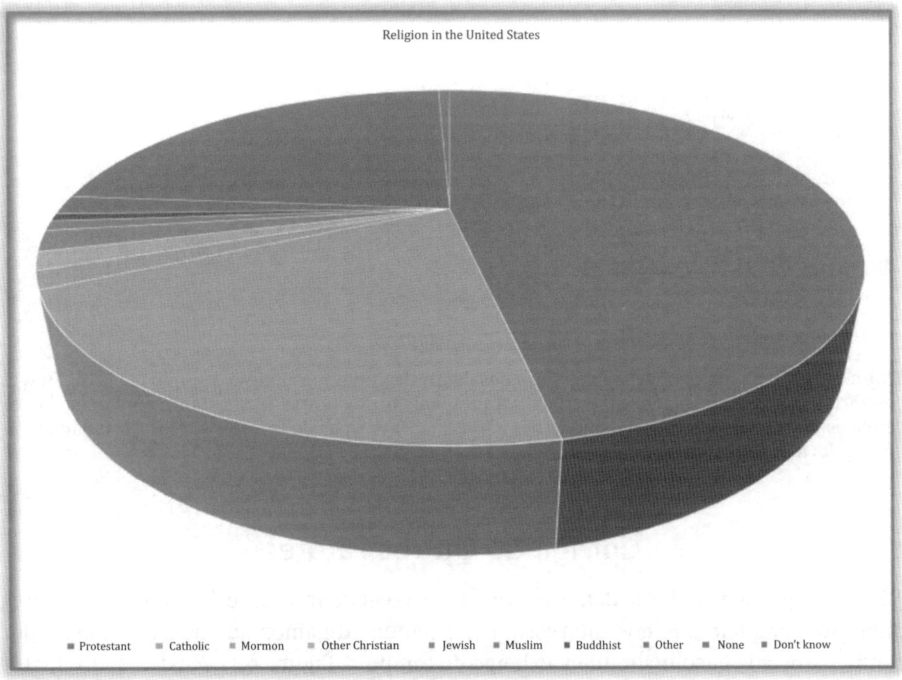

FIGURA 4.10. Um exemplo de um gráfico de pizza, destacando a dificuldade em assimilar o volume relativo das diferentes fatias de pizza.

Esse gráfico é medonho por vários motivos. Primeiro, exige a distinção de um grande número de padrões em fatias minúsculas na parte inferior da figura. Segundo, a perspectiva visual distorce os números relativos, fazendo com que a fatia referente a

Catholic [católicos] pareça maior do que a fatia None [Nenhuma], quando, na verdade, o número para None é ligeiramente maior (22,8% versus 20,8%), como fica evidente na Figura 4.6. Terceiro, ao separar a legenda do gráfico, isso exige que a pessoa que o está visualizando retenha informações na memória de trabalho para assimilar o gráfico com a legenda e realizar várias "consultas na tabela", a fim de continuamente combinar os rótulos da legenda com a visualização. E, por último, ele usa texto muito pequeno, impossibilitando a leitura sem aumentar o zoom.

Ao plotar os dados usando uma abordagem mais razoável (Figura 4.11), podemos visualizar o padrão com mais clareza. Pode não parecer tão chamativo quanto o gráfico de pizza gerado pelo Excel, mas é uma representação mais eficaz e acurada dos dados. Este gráfico possibilita que a pessoa que o está visualizando faça comparações com base no comprimento das barras ao longo de uma escala comum (o eixo y). Os seres humanos tendem a ser mais precisos ao interpretar diferenças baseadas nesses elementos perceptivos do que aquelas baseadas em área ou cor.

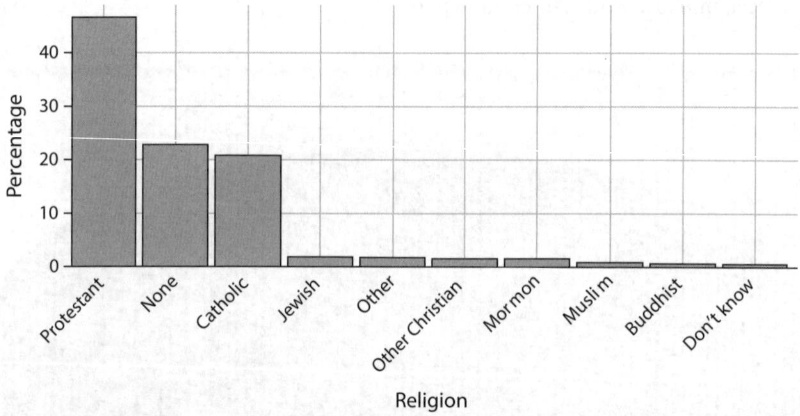

Figura 4.11. Uma apresentação mais clara dos dados de afiliação religiosa. (Obtido em http://www.pewforum.org/religious-landscape-study/) Aqui temos protestantes [Protestant], nenhuma [None], católicos [Catholic], judeus [Jewish], outros [Other], outros tipos de cristãos [Other Christian], mórmons [Mormon], muçulmanos [Muslim], budistas [Buddhist] e não sabem [Don't know].

Corrigindo Outros Fatores

Não raro, queremos plotar dados em que a variável de interesse é afetada por fatores diferentes daquele que nos interessa. Por exemplo, digamos que queremos entender como o preço da gasolina mudou ao longo do tempo. A Figura 4.12 mostra dados históricos do preço da gasolina, plotados com e sem ajuste para inflação. Enquanto os dados não ajustados mostram grande aumento, os dados ajustados revelam que o encarecimento se deve principalmente à inflação. Outros exemplos em que é necessário ajustar os dados para outros fatores incluem tamanho da população e dados coletados em diferentes estações do ano.

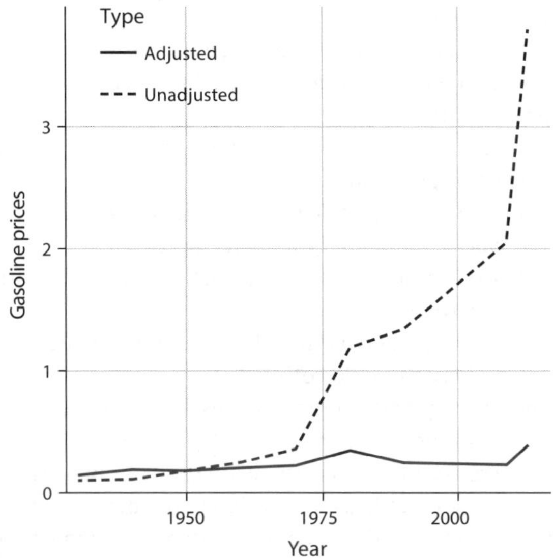

FIGURA 4.12. O preço da gasolina [Gasoline prices] nos EUA de 1930 a 2013 [Year] com e sem correção pela inflação (com base no índice de preços ao consumidor). (Obtido em http://www.thepeoplehistory.com /70yearsofpricechange.html) Aqui, temos os dados ajustados [Adjusted] e dados não ajustados [Unadjusted].

Leituras Sugeridas:

- *Visual Explanations*, de Edward Tufte. É um dos muitos livros de Tufte, amplamente reconhecido como um dos principais especialistas em visualização de dados. Suas obras são elegantemente elaboradas e fornecem exemplos inspiradores de como criar visualizações de dados visualmente impressionantes e informativas.
- *Fundamentals of Data Visualization*, de Claus Wilke. Wilke é um biólogo computacional que escreveu um livro excelente, disponível gratuitamente em inglês, sobre como visualizar dados usando a linguagem de programação estatística R.

Problemas

1. Descreva como uma melhor visualização de dados poderia ter salvado a vida dos astronautas do ônibus espacial *Challenger* em 1986.
2. Por que alguém poderia preferir um gráfico como o de caixa ou o de violino ao de barras simples?
3. Descreva o conceito de proporção data/ink. Uma proporção maior é melhor ou pior?
4. Elabore argumentos a favor e contra a inclusão definitiva do 0 no eixo y de um gráfico.

5. Descreva o conceito do fator mentira e como ele se relaciona com a escolha dos valores do eixo y para um gráfico de barras.
6. Descreva, pelo menos, duas razões psicológicas pelas quais os gráficos de pizza são problemáticos.
7. Quando alguém pode não querer incluir 0 no eixo y de um gráfico? Escolha todas as opções que se aplicam.
    - ▷ Quando isso oculta padrões importantes nos dados
    - ▷ Sempre que se plota um gráfico de barras
    - ▷ Quando a intenção é fazer com que o padrão nos dados pareça mais achatado do que realmente é
8. Por que acreditamos que as distribuições normais ocorrem com tanta frequência em dados do mundo cotidiano?
    - ▷ Elas ocorrem quando muitos fatores diferentes se combinam para determinar o valor de uma variável.
    - ▷ Elas ocorrem quando os ricos ficam cada vez mais ricos.
    - ▷ Elas ocorrem quando as variáveis só podem assumir valores positivos.
    - ▷ Elas ocorrem quando os dados medem relacionamentos em uma rede (como redes sociais).
9. Descreva o conceito de chartjunk e por que esse tipo de visualização é problemático.
10. Por que os gráficos de pizza são medonhos para a visualização de dados?
    - ▷ Dependem da nossa capacidade de perceber o volume relativo.
    - ▷ Dependem da nossa capacidade de distinguir cores.
    - ▷ Não possibilitam a correção de fatores como inflação ou tamanho da população.
    - ▷ Podem exigir que a pessoa que o visualiza se lembre das cores para assimilar a figura com a legenda.

5

Ajustando Modelos aos Dados

Uma das atividades fundamentais da estatística é criar modelos que possam sumarizar os dados com um conjunto pequeno de números, fornecendo, assim, uma descrição compacta deles, aliada a uma medida de nossa incerteza sobre essa descrição. Neste capítulo, analisaremos o conceito de modelo estatístico e como ele pode ser usado para descrever os dados.

Objetivos de Aprendizagem

Após ler este capítulo, você deve ser capaz de:

- Descrever a equação básica para modelos estatísticos (dados = modelo + erro).
- Descrever diferentes medidas de tendência central e dispersão, como são calculadas e quais são apropriadas em quais circunstâncias.
- Calcular o Z-score [escore-Z] e descrever por que é útil.

O que É um Modelo?

No mundo tangível, *modelos* geralmente são simplificações de objetos do mundo real que, ainda assim, expressam a essência do que está sendo modelado. Um modelo de um edifício traduz a estrutura da sua construção, sendo ao mesmo tempo pequeno e leve o suficiente para ser manuseado com as mãos; em biologia, um modelo de célula é muito maior que a célula propriamente dita, mas, novamente, representa suas partes principais e suas relações.

Em estatística, um modelo tem o objetivo de fornecer uma descrição condensada parecida, porém aplicada a dados e não a uma estrutura física. Assim como modelos físicos, em geral, um modelo estatístico é bem mais simples do que os dados que descreve; ele serve para capturar a estrutura deles da forma mais simples possível. Em ambos os casos, percebemos que o modelo é uma ficção conveniente que necessariamente ignora alguns detalhes do objeto real que está sendo modelado. Como disse o famoso estatístico George Box: "Todos os modelos estão errados, mas alguns são úteis". Além disso, pode ser útil considerar um modelo estatístico como uma teoria de como os dados observados foram gerados; nosso objetivo então se torna encontrar aquele que sumariza com mais eficiência e acurácia a maneira como os dados foram verdadeiramente gerados. No entanto, como veremos a seguir, os desejos de eficiência e de acurácia, não raro, são radicalmente contrários entre si. A estrutura básica de um modelo estatístico é:

$$dados = modelo + erro$$

Isso expressa a ideia de que os dados podem ser divididos em duas partes: uma que é descrita por um modelo estatístico, expressando os valores que esperamos que os dados assumam devido ao nosso conhecimento, e outra parte que chamamos de *erro*, retratando a diferença entre as predições do modelo e os dados observados.

Basicamente, gostaríamos de usar nosso modelo a fim de predizer o valor dos dados para qualquer observação. Escreveríamos a equação assim:

$$\widehat{dados_i} = modelo_i$$

O "chapéu" sobre dados indica que se trata de uma estimativa, e não do valor real deles. Ou seja, o valor predito dos dados para a observação *i* é igual ao valor do modelo para essa observação. Assim que tivermos uma predição do modelo, podemos calcular o erro:

$$erro_i = dados_i - \widehat{dados_i}$$

Ou seja, o erro para qualquer observação *i* é a diferença entre o valor observado dos dados e o valor predito dos dados a partir do modelo.

Modelagem Estatística: Um Exemplo

Vejamos um exemplo de criação de um modelo para os dados, usando os dados do NHANES. Em termos específicos, tentaremos criar um modelo da altura das crianças na amostra do NHANES. Primeiro, carregaremos e plotaremos os dados (Figura 5.1).

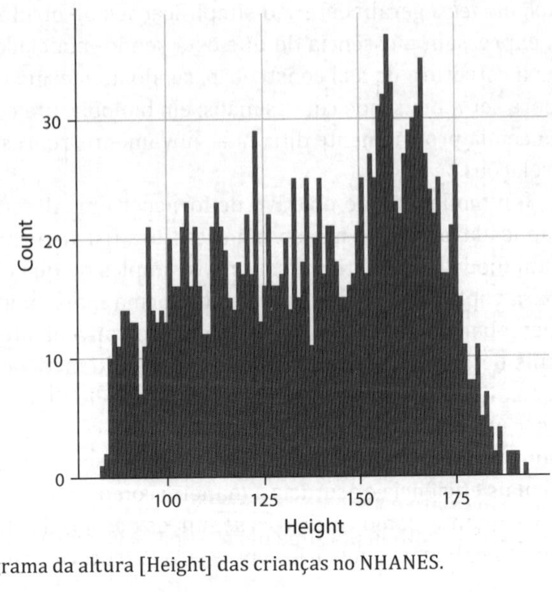

Figura 5.1. Histograma da altura [Height] das crianças no NHANES.

Lembre que queremos descrever os dados do modo mais simples possível, porém capturando suas features mais importantes. O modelo mais simples imaginável teria apenas um número; ou seja, prediria o mesmo valor para cada observação, independentemente de qualquer outra informação que temos sobre essas observações. Em geral, descrevemos um modelo conforme seus *parâmetros*, valores que podemos alterar para modificar as predições dele. No decorrer desta obra, usamos a letra grega beta (β) para representá-los; quando o modelo tem mais de um parâmetro, usamos números subscritos para diferenciar as letras betas (por exemplo, β_1). É comum também referenciar os valores dos dados usando a letra y e observações individuais usando uma versão com subscrita (y_i).

Como geralmente não conhecemos os valores lógicos dos parâmetros, precisamos estimá-los a partir dos dados. Por isso, costumamos colocar um "chapéu" sobre o símbolo β para indicar que estamos usando uma estimativa do valor do parâmetro, e não o seu valor lógico. Assim, nosso modelo simples para altura considerando um único parâmetro seria:

$$y_i = \hat{\beta} + \epsilon$$

O i subscrito não aparece ao lado direito da equação, significando que a predição do modelo não depende da observação específica que estamos analisando — é a mesma para todas. A pergunta então é: como estimamos os melhores valores do(s) parâmetro(s) no modelo? Nesse caso específico, qual valor único seria a melhor estimativa para β? E, mais importante, como definimos *melhor*?

Um estimador simples seria a *moda*, que é simplesmente o valor mais comum no conjunto de dados. Ela redescreveria todo o conjunto de 1.691 crianças em termos de um único número. Se quiséssemos predizer a altura de qualquer nova criança, nosso valor predito seria o mesmo número:

$$\hat{y}_i = 166.5 \textit{ para todos os } i$$

O erro para cada sujeito de pesquisa seria então a diferença entre o valor predito ($\hat{y}_i$) e sua altura real (y_i):

$$erro_i = y_i - \hat{y}_i$$

Qual a eficácia deste modelo? Em geral, definimos a qualidade de um modelo em termos da magnitude do erro, que representa o quanto os dados divergem das predições; em condições iguais, aquele que gera o menor erro é o melhor modelo. (Mas, como veremos mais tarde, as condições nem sempre são iguais...). No caso de colocar a moda como estimador para β, descobrimos que o erro médio individual é de consideráveis –28,8 centímetros, o que não parece muito bom à primeira vista.

Como podemos encontrar um melhor estimador para o parâmetro do nosso modelo? Podemos começar tentando encontrar um estimador que nos forneça um erro médio de 0. Um bom candidato é a média aritmética (também chamada simplesmente de *média*, geralmente representada por uma barra sobre a variável, como $\bar{X}$), calculada como a soma de todos os valores, dividida pelo número de valores. Matematicamente, ela é expressada assim:

$$\bar{X} = \frac{\sum_{i=1}^{n} x_i}{n}$$

Acontece que, se usarmos a média aritmética como nosso estimador, o erro médio é matematicamente garantido como 0 (veja a comprovação simples no final do capítulo, caso esteja interessado). Embora a média dos erros a partir da média seja 0, no histograma da Figura 5.2, é possível ver que cada item individual ainda tem algum grau de erro; alguns são positivos, outros, negativos, e eles se anulam mutuamente para fornecer um erro médio de 0.

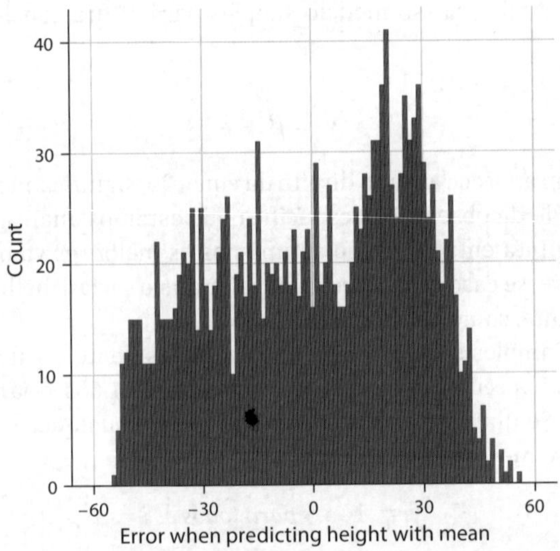

Figura 5.2. Distribuição dos erros a partir da média [Erro ao predizer o peso com a média].

O fato de os erros negativos e positivos se anularem implica que dois modelos diferentes poderiam ter erros de magnitude bem distintos em termos absolutos, mas que, ainda assim, teriam o mesmo erro médio. É exatamente por isso que o erro médio não é um bom critério para nosso estimador; queremos um critério que minimize o erro geral, independentemente da direção. Por esse motivo, normalmente sumarizamos os erros usando algum tipo de medida que considere indesejáveis aqueles positivos e negativos. Poderíamos usar o valor absoluto de cada erro, porém é mais comum usar os erros quadráticos, por razões que analisaremos mais adiante no livro.

Ao longo desta obra, os leitores verão diversas formas comuns de sumarizar o erro quadrático. Por isso, é importante entender como elas se relacionam. Primeiro, poderíamos simplesmente somá-los; isso se chama *soma dos erros quadráticos*. Normalmente, o motivo pelo qual não usamos essa medida é que sua magnitude depende do número de pontos de dados, podendo dificultar a interpretação, a menos que estejamos analisando o mesmo número de observações. Segundo, poderíamos calcular a média dos valores do erro quadrático, conhecida como *erro quadrático médio* (MSE). No entanto, como elevamos os valores ao quadrado antes de calcular a média, eles não estão na mesma escala dos dados originais; estão em centímetros ao quadrado. Por isso, também é comum obter a raiz quadrada do MSE, que chamamos de *raiz do erro quadrático médio* (RMSE), de modo que o erro seja calculado nas mesmas unidades dos valores originais (nesse exemplo, em centímetros).

A média tem erros consideráveis — qualquer ponto individual de dado estará, em média, a cerca de 27 cm da média —, porém ainda é melhor que a moda, a qual tem um erro quadrático médio de cerca de 39 cm.

Aprimorando Nosso Modelo

Podemos imaginar um modelo melhor? Lembre que esses dados abrangem todas as crianças na amostra do NHANES, com idades entre 2 e 17 anos. Dada essa ampla faixa etária, poderíamos esperar que nosso modelo de altura também considerasse a idade. Plotaremos os dados de altura em relação à idade para verificar se essa relação realmente existe. No painel A da Figura 5.3, os pontos demonstram pessoas no conjunto de dados, e, como seria de esperar, aparentemente existe uma forte relação entre altura e idade. Desse modo, podemos criar um modelo que relacione as duas:

$$\hat{y}_i = \hat{\beta} * idade_i$$

em que $\hat{\beta}$ é a nossa estimativa do parâmetro, que multiplicamos pela idade a fim de gerar a predição do modelo. Talvez você se recorde de que, em álgebra, uma linha é definida da seguinte forma:

$$y = inclinação * x + intercepto$$

Se a idade for a variável x, significa que nossa predição de altura a partir da idade será uma linha com inclinação β e intercepto 0. Para visualizar isso, plotaremos a linha com o ajuste mais adequado no topo dos dados (painel B da Figura 5.3).

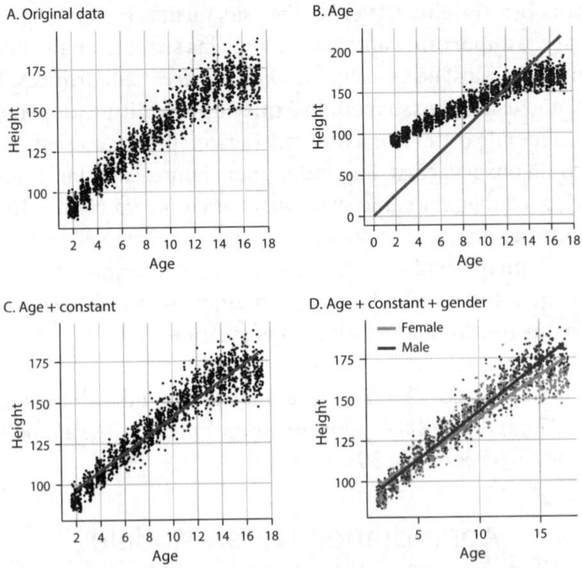

Figura 5.3. Altura [Height] das crianças no NHANES, plotadas sem um modelo (A, Original data [Dados originais]); com um modelo linear incluindo apenas idade (B, Age [Idade]) ou incluindo idade e uma constante (C, Age + constant [Idade + constante]) e com um modelo linear que ajusta efeitos diferentes de idade para homens e mulheres (D, Age + constant + gender [Idade + constante + gênero]).

Algo claramente está errado com esse segundo modelo, pois a linha não parece seguir os dados muito bem. Na verdade, sua RMSE (39,16 cm) é bem maior do que a do modelo que inclui apenas a média! O problema surge do fato de B considerar somente a idade, significando que o valor predito de altura a partir dele deve assumir um valor de 0 quando a idade for 0. Ainda que os dados não incluam crianças com idade 0, matematicamente, exige-se que a linha tenha um valor *y* de 0 quando *x* é 0, o que explica por que a ela é forçada para baixo dos pontos de dados que representam pessoas mais jovens. Podemos corrigir isso incluindo um intercepto em nosso modelo, que basicamente representa a altura estimada quando a idade é igual a 0; embora, nesse conjunto de dados, uma idade de 0 não seja plausível, é uma estratégia matemática que permite ao modelo considerar a magnitude geral dos dados. Assim:

$$\hat{y} = \hat{\beta}_0 + \hat{\beta}_1 * idade_i$$

Em que $\hat{\beta}_0$ é nossa estimativa para o *intercepto*, um valor constante adicionado à predição para cada indivíduo; chamamos isso de intercepto, pois ele mapeia o intercepto na equação para uma linha reta. Posteriormente, aprenderemos como estimamos esses valores de parâmetros para um conjunto de dados específico; por ora, usaremos nosso software estatístico para estimar os valores dos parâmetros que nos fornecem o menor erro para esses dados específicos. Na Figura 5.3, o painel C mostra esse modelo aplicado aos dados do NHANES. Vemos que a linha se ajusta melhor aos dados do que a anterior, sem uma constante. Nosso erro é bem menor com esse novo modelo — apenas 8,36 cm em média. Consegue pensar em outras variáveis que também possam estar relacionadas à altura? Que tal o gênero? No painel D da Figura 5.3, plotamos os dados com linhas ajustadas separadamente para homens e mulheres. A partir do gráfico, parece haver uma diferença entre meninos e meninas, mesmo que relativamente pequena e só presente após a puberdade. Na Figura 5.4, plotamos os valores da raiz do erro quadrático médio para os diferentes modelos, incluindo um com um parâmetro adicional que modela o efeito de gênero. A partir disso, observamos que o modelo melhorou um pouco ao passar da moda para média; muito ao somar a idade à média e ligeiramente ao incluir o gênero.

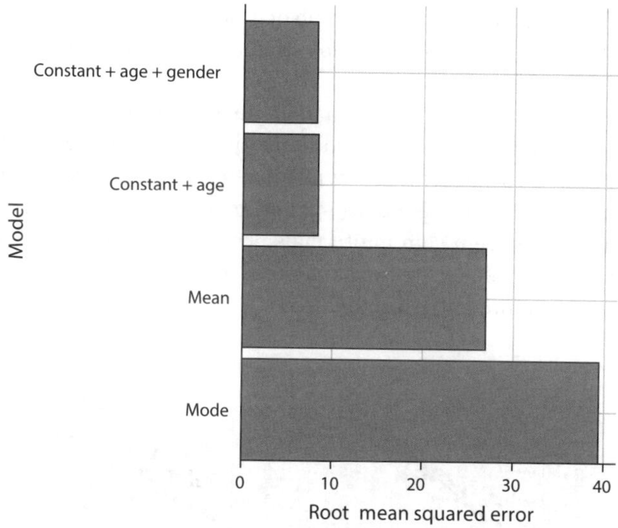

Figura 5.4. Raiz do erro quadrático médio [Root mean squared error] plotado para cada um dos modelos testados anteriormente. Aqui, temos: Constante + idade + gênero [Constant + age + gender], Constante + idade [Constant + age], Média [Mean] e Moda [Mode].

Quais São os Critérios para um "Bom" Modelo?

Via de regra, queremos duas coisas do nosso modelo estatístico. Primeiro, queremos que ele descreva bem os nossos dados; ou seja, que tenha o menor erro possível ao modelar nossos dados. Segundo, queremos que generalize com eficácia em conjuntos novos de dados; ou seja, esperamos o menor número possível de erros quando formos aplicá-lo a um conjunto novo de dados para realizar uma predição. Acontece que esses dois aspectos podem entrar em conflito.

Para entender isso, antes de mais nada, é necessário analisarmos qual é a origem do erro. Primeiro, ele pode ocorrer se nosso modelo estiver errado; por exemplo, se dissermos, inadequadamente, que a altura diminui com a idade em vez de aumentar, nosso erro será maior do que seria para o modelo correto. Do mesmo modo, se estiver faltando um fator importante em nosso modelo, isso também aumentará nosso erro (como aconteceu quando desconsideramos a idade do modelo de altura). No entanto, o erro também pode ocorrer mesmo quando o modelo está correto, devido à variação aleatória nos dados, o qual geralmente chamamos de *erro de medição* ou de *ruído*. Às vezes, isso se deve a um erro em nossas medições — por exemplo, quando elas dependem de um humano, como usar um cronômetro para medir o tempo decorrido em uma corrida de rua. Em outros casos, nosso dispositivo de medição tem alta acurácia (como uma balança digital para medir o peso corporal), mas o que está sendo medido é afetado por muitos fatores diferentes que o tornam variável. Se conhecêssemos todos esses fatores, poderíamos criar um modelo com maior acurácia, mas, na prática, isso raramente é possível.

Usaremos um exemplo para ilustrar o caso. Em vez de usar dados reais, geraremos alguns dados com uma simulação de computador (no Capítulo 8, falaremos mais a respeito desse assunto). Suponha que queremos entender a relação entre o teor de álcool no sangue (TAS) de uma pessoa e seu tempo de reação em um teste computadorizado de condução. Podemos gerar alguns dados simulados e plotar a relação (painel A da Figura 5.5).

Nesse exemplo, o tempo de reação aumenta de modo sistemático com o teor de álcool no sangue — a linha mostra o modelo com o ajuste mais adequado. Podemos notar que existem poucos erros, observação evidenciada pelo fato de todos os pontos estarem muito próximos à linha. Além disso, poderíamos imaginar dados que mostram a mesma relação linear, porém com muito mais erros, como no painel B da Figura 5.5. Aqui, verificamos que ainda existe um aumento sistemático do tempo de reação com o TAS, porém ele varia muito entre os indivíduos.

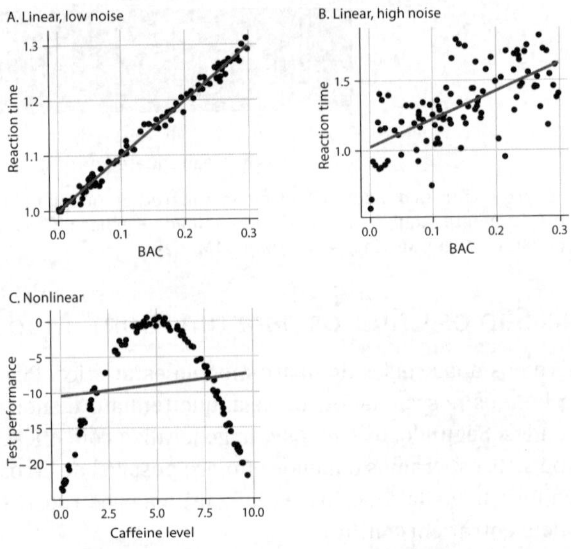

Figura 5.5. Relação simulada entre o teor de álcool no sangue [BAC] e o tempo de reação [Reaction time] em um teste de condução [Test performance], estando o modelo linear mais adequado representado pela linha. (A) Linear, low noise [Linear, ruído baixo]: relação linear com baixo erro de medição. (B), Linear, high noise [Linear, ruído alto]: relação linear com maior erro de medição. (C), Nonlinear [Não linear]: relação não linear com baixo erro de medição e modelo linear (incorreto).

Ambos são exemplos em que a relação entre as duas variáveis representadas parece ser linear, e o erro retrata ruído em nossa medição. Em contrapartida, existem situações em que a relação entre as variáveis não é linear, e o erro aumenta, já que o modelo não está devidamente especificado. Suponha que estamos interessados na relação entre a ingestão de cafeína e o desempenho em um teste. A relação entre estimulantes como a cafeína e o desempenho na prova geralmente é *não* linear — ou seja, não segue uma linha reta. Isso ocorre porque ele aumenta com pequenas quantidades de cafeína (à medida que a pessoa fica mais alerta), mas, depois, começa a diminuir com quantidades maiores (à medida que a pessoa fica nervosa e agitada). É possível simular dados dessa forma e, em seguida, ajustar um modelo linear aos dados (painel C da Figura 5.5). A linha reta que melhor se ajusta a esses dados claramente retrata um alto grau de erro. Ainda que exista uma relação muito consistente entre o desempenho no teste [Test performance] e a ingestão de cafeína [Caffeine level], ela segue uma curva e não uma linha reta. O modelo, que assume uma relação linear, apresenta erro elevado porque é o modelo inadequado para esses dados.

Um Modelo Pode Ser Demasiadamente Bom?

A impressão que temos é do erro como algo ruim, e, normalmente, preferimos um modelo com menor a outro com maior erro. No entanto, mencionamos anteriormente o conflito entre a capacidade de um modelo se ajustar com acurácia ao conjunto atual de dados e sua capacidade de generalizar em conjuntos novos de dados. Em geral, acontece que aquele com o menor erro é bem pior em generalizar em conjuntos novos de dados!

Para visualizar isso, geraremos mais uma vez alguns dados para que possamos saber a verdadeira relação entre as variáveis. Criaremos dois conjuntos de dados simulados, gerados exatamente da mesma forma: ou seja, a equação para ambos é $y = \beta * X + \epsilon$; a única diferença é que um ruído aleatório diferente foi usado para ϵ em cada caso. Em seguida, ajustamos dois modelos aos dados: um simples (com somente dois parâmetros, inclinação e intercepto) e um mais complexo que contém um total de oito parâmetros (inclinação e intercepto com parâmetros de tamanho que retratam polinômios de grau crescente, como X^2, X^3, e assim por diante).

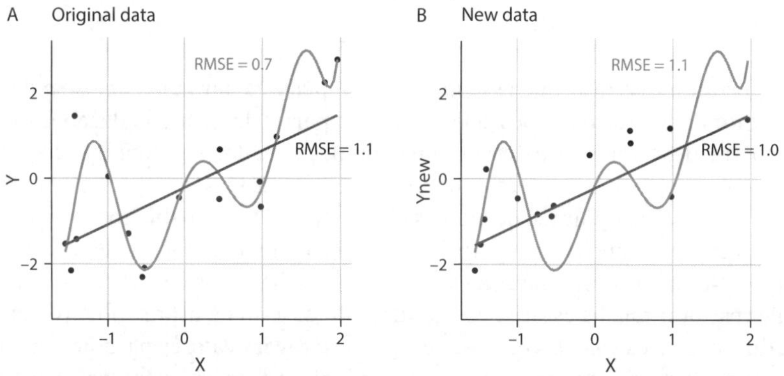

FIGURA 5.6. Um exemplo de sobreajuste. Ambos os conjuntos de dados foram gerados com o mesmo modelo, com diferentes ruídos aleatórios adicionados para gerar cada conjunto. O painel A (Original data [Dados originais]) mostra os dados usados para ajustar o modelo, com um ajuste linear simples (linha reta) e um ajuste polinomial complexo de oitavo grau (linha curva). Os valores da raiz do erro quadrático médio (RMSE) para cada modelo são mostrados na figura; nesse caso, o complexo tem uma RMSE menor do que o simples. O painel B (New data [Dados novos]) mostra o segundo conjunto de dados, considerando o mesmo modelo sobreposto e os valores RMSE calculados com o modelo obtido a partir do primeiro conjunto de dados. Aqui, vemos que o mais simples se ajusta melhor ao conjunto novo de dados do que o mais complexo, que foi sobreajustado ao primeiro conjunto de dados.

Na Figura 5.6, o painel A mostra que o modelo mais complexo (não linear) se ajusta melhor aos dados do que o mais simples (linear). No entanto, vemos o contrário quando o mesmo modelo é aplicado a um conjunto novo de dados gerados da mesma forma (painel B). Aqui, o mais simples se ajusta melhor aos dados novos do que o mais complexo. Por intuição, podemos observar que o modelo mais complexo é extremamente influenciado pelos pontos de dados específicos do primeiro conjunto de dados; como a posição exata desses pontos de dados foi determinada por ruído aleatório, isso leva o modelo mais complexo a se ajustar indevidamente ao conjunto novo de dados. Chamamos esse fenômeno de *sobreajuste* [overfitting]. Por enquanto, é importante não esquecer que o ajuste do nosso modelo precisa ser bom, não demasiadamente bom. Como disse Albert Einstein (1934): "Dificilmente se pode negar que o objetivo supremo de toda teoria é tornar os elementos básicos irredutíveis tão simples e tão poucos quanto possível sem ter que renunciar à representação adequada de um único dado da experiência". Em geral, isso é parafraseado como "tudo deve ser o mais simples possível, mas não demasiadamente simples".

Sumarização de Dados Usando a Média

Já falamos sobre a média (ou valor médio) anteriormente, e, de fato, a maioria das pessoas a conhece, mesmo que nunca tenham feito um curso de estatística. Ela é comumente usada para descrever o que chamamos de *tendência central* de um conjunto de dados — ou seja, em torno de qual valor os dados estão centralizados? A maioria das pessoas não pensa em calcular a média como um meio para ajustar um modelo aos dados. No entanto, é exatamente isso que estamos fazendo quando a calculamos. Já vimos a fórmula para calcular a média de uma amostra de dados:

$$\bar{X} = \frac{\sum_{i=1}^{n} x_i}{n}$$

É importante ressaltar que essa fórmula é específica para uma *amostra* de dados, um conjunto de pontos de dados selecionados a partir de uma população maior. Com uma amostra, desejamos caracterizar uma população maior — o conjunto completo de indivíduos em que estamos interessados. Por exemplo, se fôssemos analistas de pesquisas eleitorais, nossa população de interesse poderia ser todos os eleitores registrados[1], ao passo que nossa amostra pode incluir apenas algumas milhares de pessoas dessa população. No Capítulo 7, falaremos com mais detalhes sobre amostragem, mas, por ora, vale ressaltar que os estatísticos geralmente gostam de usar símbolos distintos a fim de diferenciar os *cálculos estatísticos* que descrevem valores para uma amostra a partir de *parâmetros* que descrevem os valores lógicos para uma população; nesse caso, a fórmula para a média da população (denotada como μ) é:

---

1 Esse exemplo hipotético se refere às eleições nos Estados Unidos. Lá, cada estado tem autonomia para criar suas regras de votação no âmbito permitido pelas leis federais. Ou seja, já que o voto não é obrigatório, dependendo da localização, os eleitores podem se registrar antes de votar ou podem se registrar no mesmo dia. Estadunidenses podem votar pelo correio, ou presencialmente, seja por cédulas de papel ou por urnas eletrônicas. [N. da T.]

$$\mu = \frac{\sum_{i=1}^{N} x_i}{N}$$

Em que N é o tamanho de toda a população. Nesse caso, os cálculos matemáticos são exatamente os mesmos para a amostra e para a população; apenas os símbolos diferem. Mais tarde, veremos casos em que os cálculos matemáticos são diferentes, dependendo se estamos calculando um parâmetro da população ou uma estatística amostral.

Já vimos que a média é o estimador que garante um erro médio de 0. No entanto, também aprendemos que o erro médio não é o melhor critério; queremos, na verdade, um estimador que nos forneça a menor soma dos erros quadráticos (SSE), o que a média também faz. Isso poderia ser provado usando cálculo, mas demonstraremos graficamente na Figura 5.7.

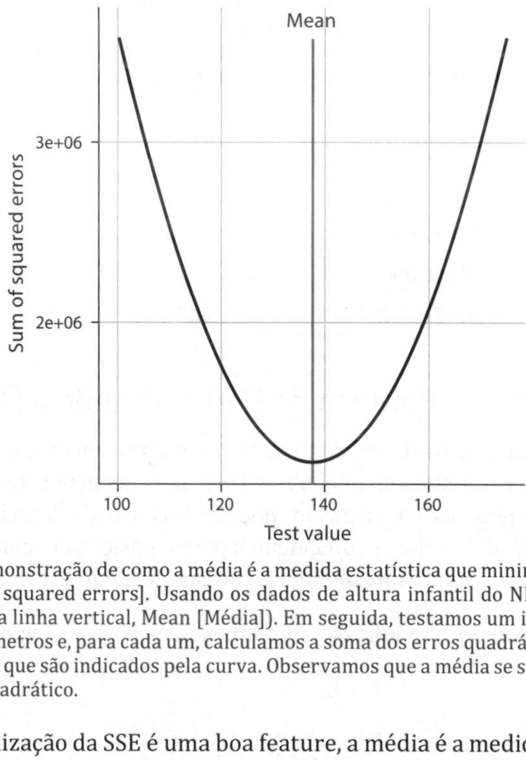

FIGURA 5.7. Uma demonstração de como a média é a medida estatística que minimiza a soma dos erros quadráticos [Sum of squared errors]. Usando os dados de altura infantil do NHANES, calculamos a média (denotada pela linha vertical, Mean [Média]). Em seguida, testamos um intervalo de possíveis estimativas de parâmetros e, para cada um, calculamos a soma dos erros quadráticos para cada ponto de dados desse valor, que são indicados pela curva. Observamos que a média se situa no ponto mínimo do gráfico de erro quadrático.

Como a minimização da SSE é uma boa feature, a média é a medida estatística mais utilizada para sumarizar os dados. No entanto, ela também tem um lado sombrio. Suponha que cinco pessoas estejam em um bar e que examinaremos a renda de cada uma delas (Tabela 5.1). A média (US$61.600,00) parece ser uma boa sumarização da renda das cinco. Agora, analisaremos o que acontece se Beyoncé Knowles entrar no bar (Tabela 5.2). A média agora é de quase US$10 milhões, o que não é representativo de nenhuma das pessoas do bar — em particular, é extremamente influenciada pelo outlier de Beyoncé, que foge, e muito, da média. De modo geral, essa medida estatística é altamente sensível a valores extremos, por isso é sempre importante garantir que não haja valores extremos ao usá-la para sumarizar os dados.

Tabela 5.1. Renda dos Nossos Cinco Clientes Regulares do Bar

Receita	Pessoa
US$48.000	Joe
US$64.000	Karen
US$58.000	Mark
US$72.000	Andrea
US$66.000	Pat

Tabela 5.2. Renda dos Nossos Cinco Clientes Regulares do Bar, Somada à Renda da Beyoncé Knowles

Receita	Pessoa
US$48.000	Joe
US$64.000	Karen
US$58.000	Mark
US$72.000	Andrea
US$66.000	Pat
US$54.000.000	Beyoncé

Sumarização Robusta de Dados Usando a Mediana

Se quisermos sumarizar os dados de uma forma menos sensível a outliers, podemos usar outra medida estatística chamada *mediana*. Se ordenarmos todos os valores por ordem de magnitude, a mediana é o valor que fica no meio. Caso exista um número par de valores, existirão dois valores coincidentes para a posição do meio. Nesse caso, usamos a média (ou seja, o ponto intermediário) desses dois números.

Vejamos um exemplo. Suponha que queremos sumarizar os seguintes valores:

```
8   6   3   14   12   7   6   4   9
```

Se os ordenarmos assim:

```
3   4   6   6   7   8   9   12   14
```

A mediana é o valor do meio — neste caso, o quinto dos nove valores.

Considerando que a média minimiza a soma dos erros quadráticos, a mediana minimiza uma quantidade ligeiramente diferente: a soma do *valor absoluto* dos erros. Isso explica por que é menos sensível a outliers — elevar ao quadrado potencializa o efeito de grandes erros em comparação ao uso do valor absoluto. É possível observar isso no exemplo da renda: a renda mediana (US$65.000) é mais representativa do grupo como um todo do que a média (US$9.051.333) e menos sensível a um único outlier maior.

Sendo assim, por que usaríamos a média? Conforme analisaremos em um próximo capítulo, ela é o "melhor" estimador no sentido de que varia menos de amostra para amostra, em comparação a outros estimadores. Cabe a nós decidir se a sensibilidade a potenciais outliers vale a pena — afinal de contas, a estatística tem tudo a ver com trade-offs.

A Moda

Não raro, queremos descrever a tendência central de um conjunto de dados que não é numérico. Por exemplo, imagine que queremos saber quais modelos de iPhone são mais usados. Para testar isso, poderíamos perguntar a um grande grupo de usuários desse celular qual modelo cada um tem. Se calculássemos a média desses valores, poderíamos observar que a média do modelo de iPhone é 9,51, o que claramente não faz sentido, pois esses números não podem ser interpretados como medidas quantitativas. Neste caso, uma medida de tendência central mais adequada é o moda, o valor mais comum no conjunto de dados, conforme vimos anteriormente.

Variabilidade: Até que Ponto a Média se Ajusta Bem aos Dados?

Após descrevermos a tendência central dos dados, em geral, também queremos descrever até que ponto eles podem variar. Às vezes, também chamamos essa descrição de *dispersão* pelo fato de descrever o quanto os dados estão amplamente dispersos.

Já exploramos a soma dos erros quadráticos, a base para as medidas de variabilidade mais utilizadas: a *variância* e o *desvio-padrão*. A variância para uma população (referenciada como σ^2) é simplesmente a soma dos erros quadráticos dividida pelo número de observações — ou seja, é exatamente o mesmo que o *erro quadrático médio* que já vimos:

$$\sigma^2 = \frac{SSE}{N} = \frac{\sum_{i=1}^{n}(x_i - \mu)^2}{N}$$

Em que μ é a média da população. O desvio-padrão da população é simplesmente a raiz quadrada disso — ou seja, a *raiz do erro quadrático* que já vimos. Ele é útil porque apresenta os erros nas mesmas unidades que os dados originais (desfazendo a quadratura que aplicamos aos erros).

Como normalmente não temos acesso a toda a população, temos que calcular a variância usando uma amostra, que chamamos de $\hat{\sigma}^2$, com o "chapéu" representando o fato de se tratar de uma estimativa baseada em uma amostra. A equação para $\hat{\sigma}^2$ (às vezes, também chamada de S^2) é semelhante à de σ^2:

$$\hat{\sigma}^2 = \frac{\sum_{i=1}^{n}(x_i - \bar{X})^2}{n-1}$$

A única diferença entre as duas equações é que dividimos por $n - 1$ a mesma variância em vez de dividir por N a variância da população. Isso se relaciona com um conceito fundamental de estatística: *graus de liberdade*. Lembre que, para calcular a variância amostral, primeiro precisamos estimar a média amostral $\bar{X}$. Ao fazer isso, um valor nos dados não pode mais variar. Por exemplo, digamos que temos os seguintes pontos de dados para a variável x: [3, 5, 7, 9, 11], cuja média é 7. Como já sabemos que média deste conjunto de dados é 7, podemos calcular o valor específico de qualquer dado ausente. Por exemplo, suponha que ocultamos o primeiro valor (3). Mesmo sem vê-lo, sabemos que seu valor deve ser 3, pois a média de 7 implica que a soma de todos os valores é 7 * n = 35 e 35 – (5 + 7 + 9 + 11) = 3.

Tabela 5.3. Estimativas de Variância com *n* Versus *n* – 1

Estimativa	Valor
Variação populacional	725
Estimativa de variância com *n*	710
Estimativa de variância com *n* – 1	725

Observação: A estimativa com *n* – 1 está mais próxima do valor da população.

Assim sendo, quando dizemos que "perdemos" um grau de liberdade, significa que há um valor que não é livre para variar após ajustarmos o modelo. No contexto da variância amostral, se desconsiderarmos o grau de liberdade perdido, nossa estimativa da variância amostral será *enviesada*, fazendo com que subestimemos a incerteza de nossa estimativa da média.

Usando Simulações para Entender Estatística

Sou defensor ferrenho do uso de simulações computacionais para entender conceitos estatísticos. Nos capítulos posteriores, nós o exploraremos de forma mais aprofundada. Aqui, apresentamos a ideia questionando se podemos confirmar a necessidade de subtrair 1 da amostra ao calcular a variância amostral.

Consideraremos toda a amostra de crianças do conjunto de dados do NHANES como nossa "população". Queremos avaliar a eficiência dos cálculos de variância amostral, usando *n* ou *n* – 1 no denominador para estimar a variância dessa população, considerando um grande número de amostras aleatórias simuladas a partir dos dados. No Capítulo 8, abordaremos os detalhes de como fazer isso.

Na Tabela 5.3, os resultados mostram que a teoria descrita anteriormente estava correta: a estimativa da variância usando *n – 1* como denominador é bem próxima da variância calculada em todos os dados (ou seja, a população), enquanto aquela calculada usando *n* como denominador é enviesada (menor) em comparação ao valor lógico. Como analisaremos mais tarde, subestimar a variância é bastante complicado porque nos torna excessivamente confiantes em relação às nossas decisões estatísticas.

Z-Scores

Após caracterizar uma distribuição em termos de tendência central e de variabilidade, geralmente é útil expressar os escores individuais em termos de sua posição relativa à distribuição geral. Suponha que estamos interessados em caracterizar o nível relativo de crimes em diferentes estados, a fim de determinar se a Califórnia é um lugar especialmente perigoso. Podemos responder a essa pergunta com os dados de 2014 do site Uniform Crime Reporting do FBI. O painel A da Figura 5.8 mostra um histograma do número de crimes violentos por estado, destacando o valor da Califórnia. Observando esses dados, parece que a Califórnia é absurdamente perigosa, com 153.709 crimes em 2014. Podemos visualizar esses dados gerando um mapa, que mostra a distribuição de uma variável entre os estados, apresentado no painel B da Figura 5.8.

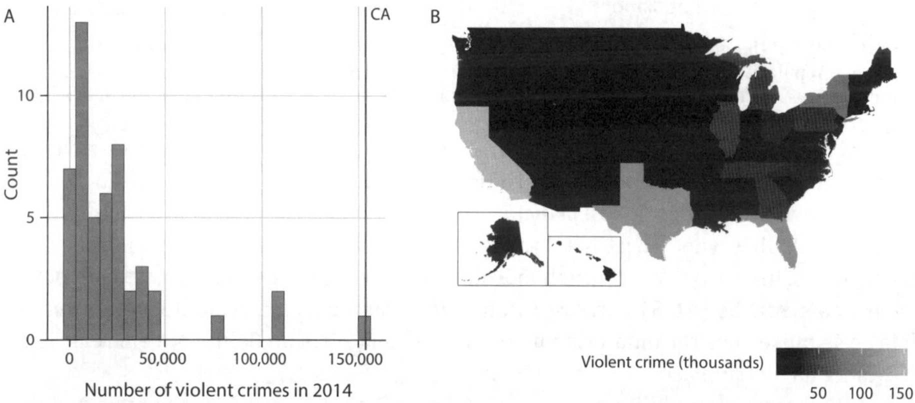

Figura 5.8. (A) Histograma do número de crimes violentos em 2014 [Number of violent crimes in 2014]. O valor para a Califórnia aparece como uma linha vertical ao lado direito do gráfico. (B) Um mapa dos mesmos dados, com o número de crimes (em milhares) plotados por estado.

No entanto, pode ter lhe ocorrido que a Califórnia também tem a maior população entre os estados dos EUA. Logo, é plausível que também tenha um número maior de crimes. Se plotarmos o número de crimes em relação à população de cada estado (painel A da figura 5.9), veremos uma relação direta entre as duas variáveis.

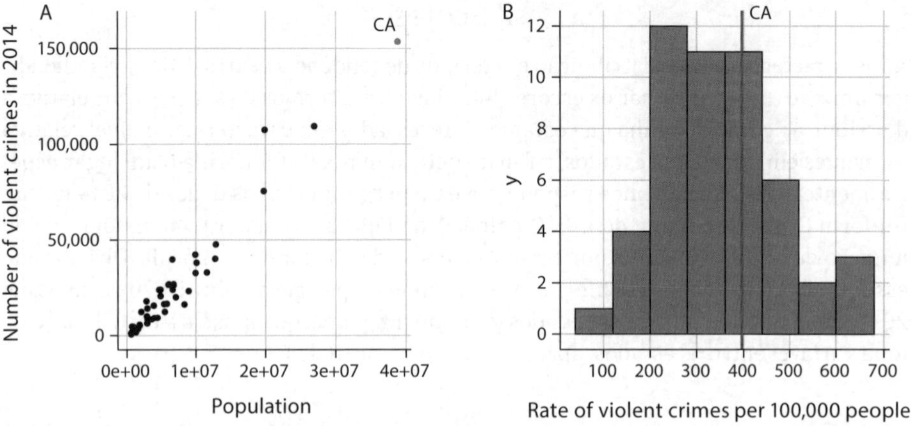

Figura 5.9. (A) Um gráfico com o número de crimes violentos em 2014 [Z-scored rate of violent crimes] e a população [Population] por estado. (B) Um histograma das taxas de crimes violentos per capita, expressos como crimes a cada 100.000 habitantes [Rate of violent crimes per 100,000 people].

Em vez de usar o número bruto de crimes, devemos usar a *taxa de* crimes violentos per capita, obtida dividindo o número de crimes por estado pela população de cada um. O conjunto de dados do FBI já inclui esse valor (expresso como taxa a cada 100.000 habitantes). Observando o painel B da Figura 5.9, percebemos que a Califórnia não é tão perigosa assim. A taxa de criminalidade de 396,10 por 100.000 pessoas está um pouco acima da média de 346,81 entre os estados, mas dentro do intervalo de muitos outros. Mas e se quisermos ter uma visão mais clara da distância da Califórnia em relação ao restante da distribuição?

O *Z-score* nos possibilita expressar os dados, de modo que forneça mais insights sobre a relação de cada ponto de dados com a distribuição geral. A fórmula que calcula um Z-score para um ponto individual de dados, considerando a média da população (μ) e o desvio-padrão (σ) conhecidos, é:

$$Z(x) = \frac{x - \mu}{\sigma}$$

Intuitivamente, podemos considerar o Z-score como um indicador da distância de qualquer ponto de dados em relação à média, mensurada em unidades de desvio-padrão. Podemos calcular esse escore para os dados da taxa de criminalidade, conforme mostrado na Figura 5.10, que plota os Z-scores em relação aos escores originais.

A seguir, o gráfico de dispersão mostra que o processo de Z-score não altera a distribuição relativa dos pontos de dados (visível porque os dados originais e os com Z-score ficam em uma linha reta quando plotados comparativamente em um gráfico) — apenas os desloca para ter uma média de 0 e um desvio padrão de 1. A Figura 5.11 demonstra os dados de crimes com Z-score usando uma representação geográfica. Ela nos proporciona uma perspectiva um pouco mais interpretável dos dados. Por exemplo, podemos observar que Nevada, Tennessee e Novo México apresentam taxas de criminalidade que estão aproximadamente dois desvios-padrão acima da média.

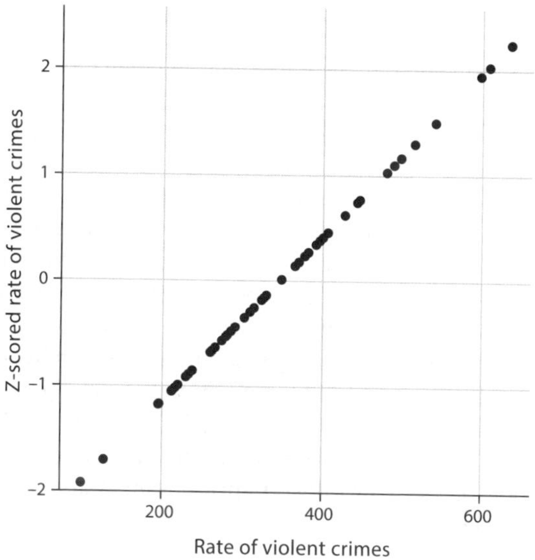

FIGURA 5.10. Gráfico de dispersão dos dados originais da taxa de criminalidade em relação aos dados com Z-score.

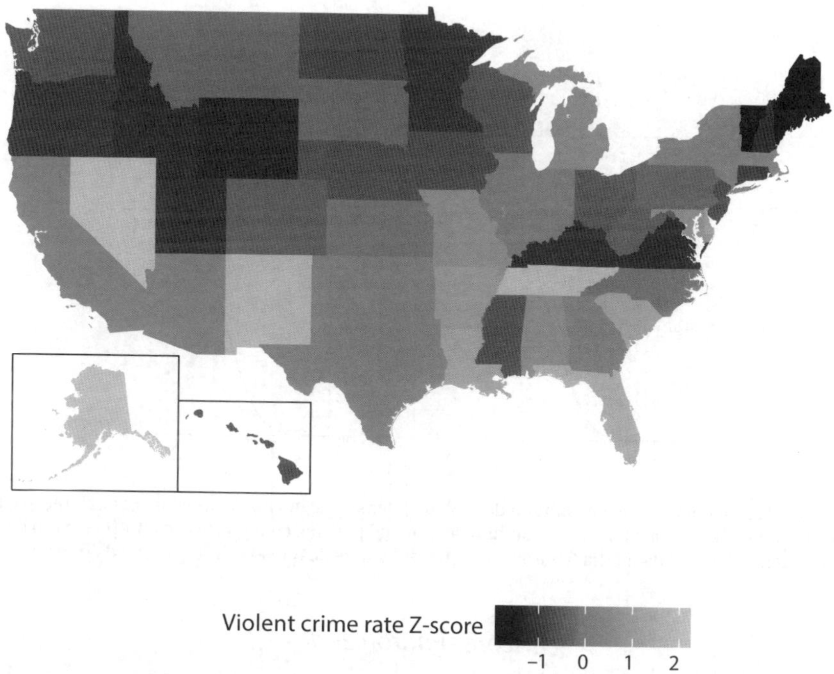

FIGURA 5.11. Dados de crime renderizados em um mapa dos EUA, apresentados como Z-scores.

Interpretando Z-scores

O "Z" em Z-score se origina do fato de a distribuição normal padrão (ou seja, uma distribuição normal com uma média de 0 e um desvio-padrão de 1) frequentemente ser chamada de distribuição Z. Podemos usar a distribuição normal padrão para nos ajudar a compreender o que os Z-scores específicos nos revelam sobre a posição de um ponto de dados em relação ao restante da distribuição. Na Figura 5.12, a coluna da esquerda mostra que esperamos que cerca de 16% dos valores estejam em $Z \geq 1$ e a mesma proporção, em $Z \leq -1$. Na Figura 5.12, a coluna da direita apresenta o mesmo gráfico, mas para dois desvios-padrão. Aqui, vemos que apenas 2,3% dos valores estão em $Z \leq -2$ e o mesmo em $Z \geq 2$. Portanto, se soubermos o Z-score de um determinado ponto de dados, podemos estimar a probabilidade ou a improbabilidade de encontrarmos um valor tão extremo quanto esse. Isso nos possibilita contextualizar melhor os valores. No caso das taxas de criminalidade, observamos que a Califórnia tem um Z-score de 0.38 em relação à sua taxa de crimes violentos per capita, indicando que está próxima da média de outros estados, pois cerca de 35% desses apresentam taxas maiores e cerca de 65% deles apresentam taxas menores.

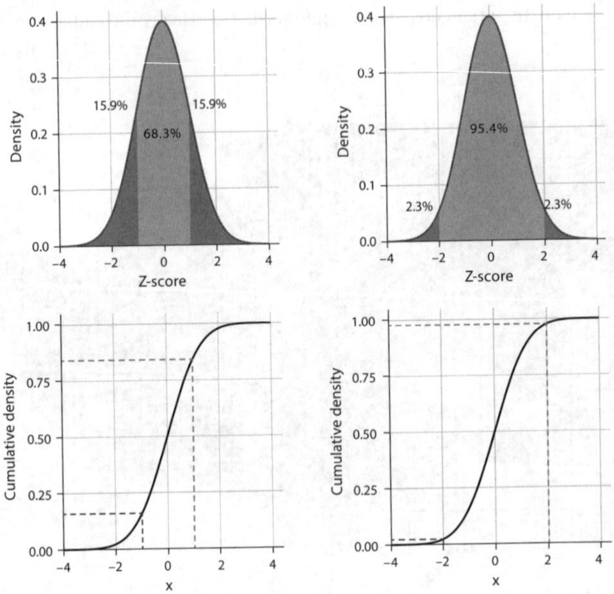

Figura 5.12. Na parte superior temos a densidade [Density] e, na parte inferior, a distribuição cumulativa [Cumulative density] de uma distribuição normal padrão, com pontos de cutoffs em um desvio-padrão acima/abaixo da média (coluna da esquerda) e dois desvios-padrão (coluna da direita).

Escores Padronizados

Um *escore padronizado* é um Z-score que foi transformado para ter média e desvio-padrão diferentes da distribuição normal padrão. Suponha que, em vez de Z-scores, quiséssemos gerar escores padronizados de criminalidade com média de 100 e desvio-padrão de 10 (Figura 5.13). Isso se assemelha à padronização em notas de testes de inteligência para gerar o quociente de inteligência (QI). Podemos fazer isso simplesmente multiplicando os Z-scores por 10 e, em seguida, somando 100.

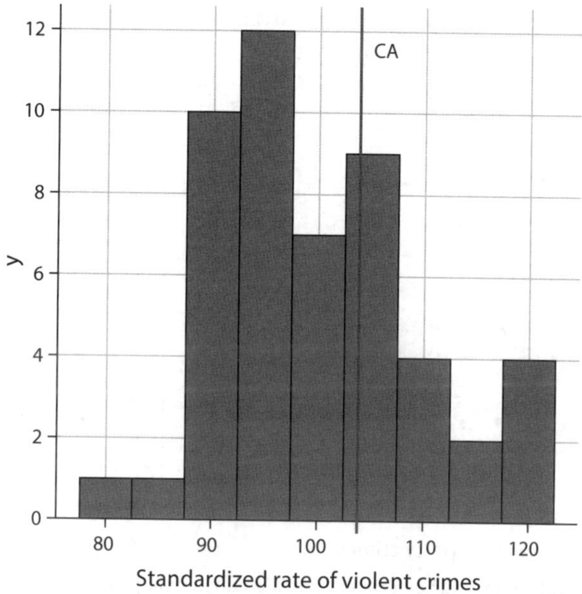

FIGURA 5.13. Dados de crimes apresentados como escores padronizados [Standardized rate of violent crimes] com média de 100 e desvio-padrão de 10.

Usando Z-scores para Comparar Distribuições

Uma aplicação vantajosa dos Z-scores é comparar distribuições de diferentes variáveis. Suponha que queiramos comparar a distribuição de crimes violentos e de crimes contra o patrimônio entre os estados. No painel A da Figura 5.15, representamos comparativamente ambas, sendo que a Califórnia é mostrada na forma de um ponto enorme. Como podemos observar, as taxas brutas de crimes contra o patrimônio são bem maiores do que as taxas brutas de crimes violentos. Assim, não podemos comparar os números diretamente. No entanto, podemos plotar os Z-scores desses dados entre si (painel B da Figura 5.14) — aqui, mais uma vez, observamos que a distribuição dos dados não muda. Convertê-los em Z-scores para cada variável faz com que sejam comparáveis e nos possibilita avaliar que a Califórnia está no meio da distribuição em termos de crimes violentos e de crimes contra o patrimônio.

Adicionaremos mais um fator ao gráfico: a população. No painel A da Figura 5.15, demonstramos isso com o tamanho do símbolo gráfico, que geralmente é uma forma útil de adicionar informações a um gráfico.

Como os Z-scores são diretamente comparáveis, também podemos calcular um *escore de diferença* que expresse a taxa relativa de crimes violentos e crimes não violentos (contra o patrimônio) entre os estados. Em seguida, podemos plotar esses escores em relação à população (painel B da Figura 5.15). Isso mostra como podemos usar Z-scores a fim de relacionar diferentes variáveis em uma escala comum.

Vale ressaltar que os estados menores parecem ter as maiores diferenças em ambas as direções. Mesmo que seja tentador observar cada estado e tentar determinar por que eles têm um escore de diferença alto ou baixo, isso provavelmente retrata o fato de que as estimativas obtidas a partir de amostras menores serão necessariamente mais variáveis, conforme analisaremos no Capítulo 7.

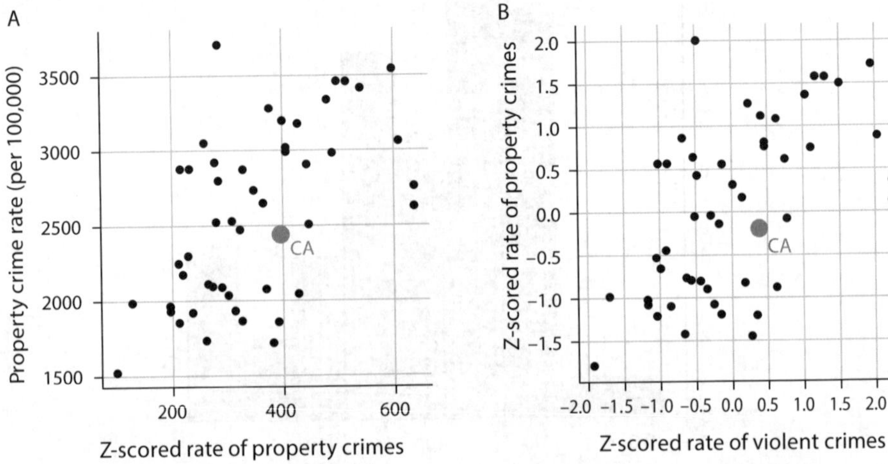

Figura 5.14. (A) Gráfico de taxas de crimes contra o patrimônio [Z-scored rate of property crimes] e (B) taxas de crimes contra o patrimônio e violentos [Z-scored rate of violent crimes] com Z-score.

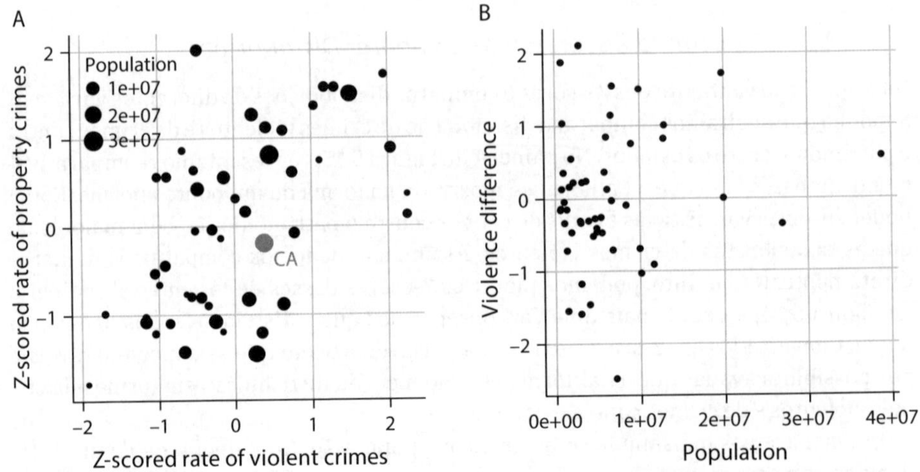

Figura 5.15. (A) Gráfico de taxas de crimes violentos [Z-scored rate of violent crimes] comparadas a taxas de crimes contra o patrimônio [Z-scored rate of property crimes], com o tamanho da população retratado pelo tamanho do símbolo gráfico. (B) Escores de diferença [Violence difference] para crimes violentos e crimes contra o patrimônio, plotados em relação à população [Population].

Problemas

1. Descreva as três partes do modelo básico de estatística e como elas se relacionam.
2. Um pesquisador quer criar um modelo para predizer a altura, usando uma amostra com 8 pessoas com as seguintes alturas (em centímetros): 170; 176; 168; 188; 178; 168; 179; 181.
   - ▷ Determine a moda desses dados.
   - ▷ Calcule o erro da moda para cada pessoa e depois calcule a média desses erros.
   - ▷ Calcule a média dos dados e, em seguida, calcule o erro médio a partir da média.
3. Descreva as duas possíveis fontes de erro ao comparar as predições de um modelo com os dados.
4. Descreva o conceito de sobreajuste e como saber se o sobreajuste ocorreu.
5. Se estimarmos a média e a mediana de um conjunto de dados e, em seguida, calcularmos a soma dos erros quadráticos para cada uma dessas estimativas em comparação aos dados, qual das duas é necessariamente menor ou igual à outra?
6. Qual é a razão pela qual alguém pode querer usar a mediana em vez da média para descrever um conjunto específico de dados?
7. Calcule a mediana dos dados descritos na questão 2.
8. O que significa quando um símbolo estatístico tem um "chapéu" (como $\hat{\sigma}$)?
9. Qual é a diferença entre a forma como o desvio-padrão é calculado para uma população e para uma amostra, e qual é o conceito fundamental de estatística relacionado a essa diferença?
10. Calcule o desvio-padrão para os dados da amostra descritos na questão 2.
11. Calcule os Z-scores para cada uma das pessoas descritas na questão 2.
12. Qual das afirmações a seguir é verdadeira em relação à média? Escolha todas as opções que se aplicam.
    - ▷ A soma dos erros de cada amostra com a média (amostral) é 0.
    - ▷ Ela minimiza a soma dos erros quadráticos.
    - ▷ Ela não é sensível a outliers.
    - ▷ Ela retrata o quinquagésimo percentil nos dados.
13. O modelo que melhor se ajusta a um determinado conjunto de dados (ou seja, aquele com a menor soma de erros quadráticos) geralmente também é o modelo que melhor se ajusta a um conjunto novo de dados. Verdadeiro ou falso?
14. Qual desses conceitos é mais diretamente relevante para a pergunta anterior?
    - ▷ Sobreajuste
    - ▷ Graus de liberdade
    - ▷ Variabilidade
    - ▷ Escores padronizados

Apêndice

A seguir, a prova de que a soma dos erros a partir da média é 0:

$$erro = \sum_{i=1}^{n}(x_i - \bar{X}) = 0$$

$$\sum_{i=1}^{n} x_i - \sum_{i=1}^{n} \bar{X} = 0$$

$$\sum_{i=1}^{n} x_i = \sum_{i=1}^{n} \bar{X}$$

$$\sum_{i=1}^{n} x_i = n\bar{X}$$

$$\sum_{i=1}^{n} x_i = \sum_{i=1}^{n} x_i$$

6

Probabilidade

A Teoria das Probabilidades é o ramo da matemática que aborda o acaso e a incerteza. Constitui uma peça fundamental dos alicerces da estatística, pois nos fornece as ferramentas matemáticas para descrever eventos incertos. O estudo da probabilidade surgiu, em parte, devido ao interesse em compreender jogos de azar, como baralhos ou dados. Esses jogos exemplificam utilmente muitos conceitos estatísticos, porque, ao jogá-los repetidas vezes, a verossimilhança de diferentes resultados permanece (na maior parte) a mesma.

Nesta obra, não abordaremos muitas das profundas indagações sobre o significado da probabilidade; caso esteja interessado em aprender mais sobre esse fascinante assunto e sua história, consulte a seção Leituras Sugeridas no final deste capítulo.

Objetivos de Aprendizagem

Após ler este capítulo, você deve ser capaz de:

- Descrever o espaço amostral para um experimento aleatório selecionado.
- Calcular a frequência relativa e a probabilidade empírica para um determinado conjunto de eventos.
- Calcular probabilidades de eventos únicos, eventos complementares e as uniões e interseções de coleções deles.
- Descrever a Lei dos Grandes Números.
- Descrever a diferença entre probabilidade e probabilidade condicional.
- Descrever o conceito de independência estatística.
- Usar o Teorema de Bayes para calcular a probabilidade condicional inversa.

O que É Probabilidade?

Informalmente, costumamos pensar em probabilidade como um número que descreve a verossimilhança de um evento ocorrer, variando de 0 (impossibilidade) a 1 (certeza). Às vezes, probabilidades são expressas em porcentagens, que variam de 0 a 100, como quando a previsão do tempo prevê uma chance de 20% de chuva. Em cada caso, esses números expressam a probabilidade desse evento específico, variando do absolutamente impossível ao absolutamente certo.

Com o intuito de formalizar a Teoria das Probabilidades, primeiro, é necessário definir alguns termos:

- *Experimento*: qualquer atividade que gere ou observe um ponto amostral. Exemplos incluem jogar uma moeda, lançar um dado de seis lados ou experimentar um caminho novo para o trabalho a fim de verificar se é mais rápido que o antigo.
- *Espaço amostral*: é o conjunto de pontos amostrais possíveis de um experimento. Para representá-los, basta listá-los em chaves. No caso do cara ou coroa, o espaço amostral é {cara, coroa}. Para um dado de seis lados, ele é cada um dos números possíveis que podem aparecer: {1, 2, 3, 4, 5, 6}. No caso do tempo que uma pessoa leva a fim de chegar ao trabalho, o espaço amostral é todos os números reais possíveis maiores que 0 (já que não é possível levar um tempo negativo para chegar a algum lugar, pelo menos, ainda não). Para essa situação, não nos preocuparemos em escrever todos esses números em chaves.
- *Evento*: é um subconjunto do espaço amostral. A princípio, pode ser um ou mais pontos amostrais possíveis nele, mas aqui focaremos principalmente os *eventos elementares*, que consistem em exatamente um ponto amostral possível. Por exemplo, ao lançar uma moeda, podemos obter cara; ao jogar um dado, podemos obter um 4 ou, para chegar em casa pelo caminho novo, podemos levar 21 minutos.

Agora que já temos as definições, podemos descrever os aspectos formais de uma probabilidade, estabelecidos primeiramente pelo matemático russo Andrei Kolmogorov. Eles são as características que um valor *deve* ter para ser considerado uma probabilidade. Suponhamos que temos um espaço amostral definido por N eventos independentes, $E_1, E_2, ..., E_N$, sendo que X é uma variável aleatória que denota qual dos eventos ocorreu. $P(X = E_i)$ é a probabilidade do evento i:

- A probabilidade não pode ser negativa: $P(X = E_i) \geq 0$.
- No espaço amostral, a probabilidade total de todos os pontos amostrais é 1; ou seja, se obtivermos a probabilidade de cada E_i e as somarmos, a soma delas deve ser 1. Podemos expressar isso usando o símbolo de somatório $\sum$:

$$\sum_{i=1}^{N} P(X = E_i) = P(X = E_1) + P(X = E_2) + \cdots + P(X = E_N) = 1$$

  Podemos interpretar essa operação como, "obtenha todos os eventos elementares N, que rotulamos de 1 a N, e some suas probabilidades. A soma delas deve ser 1".
- A probabilidade de qualquer evento individual não pode ser maior que 1: $P(X = E_i) \leq 1$. Isso fica implícito na ideia anterior; como a soma delas deve corresponder a 1 e não ser negativa, nenhuma probabilidade específica pode ultrapassar 1.

Como Determinamos Probabilidades?

Agora que sabemos o que é probabilidade, como descobrimos efetivamente a probabilidade de qualquer evento específico?

Crenças Pessoais

Imagine que eu lhe perguntasse o seguinte: se, em vez de Hillary Clinton, Bernie Sanders tivesse sido o candidato democrata, qual seria a probabilidade de ele ter vencido a eleição presidencial dos EUA em 2016? Na verdade, não podemos realizar o experimento para encontrar o resultado. No entanto, a maioria das pessoas com conhecimento de política estadunidense estaria disposta a, pelo menos, arriscar um palpite sobre a probabilidade desse evento. Em muitos casos, o conhecimento e/ou a crença pessoal são os únicos guias que temos para determinar a probabilidade de um evento, porém isso não é lá muito satisfatório de uma perspectiva científica.

Frequência Empírica

Outra forma de determinar a probabilidade de um evento é realizar o experimento repetidas vezes e calcular a frequência com que cada evento ocorre. A partir da frequência relativa dos diferentes pontos amostrais, podemos calcular a probabilidade de cada um deles. Por exemplo, imagine que estamos interessados em saber a probabilidade de chuva na cidade de São Francisco. Primeiro, temos que definir o experimento. Suponha que analisemos os dados do National Weather Service [Serviço Nacional de Meteorologia dos Estados Unidos] para cada dia de 2017 e determinemos se choveu na estação meteorológica do centro de São Francisco. Segundo os dados, em 2017, houve 73 dias chuvosos. Para calcular a probabilidade de chuva em São Francisco, simplesmente dividimos o número de dias chuvosos pelo número de dias contados (365), obtendo *P* (*chuva em SF em 2017*) = 0,2.

Como sabemos que a probabilidade empírica nos fornece o número correto? A resposta a esta pergunta reside na *Lei dos Grandes Números*, que demonstra que a probabilidade empírica se aproxima da verdadeira à medida que o tamanho da amostra aumenta. Podemos visualizar isso ao simular um grande número de lançamentos de moedas e observar, após cada lançamento, nossa estimativa da probabilidade de sair cara. No Capítulo 8, analisaremos com mais detalhes a simulação; por enquanto, apenas suponha que temos uma maneira computacional de gerar um resultado aleatório para cada lançamento de moeda.

O painel A da Figura 6.1 mostra que, à medida que o número de amostras (ou seja, tentativas de lançamento de moeda) aumenta, a probabilidade estimada de sair cara converge para o valor lógico de 0,5. Contudo, observe que as estimativas podem ficar muito distantes do valor lógico quando os tamanhos da amostra são pequenos. No mundo cotidiano, temos um exemplo disso: no Alabama, nas eleições especiais de 2017 para o Senado dos EUA, o republicano Roy Moore e o democrata Doug Jones foram os candidatos concorrentes. O painel B da Figura 6.1 mostra a quantidade relativa de votos divulgados para cada um deles ao longo da noite, à medida que um número crescente de cédulas eleitorais era contabilizado. No início da noite, a contagem de votos ficou bastante volátil. Inicialmente, Jones tinha uma grande vantagem, mas depois Moore liderou por um longo período, até que finalmente Jones retomou a liderança e venceu a disputa.

Os dois exemplos ilustram que, enquanto amostras grandes acabam convergindo para a probabilidade verdadeira, os resultados com amostras pequenas podem ficar bem distantes. Infelizmente, muitos se esquecem disso e interpretam exageradamente os resultados de amostras pequenas. Os psicólogos Daniel Kahneman e Amos Tversky chamaram esse fato de *Lei dos Pequenos Números*, demonstrando que as pessoas (mesmo pesquisadores especializados) muitas vezes se comportam como se a Lei dos Grandes Números também se aplicasse a amostras pequenas, atribuindo muita credibilidade a resultados baseados em conjuntos pequenos de dados. Ao longo do livro, veremos exemplos de como os resultados estatísticos podem ser instáveis quando gerados com base em amostras pequenas.

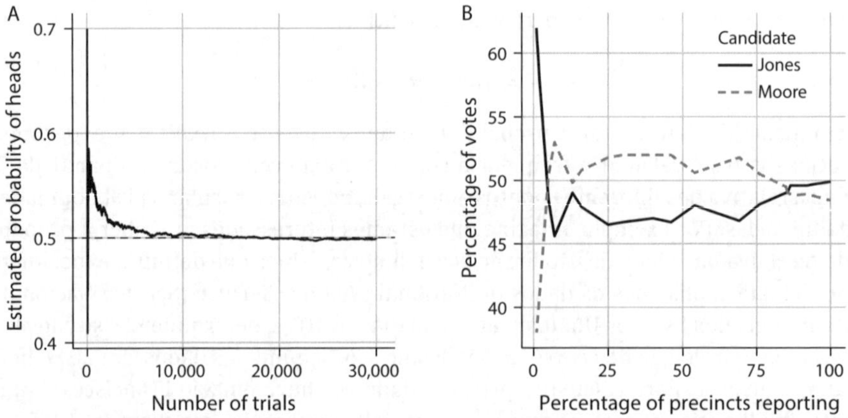

Figura 6.1. (A) Probabilidade estimada de sair cara [Estimated probability of heads]. Uma demonstração da Lei dos Grandes Números. Uma moeda foi lançada 30.000 vezes e, após cada lançamento, a probabilidade de sair cara foi calculada com base no número de caras e coroas coletadas até aquele ponto. São necessários cerca de 15.000 lançamentos para que a probabilidade se estabeleça na probabilidade verdadeira de 0,5. (B) Porcentagem de votos [Percentage of votes]. Proporção relativa dos votos na eleição especial de 12 de dezembro de 2017 à cadeira de senador pelo estado do Alabama para o Senado dos EUA em relação à porcentagem divulgada pelas seções eleitorais [Percentage of precincts reporting]. (Dados transcritos de https://www.ajc.com/news/national/alabama-senate-race-live-updates-roy-moore-doug-jones/KPRfkdaweoiXICW3FHjXqI/)

Probabilidade Clássica

É improvável que qualquer um de nós tenha jogado uma moeda dezenas de milhares de vezes, mas, ainda assim, estamos dispostos a acreditar que a probabilidade de sair cara seja de 0,5. Isso retrata o uso de outra abordagem para calcular probabilidades, que chamamos de *probabilidade clássica*. Nela, calculamos a probabilidade diretamente com base em nosso conhecimento do processo que gera os resultados.

A probabilidade clássica se originou do estudo de jogos de azar, como dados e cartas de baralho. Um exemplo famoso decorre do problema encontrado por um jogador francês, conhecido como Chevalier De Méré. Ele participou de dois jogos distintos de dados: no primeiro, ele apostava na possibilidade de sair, pelo menos, um 6 em 4 jogadas de um dado com 6 lados, enquanto, no segundo, apostava na possibilidade de sair, pelo menos, um duplo 6 em 24 jogadas de 2 dados. Sua expectativa era ganhar dinheiro em ambas as apostas, mas ele descobriu que, embora, em média, faturasse com a primeira aposta, na verdade, perdia dinheiro, em média, quando jogava a segunda aposta diversas vezes. A fim de compreender isso, ele recorreu ao seu amigo, o matemático Blaise Pascal, que hoje é reconhecido como um dos fundadores da Teoria das Probabilidades.

Como podemos entender essa questão recorrendo à Teoria das Probabilidades? Na probabilidade clássica, partimos da suposição de que todos os eventos elementares no espaço amostral são igualmente prováveis; ou seja, quando você joga um dado, cada um dos resultados possíveis ({1, 2, 3, 4, 5, 6}) tem a mesma probabilidade de ocorrer. (Dados viciados não são permitidos!) Com base nisso, podemos calcular a probabilidade de qualquer resultado individual como 1 dividido pelo número de resultados possíveis:

$$P(resultado_i) = \frac{1}{\text{número de resultados possíveis}}$$

Para o dado com seis lados, a probabilidade de cada resultado individual é 1/6.

Isso é bom, porém De Méré estava interessado em eventos mais complexos, como o que acontece em múltiplos lançamentos de dados. Como calculamos a probabilidade de um evento complexo (que é uma *união* de eventos únicos), como tirar um 6 no primeiro *ou* no segundo lançamento? Em termos matemáticos, representamos a união de eventos com o símbolo ∪: por exemplo, se a probabilidade de tirar um 6 no primeiro lançamento é referenciada como $P(Jogada6_{lançamento1})$ e a probabilidade de tirar um 6 no segundo lançamento é $P(Jogada6_{lançamento2})$, logo a união é referenciada como $P(Jogada6_{lançamento1} \cup Jogada6_{lançamento2})$.

De Méré pensava (equivocadamente, como veremos a seguir) que poderia simplesmente somar as probabilidades dos eventos individuais para calcular a probabilidade do evento combinado, o que significa que a probabilidade de tirar um 6 na primeira ou na segunda jogada seria calculada da seguinte forma:

$$P(Jogada6_{lançamento1}) = 1/6$$

$$P(Jogada6_{lançamento2}) = 1/6$$

A suposição incorreta do jogador era que:

$$P(Jogada6_{lançamento1} \cup Jogada6_{lançamento2}) =$$
$$P(Jogada6_{lançamento1}) + P(Jogada6_{lançamento2}) =$$
$$1/6 + 1/6 = 1/3$$

De Méré raciocinou, baseado na suposição equivocada, que a probabilidade de sair, pelo menos, um 6 em 4 jogadas era a soma das probabilidades em cada lançamento individual: $4 * \frac{1}{6} = \frac{2}{3}$. Da mesma forma, ele pensou que, como a probabilidade de sair um duplo seis ao jogar 2 dados é 1/36, a probabilidade de sair, pelo menos, um duplo seis em 24 lançamentos de 2 dados seria $24 * \frac{1}{36} = \frac{2}{3}$. No entanto, ainda que ganhasse dinheiro consistentemente na primeira aposta, De Méré perdia dinheiro na segunda. Qual era o problema?

A fim de entender o erro do jogador, precisamos conhecer algumas das regras da Teoria das Probabilidades. A primeira é a *regra da subtração*, que afirma que a probabilidade de um evento A não acontecer é 1 menos a probabilidade do evento acontecer:

$$P(\neg A) = 1 - P(A)$$

Em que $\neg A$ significa "não A". Esta regra provém diretamente dos axiomas que vimos anteriormente; como A e $\neg A$ são os únicos resultados possíveis, sua probabilidade total deve somar 1. Por exemplo, se a probabilidade de tirar 1 em uma única jogada é de $\frac{1}{6}$, logo, a probabilidade de tirar qualquer coisa além de 1 é $\frac{5}{6}$.

A segunda regra elenca como calcular a probabilidade de um evento conjunto — ou seja, a probabilidade de que ambos os eventos ocorram. Chamamos isso de *interseção*, que é simbolizada por $\cap$; portanto, $P(A \cap B)$ significa a probabilidade de que tanto A quanto B ocorram. Agora, focaremos uma versão da regra que estabelece como calcular essa quantidade no caso especial em que os dois eventos são independentes um do outro; mais adiante, aprenderemos exatamente o que o conceito de *independência* significa, mas, por ora, podemos apenas considerá-lo como fato de que os dois lançamentos de dados são eventos independentes. Calculamos a probabilidade da interseção de 2 eventos independentes simplesmente multiplicando as probabilidades dos eventos individuais:

$$P(A \cap B) = P(A) * P(B) \textit{ se e apenas se A e B forem independentes}$$

Assim, a probabilidade de tirar um 6 em ambas as jogadas é $\frac{1}{6} * \frac{1}{6} = \frac{1}{36}$.

A terceira regra determina como somar probabilidades — e é aqui que identificamos a fonte do erro de De Méré. A regra de adição estabelece que, para obter a probabilidade de qualquer um dos dois eventos ocorrer, somamos as probabilidades individuais e, em seguida, subtraímos a verossimilhança de ambos ocorrerem juntos:

$$P(A \cup B) = P(A) + P(B) - P(A \cap B)$$

Até certo ponto, isso nos impede de contabilizar essas instâncias duas vezes, e é isso que diferencia a regra do cálculo incorreto do jogador. Suponha que queremos encontrar a probabilidade de tirar um 6 em qualquer um dos 2 lançamentos. De acordo com nossas regras:

$$P(Jogada6_{lançamento1} \cup Jogada6_{lançamento2}) =$$

$$P(Jogada6_{lançamento1}) + P(Jogada6_{lançamento2}) -$$

$$P(Jogada6_{lançamento1} \cap Jogada6_{lançamento2}) =$$

$$\frac{1}{6} + \frac{1}{6} - \frac{1}{36} = \frac{11}{36}$$

Usaremos uma representação gráfica a fim de visualizar uma perspectiva diferente dessa regra. A Figura 6.2 mostra uma matriz que representa todas as combinações possíveis de resultados em 2 lançamentos, destacando as células que incluem um 6 no primeiro ou no segundo lançamento. Se contarmos as células em cinza-claro, veremos que existem onze dessa cor. Isso demonstra porque a regra de adição fornece uma resposta diferente daquela do jogador; se simplesmente somássemos as probabilidades dos 2 lançamentos como ele fez, contaríamos (6, 6) para ambos, quando, na verdade, deveríamos contar somente 1 vez.

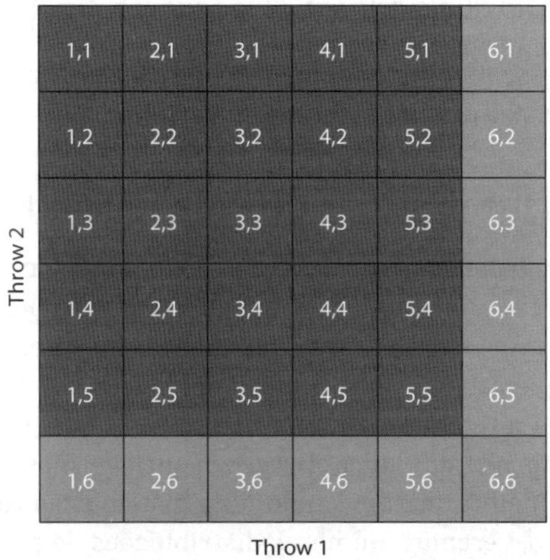

FIGURA 6.2. Nessa matriz, cada célula representa um resultado de 2 lançamentos de um dado. As colunas representam o primeiro lançamento [Throw 1], e as linhas, o segundo lançamento [Throw 2]. As células em cinza-claro representam as células com um 6 no primeiro ou no segundo lançamento; o restante é representado em cinza-escuro.

Blaise Pascal usou as regras de probabilidade a fim de encontrar uma solução para o problema do amigo De Méré. Primeiro, o matemático percebeu que calcular a probabilidade de pelo menos um evento em uma combinação era complicado, enquanto calcular a probabilidade de algo não ocorrer em diversos eventos era relativamente fácil — era somente o produto de probabilidades dos eventos individuais. Desse modo, em vez de calcular a probabilidade de, pelo menos, um 6 em 4 jogadas, Pascal calculou a probabilidade de não sair nenhum 6 em todas as jogadas:

$$P(\textit{nenhum 6 em 4 jogadas}) = \frac{5}{6} * \frac{5}{6} * \frac{5}{6} * \frac{5}{6} = \left(\frac{5}{6}\right)^4 = 0.482$$

Em seguida, ele usou o fato de que a probabilidade de não sair nenhum 6 em 4 jogadas é o complemento de, pelo menos, um 6 em 4 jogadas (portanto, eles devem somar 1) e utilizou a regra de subtração para calcular a probabilidade de interesse:

$$P(\textit{pelo menos um 6 em 4 jogadas}) = 1 - \left(\frac{5}{6}\right)^4 = 0.517$$

A aposta era de que o jogador tiraria, pelo menos, um 6 em 4 jogadas, com uma probabilidade superior a 0,5, o que explica por que De Méré, em média, ganhou dinheiro nessa aposta.

Mas e a segunda aposta? Pascal usou a mesma estratégia:

$$P(\textit{nenhum duplo seis em 24 jogadas}) = \left(\frac{35}{36}\right)^{24} = 0.509$$

$$P(\textit{pelo menos, um duplo seis em 24 jogadas}) = 1 - \left(\frac{35}{36}\right)^{24} = 0.491$$

A probabilidade desse resultado foi ligeiramente inferior a 0,5, mostrando porque De Méré, em média, perdeu dinheiro na segunda aposta.

Distribuições de Probabilidade

Uma *distribuição de probabilidade* descreve a probabilidade de todos os pontos amostrais possíveis em um experimento. Por exemplo, em 20 de janeiro de 2018, o jogador de basquete Steph Curry acertou apenas 2 de 4 lances livres em uma partida contra o Houston Rockets. Já que sabemos que a probabilidade geral de Curry acertar lances livres ao longo de toda a temporada foi de 0,91, parece bastante improvável que ele tenha acertado somente 50% dos lances livres em um jogo, mas qual a improbabilidade exata disso? Podemos determiná-la usando uma distribuição teórica de probabilidade; ao longo deste livro, veremos inúmeras distribuições de probabilidade, cada qual adequada para descrever tipos diferentes de dados. Neste caso, usamos a distribuição *binomial* de probabilidade, que fornece uma maneira de calcular a probabilidade de um determinado número de sucessos conforme um determinado número de tentativas (conhecidas como *ensaios de Bernoulli*), nas quais há sucesso ou fracasso e nada entre os dois, considerando que haja uma probabilidade conhecida de sucesso em cada tentativa. Essa distribuição é definida como:

$$P(k; n, p) = P(X = k) = \binom{n}{k} p^k (1 - p)^{n-k}$$

Isso se refere à probabilidade de k-sucessos em n-tentativas quando a probabilidade de sucesso é p. Talvez você não esteja familiarizado com $\binom{n}{k}$, chamado de *coeficiente binomial*. O coeficiente binomial também é conhecido como "n escolha k", pois descreve o número de maneiras diferentes pelas quais se pode escolher k-itens a partir de um total de n-itens. O coeficiente binomial é calculado assim:

$$\binom{n}{k} = \frac{n!}{k!(n-k)!}$$

Em que o ponto de exclamação (!) se refere ao *fatorial* do número:

$$n! = \prod_{i=1}^{n} i = n * (n-1) * \cdots * 2 * 1$$

O produtório $\prod$ é semelhante ao somatório $\sum$, exceto que multiplica em vez de somar. Neste caso, está multiplicando todos os números de 1 a n. No exemplo dos lances livres de Steph Curry:

$$P(2; 4, 0.91) = \binom{4}{2} 0.91^2 (1 - 0.91)^{4-2} = 0.040$$

Isso demonstra que, dada a porcentagem geral de lances livres de Curry, é bastante improvável que ele acertasse apenas 2 dos 4 lances livres. Isso prova que fatos improváveis realmente ocorrem no mundo real. Não raro, queremos saber não somente a probabilidade de um valor específico, mas também a de encontrar um valor tão ou mais extremo do que um valor específico; isso é imprescindível quando formos analisar o teste de hipóteses no Capítulo 9. Para responder a essa pergunta, podemos recorrer a uma distribuição *cumulativa* de probabilidade; enquanto uma distribuição padrão determina a probabilidade de algum valor específico, a distribuição cumulativa determina a probabilidade de um valor tão grande ou maior (ou tão pequeno ou menor) do que algum valor específico.

Tabela 6.1. Distribuições Simples e Cumulativas de Probabilidade para o Número de Lances Livres Bem-sucedidos de Steph Curry em 4 Tentativas

Número de sucessos	Probabilidade	Probabilidade cumulativa
0	0.0001	0.0001
1	0.0027	0.0027
2	0.0402	0.0430
3	0.2713	0.3143
4	0.6857	1.0000

No exemplo do lance livre, talvez queiramos saber a probabilidade de Steph Curry acertar 2 *ou menos* lances livres de 4, considerando que sua probabilidade geral de lance livre é de 0.91. Para determinar isso, poderíamos simplesmente usar a equação de probabilidade binomial, inserir todos os valores possíveis de k e somá-los:

$$P(k \le 2) = P(k = 2) + P(k = 1) + P(k = 0) = 6e^{-5} + .002 + .040 = .043$$

Em muitos casos, o número de resultados possíveis é demasiado grande para calcularmos a probabilidade cumulativa enumerando todos os valores possíveis; felizmente, é possível calculá-lo diretamente para qualquer distribuição teórica de probabilidade. A Tabela 6.1 mostra a probabilidade cumulativa de cada número possível de lances livres bem-sucedidos no exemplo anterior, a partir do qual podemos observar que a probabilidade de Curry acertar 2 ou menos lances livres em 4 tentativas é de 0.043.

(Lembre que traduzimos os nomes das colunas e mantivemos os valores como no código em Python e em R do autor.)

Probabilidade Condicional

Até agora, nós nos limitamos à probabilidades simples — ou seja, à probabilidade de um único evento ou de uma combinação de eventos. No entanto, queremos geralmente determinar a probabilidade de algum evento ocorrer considerando que outro evento já ocorreu, o que é conhecido como *probabilidade condicional.*

Como exemplo, recorremos mais uma vez à eleição presidencial dos EUA de 2016. Poderíamos usar duas probabilidades simples para descrever o eleitorado estadunidense. Primeiro, sabemos a probabilidade de um eleitor nos Estados Unidos ser filiado ao Partido Republicano: $P(\textit{Republicano}) = 0.44$. Sabemos também a probabilidade de um eleitor ter votado em Donald Trump: $P(\textit{eleitor de Trump}) = 0.46$. No entanto, digamos que queremos saber o seguinte: qual é a probabilidade de uma pessoa ter votado em Donald Trump *considerando que é republicana*? A fim de calcular a probabilidade condicional de A dado B (que escrevemos como $P(A|B)$, "probabilidade de A, dado B"), precisamos conhecer a *probabilidade conjunta* (ou seja, a probabilidade de A e B ocorrerem) bem como a probabilidade geral de B:

$$P(A|B) = \frac{P(A \cap B)}{P(B)}$$

Ou seja, queremos saber a probabilidade de ambos os fatos serem verdadeiros, dado que a probabilidade que estamos condicionando é verdadeira. Talvez pensar em termos de representação gráfica ajude. A Figura 6.3 mostra um fluxograma que descreve como a população total de eleitores se divide entre republicanos e democratas, e como a probabilidade condicional (condicionada ao partido) divide ainda mais os membros de cada partido de acordo com o seu voto.

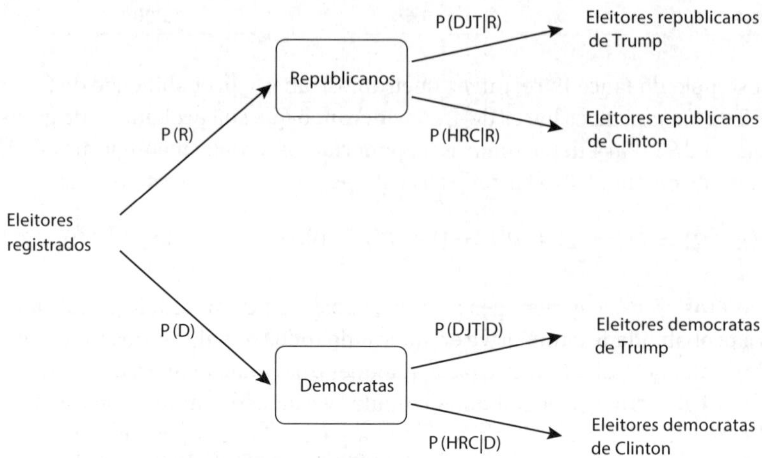

Figura 6.3. Uma representação gráfica da probabilidade condicional, mostrando como ela limita nossa análise a um subconjunto dos dados.

Calculando Probabilidades Condicionais a partir dos Dados

Podemos também calcular probabilidades condicionais diretamente a partir dos dados. Suponha que estejamos interessados na seguinte pergunta: qual é a probabilidade de uma pessoa ter diabetes considerando que não é fisicamente ativa — ou seja, *P (diabetes|inativa)*? O conjunto de dados do NHANES inclui duas variáveis que abordam as duas partes dessa pergunta. A primeira (Diabetes) pergunta se a pessoa já foi informada que tem a doença, e a segunda (*PhysActive*) registra se ela pratica atividades esportivas, físicas ou recreativas de intensidade, pelo menos, moderada. Primeiro, calcularemos as probabilidades simples, mostradas na Tabela 6.2. Essa representa que a probabilidade de alguém no conjunto de dados do NHANES ter diabetes é de 0.1 e que a probabilidade de alguém não praticar atividades física (inativo) é de 0.45.

TABELA 6.2. Dados Sumarizados para Diabetes e Atividade Física

Resposta	Número (diabetes)	*P*(diabetes)	Número (*PhysActive*)	*P*(*PhysActive*)
Não	4893	0.9	2472	0.45
Sim	550	0.1	2971	0.55

Para calcular *P*(*diabetes|inativo*), precisaríamos saber também a probabilidade conjunta de ser diabético *e* inativo, além das probabilidades simples de cada um. Elas são mostradas na Tabela 6.3. Com base nessas probabilidades conjuntas, é possível calcularmos *P*(*diabetes|inativo*). Um modo de fazê-lo usando um programa de computador é primeiro determinar se a variável *PhysActive* é igual a "Não" para cada sujeito de pesquisa e, em seguida, calcular a média desses valores lógicos. Como os valores true/false são tratados como 1/0, respectivamente, pela maioria das linguagens de programação (incluindo R e Python), isso nos possibilita identificar com facilidade a probabilidade de um evento simples ao obtermos a média de uma variável lógica que represente seu valor lógico. Em seguida, usamos esse valor para calcular a probabilidade condicional, pois descobrimos que a probabilidade de alguém ter diabetes, considerando que seja fisicamente inativo, é de 0,141.

TABELA 6.3. Probabilidades Conjuntas para Diabetes e Variáveis *PhysActive*

Diabetes	*PhysActive*	Número	Probabilidade
Não	Não	2123	0.39
Não	Sim	2770	0.51
Sim	Não	349	0.06
Sim	Sim	201	0.04

Independência

Em estatística, o termo *independente* tem um significado bastante específico, que difere um pouco do uso cotidiano da palavra. Independência estatística entre duas variáveis significa que saber o valor de uma variável não nos informa nada sobre o valor da outra. Isso pode ser expresso assim:

$$P(A|B) = P(A)$$

Ou seja, a probabilidade de *A* dado algum valor de *B* é exatamente igual à probabilidade geral de *A*. Analisando por esse ângulo, observamos que muitos dos casos que chamaríamos de "independência" no mundo cotidiano não são estatisticamente independentes. Por exemplo, um pequeno grupo de cidadãos da Califórnia está liderando um movimento para estabelecer um novo estado independente chamado Jefferson, que incluiria diversos condados no norte da Califórnia e em Oregon. Se isso acontecesse, a probabilidade de um residente atual da Califórnia morar agora no estado de Jefferson seria *P(Jeffersoniano)* = 0.014, enquanto a probabilidade de permanecer residente na Califórnia seria *P(Californiano)* = 0.986. Em termos políticos, os estados novos seriam independentes, mas, em termos estatísticos, *não* seriam, pois, se uma pessoa é jeffersoniana, temos certeza de que ela *não* é californiana! Ou seja, enquanto a *independência*, na linguagem de uso comum, geralmente se refere a conjuntos exclusivos, a *independência estatística* se refere a casos em que não se pode predizer nada sobre uma variável a partir do valor de outra. Por exemplo, é improvável que a cor do cabelo de uma pessoa indique se ela tem preferência por sorvete de chocolate ou de morango.

Vejamos outro exemplo com o conjunto de dados do NHANES: a saúde física e a saúde mental são independentes uma da outra? No NHANES, temos duas perguntas relevantes: *PhysActive*, que pergunta se o indivíduo é fisicamente ativo, e *DaysMentHlthBad*, que pergunta em quantos dias ele experienciou problemas de saúde mental considerando os últimos trinta dias. Consideremos que toda pessoa que registrou mais de sete dias de problemas de saúde mental no último mês esteja em situação debilitada de saúde mental. Com base nessa suposição, podemos definir uma variável nova chamada *BadMentalHealth* como uma variável lógica, que indica se cada pessoa teve mais de sete dias de problemas de saúde mental ou não. Primeiro, podemos sumarizar os dados para mostrar quantos indivíduos se enquadram em cada combinação das duas variáveis e, em seguida, dividi-la pelo número total de observações para criar uma tabela de proporções (Tabela 6.4).

A tabela mostra a proporção de todas as observações que se enquadram em cada célula. Contudo, o que queremos saber aqui é a probabilidade condicional de problemas de saúde mental, dependendo se a pessoa é ou não fisicamente ativa. A fim de calcular esse resultado, dividimos cada grupo de atividade física pelo seu número total de observações, de modo que cada linha agora some 1 (mostrado na Tabela 6.5). Aqui, observamos probabilidades condicionais de apresentar ou não problemas de saúde mental para cada grupo de atividade física (nas duas primeiras linhas), com a probabilidade geral de apresentar ou não problemas de saúde mental na terceira linha. Para determinar se a saúde mental e a atividade física são independentes, compararíamos a probabilidade simples de problemas de saúde mental (na terceira linha) com a probabilidade condicional de problemas de saúde mental, considerando se a pessoa é fisicamente ativa (na segunda linha).

A probabilidade geral de problemas de saúde mental *P(saúde mental debilitada)* é 0.16, enquanto a probabilidade condicional *P(saúde mental debilitada|fisicamente ativo)* é 0.13. Desse modo, parece que a probabilidade condicional é um pouco menor do que a probabilidade geral, sugerindo que elas não são independentes — embora não possamos saber com certeza apenas observando os números, visto que eles podem ser diferentes devido à variabilidade aleatória em nossa amostra. No Capítulo 12, analisaremos ferramentas estatísticas que nos possibilitam testar diretamente se duas variáveis são independentes.

TABELA 6.4. Resultados de Proporções para Análise de Saúde Mental versus Saúde Física

PhysActive	**Saúde mental debilitada**	**Saúde mental satisfatória**	**Total**
No	0.10	0.39	0.48
Yes	0.07	0.45	0.52
Total	0.16	0.84	1.00

TABELA 6.5. Probabilidades Condicionais para Saúde Mental, Dada a Saúde Física

PhysActive	**Saúde mental debilitada**	**Saúde mental satisfatória**	**Total**
No	0.20	0.80	1
Yes	0.13	0.87	1
Total	0.16	0.84	1

Invertendo uma Probabilidade Condicional: Teorema de Bayes

Em muitos casos, sabemos *P(A|B)*, mas o que queremos efetivamente saber é *P(B|A)*. Isso ocorre comumente em exames médicos, em que sabemos *P(resultado positivo do teste|doença)*, mas o que queremos saber é *P(doença|resultado positivo do teste)*. Por exemplo, em determinado momento, era comum recomendar que homens com mais de 50 anos fizessem exames para possível câncer de próstata usando o teste de antígeno prostático específico (PSA). Antes que um teste seja aprovado para uso na prática médica, o fabricante precisa testar dois aspectos relacionados ao desempenho. Primeiro, é necessário demonstrar seu nível de *sensibilidade* — ou seja, a probabilidade de detectar a presença da doença:

$$sensibilidade = P(teste\ positivo|doença)$$

Segundo, é necessário demonstrar seu nível de *especificidade* — ou seja, a probabilidade de gerar um resultado negativo quando não existe a presença da doença.

$$especificidade = P(teste\ negativo|nenhuma\ doença)$$

Para o teste de PSA, sabemos que a sensibilidade é cerca de 80% e a especificidade é aproximadamente de 70%. No entanto, esses números não respondem à pergunta que o médico precisa considerar em relação a qualquer paciente específico: qual é a verossimilhança de ele efetivamente ter câncer, dado o teste com resultado positivo? Isso exige que invertamos a probabilidade condicional que define a sensibilidade: em vez de *P(teste positivo|doença)*, queremos saber *P(doença|teste positivo)*. Para inverter uma probabilidade condicional, podemos usar o *Teorema de Bayes*:

$$P(B|A) = \frac{P(A|B) * P(B)}{P(A)}$$

O Teorema de Bayes é relativamente fácil de deduzir, com base nas regras de probabilidade que aprendemos anteriormente neste capítulo (veja o apêndice do capítulo para saber mais sobre essa dedução). Se tivermos somente dois resultados, podemos expressar o Teorema de Bayes de uma forma um pouco mais clara, usando a regra da soma para redefinir *P(A)*, dividindo-o pelos dois valores possíveis de *B*:

$$P(A) = P(A|B) * P(B) + P(A|\neg B) * P(\neg B)$$

Assim, podemos redefinir o Teorema de Bayes:

$$P(B|A) = \frac{P(A|B) * P(B)}{P(A|B) * P(B) + P(A|\neg B) * P(\neg B)}$$

Nessa equação, podemos inserir os números relevantes a fim de determinar a verossimilhança de um indivíduo com um resultado positivo de PSA efetivamente ter câncer — mas, para isso, é necessário também sabermos a probabilidade geral de câncer para essa pessoa, que geralmente chamamos de *taxa-base* [base rate]. Vejamos um homem de 60 anos, para quem a probabilidade de câncer de próstata nos próximos 10 anos é *P(câncer)* = 0.058, com base em dados populacionais. Usando os valores de sensibilidade e de especificidade que descrevemos antes, podemos calcular a verossimilhança desse indivíduo ter câncer dado um teste positivo:

$$P(\text{câncer}|\text{teste}) = \frac{P(\text{teste}|\text{câncer}) * P(\text{câncer})}{P(\text{teste}|\text{câncer}) * P(\text{câncer}) + P(\text{teste}|\neg\,\text{câncer}) * P(\neg\,\text{câncer})}$$

$$= \frac{0.8 * 0.058}{0.8 * 0.058 + 0.3 * 0.942} = 0.14$$

A probabilidade é bem pequena. Achou surpreendente? Muitos acham. Na verdade, um número substancial de estudos e pesquisas relacionadas à psicologia demonstram que as pessoas sistematicamente negligenciam a *taxa-base* (ou seja, a prevalência geral) em suas decisões. Nos tribunais, a confusão sobre as probabilidades condicionais é tão frequente que é chamada de *falácia do promotor*: a probabilidade da evidência dada a inocência do réu, é confundida com a probabilidade de inocência dada a evidência.

Aprendendo a Partir dos Dados

A regra de Bayes também pode ser entendida como um meio de atualizar nossas crenças com base em dados, ou seja, saber mais sobre o mundo usando dados. Vejamos o teorema novamente:

$$P(B|A) = \frac{P(A|B) * P(B)}{P(A)}$$

No Teorema de Bayes, cada elemento diferente tem um nome específico e relacionado às funções que eles desempenham na atualização de nossas crenças. Começamos com um palpite inicial da probabilidade de B ($P(B)$), que chamamos de probabilidade *a priori*. No exemplo do PSA, usamos a taxa-base na população como nossa probabilidade a priori, pois era nosso melhor palpite quanto à chance de câncer do indivíduo antes de sabermos o resultado do teste. Em seguida, coletamos alguns dados, os quais, em nosso exemplo, foram o resultado do teste. O grau em que os dados A são consistentes com o resultado B é fornecido por $P(A|B)$, que chamamos de *verossimilhança*. Podemos considerá-la como o grau de probabilidade dos dados, considerando que a hipótese específica testada seja verdadeira.

Em nosso exemplo, a hipótese testada era se o indivíduo tinha câncer, e a verossimilhança se baseava em nosso conhecimento sobre a sensibilidade do teste (ou seja, a probabilidade de um resultado positivo do teste dada a presença de câncer). Chamamos o denominador ($P(A)$) de *verossimilhança marginal,* porque ele expressa a verossimilhança geral dos dados, calculada pela média de todos os valores possíveis de B (que, em nosso exemplo, eram a presença ou ausência da doença). O resultado ao lado esquerdo da equação ($P(B|A)$) é chamado de probabilidade *a posteriori*, porque é o resultado final do cálculo. Podemos escrever o Teorema de Bayes de outra maneira para que fique um pouco mais claro:

$$P(B|A) = \frac{P(A|B)}{P(A)} * P(B)$$

O valor $\frac{P(A|B)}{P(A)}$ indica o tamanho da probabilidade dos dados A quando consideramos B, em comparação à verossimilhança geral (marginal) dos dados. Já o valor $P(B)$ indica a probabilidade que atribuíamos a B antes de conhecermos quaisquer dados. Isso esclarece ainda mais que a função do Teorema de Bayes é atualizar nosso conhecimento prévio, com base na maior probabilidade dos dados considerando B do que em geral. Se a hipótese for mais provável considerando os dados do que seria em geral, acreditamos mais nela; se a hipótese for menos provável considerando os dados, acreditamos menos nela.

Chances e Razões de Chances

O resultado da última seção demonstrou que a verossimilhança de uma pessoa ter câncer, com base em um teste de PSA positivo, ainda é bem baixa, embora seja mais do que o dobro do que era antes de sabermos o resultado do teste. Não raro, queremos quantificar de forma mais direta a relação entre probabilidades. Para tal, basta convertê-las em *chances* [odds], que expressam a verossimilhança relativa de algo acontecer ou não:

$$chances\ de\ A = \frac{P(A)}{P(\neg A)}$$

Em nosso exemplo de PSA, as chances de ter câncer (dado o teste positivo) são:

$$chances\ de\ câncer = \frac{P(câncer)}{P(\neg\, câncer)} = \frac{0.14}{1 - 0.14} = 0.16$$

Isso indica que as chances de ter câncer são muito baixas, embora o teste seja positivo. Para comparação, as chances de tirar um 6 em um único lançamento de dados são:

$$chances\ de\ 6 = \frac{1}{5} = 0.2$$

A propósito, essa é uma razão pela qual muitos médicos-pesquisadores ficaram cada vez mais cautelosos com o uso generalizado de testes de triagem para condições relativamente incomuns; a maioria dos resultados positivos acabam sendo falsos positivos, ocasionando exames complementares desnecessários, com possíveis complicações, sem mencionar o estresse adicional para o paciente.

Podemos também usar chances para comparar diferentes probabilidades, calculando o que chamamos de *razão de chance* [odds ratio] — que é exatamente o que o nome sugere. Por exemplo, suponha que queiramos saber o quanto o teste positivo aumenta a chance de uma pessoa ter câncer. Primeiro, podemos calcular a *razão de chances a priori* — ou seja, a chance antes de sabermos que o resultado do seu teste havia sido positivo. Podemos calculá-la usando a taxa-base:

$$razão\ de\ chances\ a\ priori = \frac{P(câncer)}{P(\neg\, câncer)} = \frac{0.058}{1 - 0.058} = 0.061$$

Em seguida, podemos compará-las com a razão de *chances a posteriori*, calculadas usando a probabilidade a posteriori:

$$razão\ de\ chances = \frac{razão\ de\ chances\ a\ posteriori}{razão\ de\ chances\ a\ priori} = \frac{0.16}{0.061} = 2.62$$

Isso indica que as chances de ter câncer aumentam 2,62 vezes, dado o resultado positivo do teste. Uma razão de chances é um exemplo de um *tamanho do efeito* (analisado mais adiante no Capítulo 10), uma maneira de quantificar o tamanho relativo de qualquer efeito estatístico específico.

O Significado das Probabilidades

Aparentemente, é um pouco estranho falar sobre a probabilidade de uma pessoa ter câncer com base no resultado de um teste. Afinal, ou ela tem câncer ou não tem. Historicamente, as probabilidades foram interpretadas de duas formas diferentes. A primeira interpretação (conhecida como abordagem *frequentista*) define probabilidades em termos de frequências de longo prazo. Por exemplo, no caso de cara ou coroa, ela refletiria a frequência relativa de caras a longo prazo, após um grande número de lançamentos. Ainda que possa fazer sentido para eventos que podem ser repetidos muitas vezes, como o cara ou coroa, essa interpretação faz menos sentido para aqueles que acontecem apenas uma vez, como a vida de uma pessoa ou uma eleição presidencial específica. Como o famoso economista John Maynard Keynes disse: "A longo prazo, todos estaremos mortos."

A outra interpretação das probabilidades (conhecida como abordagem *bayesiana*) é como um grau de crença em uma proposição específica. Se eu lhe perguntasse: "Qual a probabilidade de os EUA retornarem à Lua até 2040?", você poderia responder a essa pergunta com base em seu conhecimento e crenças, mesmo que não haja frequências relevantes para calcular uma probabilidade frequentista. Uma forma comum de delimitarmos as probabilidades subjetivas é em termos da disposição de alguém em aceitar um risco específico. Por exemplo, caso ache que a probabilidade dos EUA pousarem na Lua até 2040 é de 0,1 (ou seja, 1 chance em cada 9), significa que você estaria disposto a aceitar um risco em que o ganho só seria vantajoso se as chances de sucesso fossem maiores que 9 para 1, no caso do evento ocorrer.

Conforme veremos, as duas definições de probabilidade são bastante relevantes para as duas formas diferentes pelas quais os estatísticos pensam em testar hipóteses estatísticas, o que abordaremos nos próximos capítulos.

Leituras Sugeridas:

- *O Andar do Bêbado: como o acaso determina nossas vidas*, de Leonard Mlodinow. Mlodinow é um proeminente divulgador de ideias matemáticas, e esse livro é uma jornada divertida por muitas das ideias abordadas neste capítulo.
- *Ten Great Ideas about Chance*, de Persi Diaconis e Brian Skyrms. Diaconis é um dos teóricos da probabilidade mais reconhecido do mundo, e essa obra apresenta uma perspectiva fascinante sobre algumas das principais ideias que embasam a Teoria das Probabilidades.
- *Ending Medical Reversal: Improving Outcomes, Saving Lives*, de Vinayak Prasad e Adam Cifu. Esse livro apresenta a história das práticas médicas (como o teste do antígeno específico da próstata abordado neste capítulo) que mais tarde foram reconhecidas como problemáticas e analisa o papel das medidas estatísticas em relação às mudanças de paradigma.

Problemas

1. Descreva o espaço amostral para cada um dos seguintes experimentos:
   - ▷ Uma jogada de um dado de oito lados.
   - ▷ Uma proposta de casamento.
   - ▷ Uma prova de estatística.
2. Quais são as características que uma variável deve ter para ser uma *probabilidade*?
3. Mencione e descreva a lei que justifica o uso de dados para determinar a probabilidade empírica de um evento.
4. Não raro, as pessoas se comportam como se pudessem confiar nas probabilidades obtidas a partir de amostras pequenas. Qual é o nome desse fenômeno psicológico?
5. Calcule a probabilidade de cada resultado individual para os seguintes jogos de azar, supondo que todos sejam justos:
   - ▷ Uma jogada de um dado de oito lados.
   - ▷ O sorteio de um naipe específico (copas, paus, ouros ou espadas) de um baralho de cartas padrão sem coringas.
6. Se você sabe que a probabilidade de haver um atraso de voo em um determinado dia é de 0,12, qual é a probabilidade de *não* haver um atraso de voo no mesmo dia? Mencione a regra que possibilita calcular isso.
7. Suponha que a probabilidade de contrair um resfriado comum em 1 ano seja de 0,05 e que a probabilidade de receber uma multa de trânsito em 1 ano seja de 0,03.
   - ▷ Você acha que essas duas probabilidades são independentes?
   - ▷ Suponha que elas sejam independentes. Calcule a probabilidade de contrair um resfriado e receber uma multa de trânsito em 1 ano.
8. Descreva a regra usada para somar probabilidades. Por que não podemos somar as duas probabilidades simples?
9. Para o exemplo da questão 7, calcule a probabilidade de contrair um resfriado ou de receber uma multa em um determinado ano, novamente supondo que essas duas probabilidades são independentes.
10. Descreva o conceito de probabilidade condicional e forneça um exemplo do mundo cotidiano. Quais valores precisamos saber para calculá-la?
11. Descreva o conceito de independência estatística bem como sua definição e analise como ele se diferencia do uso cotidiano do termo *independente*.
12. A probabilidade de alguém ter uma bicicleta é de 0,40; e a probabilidade conjunta de alguém ter uma bicicleta e um carro é de 0,3. Calcule a probabilidade condicional de alguém ter um carro, considerando que também tem uma bicicleta.
13. Qual é o principal uso do Teorema de Bayes?
14. Combine cada um dos seguintes termos com sua definição de probabilidade:
    - ▷ Sensibilidade
    - ▷ Especificidade

15. Um exame médico tem uma especificidade de 0,8 e uma sensibilidade de 0,9. Um paciente específico faz o teste e recebe um resultado positivo. Pesquisas anteriores mostraram que a probabilidade de alguém como esse paciente ter a doença é de 0,1. Considerando esses valores, calcule a probabilidade condicional de que o paciente tenha a doença devido ao teste positivo.
16. Em estatística, qual a diferença entre as abordagens frequentista e bayesiana?
17. Em suas palavras, descreva a diferença entre probabilidade simples e probabilidade condicional. Em seguida, exemplifique cada uma; não use exemplos de livros didáticos.
18. Em 20 de janeiro de 2021, Kamala Harris se tornou a primeira vice-presidente afro-americana dos Estados Unidos. O país já teve 49 vice-presidentes, incluindo Harris. Com base nesses dados, qual é a probabilidade de um vice-presidente ser afro-americano?
19. Se você sabe que $P(A|B) = P(A)$, o que isso indica? Escolha todas as opções que se aplicam.
    - *A* é independente de B.
    - Saber o valor de *B* não indica nada sobre o valor de *A*.
    - Os valores de *A* são necessariamente diferentes dos valores de *B*.
    - O valor de *B* pode ser predito a partir do valor de *A*.
20. Dada a seguinte expressão do Teorema de Bayes, combine cada parte da equação com um dos seguintes rótulos: probabilidade a posteriori, probabilidade a priori, verossimilhança e verossimilhança marginal.

$$P(Y|X) = \frac{P(X|Y)P(Y)}{P(X)}$$

    - $P(Y|X)$
    - $P(Y)$
    - $P(X|Y)$
    - $P(X)$
21. Uma empresa desenvolveu um novo teste de gravidez. Combine cada um dos seguintes conceitos com a descrição relevante: sensibilidade, especificidade, acerto, erro, alarme falso, verdadeiro negativo:
    - *P(teste positivo|grávida)*
    - *P(teste negativo|não está grávida)*
    - *P(teste positivo E grávida)*
    - *P(teste negativo E grávida)*
    - *P(teste positivo E não está grávida)*
    - *P(teste negativo E não está grávida)*
22. Qual das seguintes afirmações deve ser verdadeira para que um número seja uma probabilidade? Escolha todas as opções que se aplicam.
    - Deve ser maior do que 0.
    - Deve ser maior do que 0 ou igual a 0.
    - Deve ser menor do que 1.
    - Deve ser menor do que 1 ou igual a 1.

Apêndice

Dedução do Teorema de Bayes

O objetivo do teorema de Bayes é nos possibilitar calcular $P(B|A)$ a partir de $P(A|B)$, $P(A)$ e $P(B)$.

Primeiro, lembre-se da regra para calcular uma probabilidade condicional:

$$P(A|B) = \frac{P(A \cap B)}{P(B)}$$

Podemos reorganizá-la para obter a fórmula a fim de calcular a probabilidade conjunta recorrendo à probabilidade condicional:

$$P(A \cap B) = P(A|B) * P(B)$$

Agora, escreveremos a fórmula para a probabilidade condicional de B dado A:

$$P(B|A) = \frac{P(B \cap A)}{P(A)}$$

Observe que $P(A \cap B)$ é exatamente igual a $P(B \cap A)$. Assim sendo, podemos simplesmente substituir nossa fórmula por $P(A \cap B)$ a fim de calcular a probabilidade inversa:

$$P(B|A) = \frac{P(A \cap B)}{P(A)} = \frac{P(A|B) * P(B)}{P(A)}$$

7

Amostragem

Um dos conceitos basilares de estatística é que podemos fazer inferências sobre uma população inteira com base em uma amostra relativamente pequena de indivíduos dessa população. Neste capítulo, apresentamos o conceito de amostragem estatística e analisaremos por que ele funciona.

Objetivos de Aprendizagem

Após ler este capítulo, você deve ser capaz de:

- Entender a diferença entre população e amostra, bem como entre parâmetros e estatísticas amostrais.
- Descrever os conceitos de erro de amostragem e distribuição amostral.
- Calcular o erro padrão da média.
- Descrever como o teorema central do limite determina a natureza da distribuição amostral da média.

A Importância da Amostragem

Qualquer pessoa que viva nos Estados Unidos está familiarizada com o conceito de amostragem das pesquisas eleitorais, que se tornaram parte essencial do processo eleitoral estadunidense. Em alguns casos, as pesquisas conseguem predizer os resultados das eleições com acurácia impressionante. O exemplo mais emblemático são as eleições presidenciais norte-americanas de 2008 e 2012, quando Nate Silver, analista de pesquisas eleitorais, previu corretamente o desfecho eleitoral em 49 dos 50 estados em 2008 e em todos os 50 estados em 2012. Silver fez isso ao combinar dados de 21 pesquisas diferentes, cada uma com inclinações políticas variadas, tendendo ao lado Republicano ou Democrata. Cada pesquisa incluía dados de cerca de 1.000 prováveis eleitores — significando que o analista, usando dados de apenas 21.000 pessoas e seus conhecimentos (incluindo padrões históricos de votação), conseguiu predizer quase perfeitamente o padrão de votos de mais de 125 milhões de eleitores.

Como Realizamos uma Amostragem?

Na amostragem, nosso objetivo é estimar uma característica específica de todo um grupo de interesse usando apenas um subconjunto menor dessa população. Fazemos isso principalmente por uma questão de eficiência: por que se dar ao trabalho de mensurar cada indivíduo da população se uma amostra pequena é o bastante para estimar com acurácia o indicador de interesse?

No exemplo da eleição, a população é composta por todos os eleitores registrados na região pesquisada, e a amostra é o conjunto de 1.000 pessoas selecionadas pela organização de pesquisa. O método utilizado para selecionar a amostra é crucial para garantir que ela seja *representativa* de toda a população, o que é o principal objetivo da amostragem estatística. É fácil imaginar uma amostra não representativa; suponha que um analista de pesquisas eleitorais contatasse somente as pessoas cujos nomes ele tivesse recebido do partido Democrata local. Seria improvável que os resultados da pesquisa fossem representativos da população como um todo. Em geral, definimos um pool representativo em que todos os membros da população têm chances iguais de serem selecionados. Quando isso não ocorre, temos que nos preocupar com a possibilidade de a medida estatística que calculamos para a amostra ser *enviesada* — ou seja, de seu valor ser sistematicamente diferente do valor da população (que chamamos de *parâmetro*). É importante lembrar que, em geral, não conhecemos esse parâmetro da população; caso contrário, a amostragem não seria necessária! No entanto, usaremos exemplos com dados completos da população para explicar alguns conceitos fundamentais.

É importante também saber a diferença entre as duas formas distintas de amostragem: com reposição e sem reposição. Na amostragem *com reposição*, depois que um membro da população foi amostrado, ele retorna ao pool, possibilitando que seja potencialmente amostrado mais uma vez. Na amostragem *sem reposição*, quando um membro já foi amostrado, ele não é mais elegível para ser amostrado novamente. A amostragem sem reposição é o método comum mais usado, porém existem contextos em que a amostragem com reposição é utilizada, como na técnica chamada *bootstrapping*, que analisaremos no Capítulo 8.

Erro de Amostragem

Não importa o nível de representatividade de nossa amostra, é provável que a medida estatística que calculamos a partir dela seja ligeiramente diferente do parâmetro da população, no mínimo. Chamamos isso de *erro de amostragem*. Se coletarmos múltiplas amostras, o valor da nossa estimativa estatística também variará entre elas; chamamos essa distribuição de nossa estatística entre as amostras de *distribuição amostral*.

O erro de amostragem está diretamente relacionado à qualidade da nossa medição da população. Obviamente, queremos que as estimativas obtidas a partir de nossa amostra sejam o mais próximas possível do valor lógico do parâmetro da população. No entanto, mesmo que nossa medida estatística não seja enviesada (ou seja, esperamos que tenha o mesmo valor que o parâmetro da população), o valor de qualquer estimativa específica será diferente do valor da população, e quanto maior o erro de amostragem, maiores serão as diferenças. Portanto, reduzir o erro de amostragem é etapa importante para uma melhor medição.

Usaremos o conjunto de dados do NHANES como exemplo; suponhamos que os indivíduos no conjunto de dados *sejam* a nossa população de interesse. A partir dela, extrairemos amostras aleatórias. No próximo capítulo, entraremos em detalhes sobre como funciona a geração de amostras "aleatórias" em um computador.

Nesse exemplo, sabemos a média da população adulta (168.35) e o desvio-padrão (10.16) para a altura (medida em centímetros), pois estamos considerando o conjunto de dados do NHANES como a população. A Tabela 7.1 mostra as medidas estatísticas calculadas a partir de algumas amostras com 50 pessoas da população do NHANES; podemos observar que, embora estejam todas próximas do valor da população, as medidas calculadas em cada amostra variam um pouco.

TABELA 7.1. Exemplos de Médias e Desvios-Padrão para Diversas Amostras da Variável *Height* do NHANES

Média amostral	Desvio-padrão amostral
166	11.3
168	9.5
167	9.1
167	9.8
167	10.5

Agora, usaremos um grande número de amostras (cada uma contendo 50 indivíduos selecionados aleatoriamente a partir do conjunto de dados do NHANES), calcularemos a média de cada uma e analisaremos a distribuição amostral resultante das médias. Precisamos decidir quantas amostras coletar para fazer uma boa estimativa da distribuição amostral — neste caso, coletaremos 5.000 para termos bastante confiança na resposta. Vale observar que simulações como essa às vezes podem demorar alguns minutos para serem executadas e podem exigir bastante do seu computador. O histograma da Figura 7.1 mostra que as médias estimadas para cada uma das amostras com 50 pessoas variam um pouco, mas, no geral, estão centralizadas em torno da média da população. A média das 5.000 médias amostrais (168,3800) é bem próxima da média real da população (168,3497).

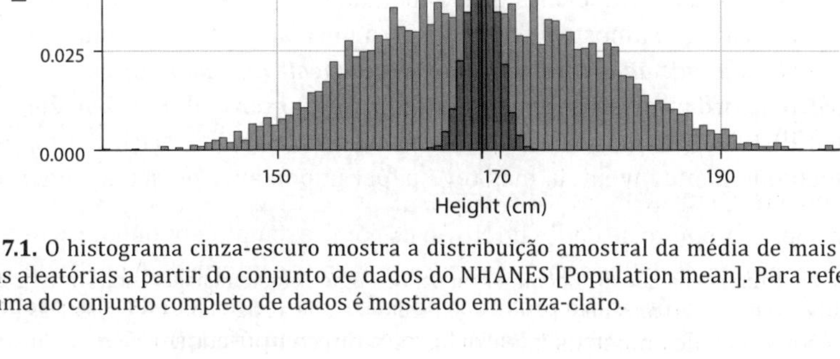

FIGURA 7.1. O histograma cinza-escuro mostra a distribuição amostral da média de mais de 5.000 amostras aleatórias a partir do conjunto de dados do NHANES [Population mean]. Para referência, o histograma do conjunto completo de dados é mostrado em cinza-claro.

Erro Padrão da Média

Mais adiante, a capacidade de caracterizar a variabilidade de nossas amostras será essencial para fazer inferências sobre as medidas estatísticas da amostra. Para a média, fazemos isso recorrendo a uma medida chamada de *erro padrão* da média (EPM), que pode ser considerado como o desvio-padrão da distribuição amostral dela. Para calcular o EPM de nossa amostra, dividimos o desvio-padrão estimado pela raiz quadrada do tamanho da amostra:

$$EPM = \frac{\hat{\sigma}}{\sqrt{n}}$$

Se a nossa amostra for pequena (menos de 30 pessoas), é importante observar que devemos ter cuidado ao calcular o EPM usando o desvio-padrão estimado.

Como temos diversas amostras da população do NHANES e, na prática, conhecemos o EPM da população (que calculamos dividindo o desvio-padrão populacional pelo tamanho da população), podemos comprovar que o erro padrão da média calculado usando o parâmetro da população (1.436) é bem próximo do desvio-padrão observado nas médias das amostras que extraímos a partir do conjunto de dados do NHANES (1.435).

A fórmula para o erro padrão da média indica que a qualidade da nossa medição envolve duas grandezas: a variabilidade da população e o tamanho da nossa amostra. Como o tamanho da amostra é o denominador na fórmula do EPM, quanto maior ela for, menor será o erro padrão da média, mantendo a variabilidade constante da população. Não temos controle sobre a variabilidade da população, mas *temos* controle sobre o tamanho da amostra. Assim, se quisermos melhorar as medidas estatísticas dela (reduzindo seu erro de amostragem), devemos usar amostras maiores. No entanto, a fórmula também sinaliza um aspecto fundamental sobre a amostragem estatística: ou seja, a eficácia de amostras maiores diminui com a raiz quadrada do tamanho da amostra. Isso significa que duplicar o seu tamanho *não* duplicará a qualidade das medidas estatísticas; ao contrário, a qualidade será melhorada por um coeficiente de aproximadamente 1.41, que corresponde à raiz quadrada de dois. No Capítulo 10, analisaremos a potência estatística, que está estritamente relacionada a essa ideia.

Teorema Central do Limite

O teorema central do limite elenca que, à medida que os tamanhos das amostras aumentam, a distribuição amostral da média será normalmente distribuída, *mesmo que os dados dentro de cada amostra não sejam normalmente distribuídos.*

Primeiro, abordaremos brevemente a distribuição normal. Ela também é conhecida como distribuição *gaussiana*, em homenagem a Carl Friedrich Gauss, matemático alemão que não a inventou, mas teve papel importante no seu aprimoramento.[1]

[1] Esse é um exemplo da Lei dos Epônimos ou Lei de Stigler, em homenagem ao estatístico Stephen Stigler, o qual conhecemos no Capítulo 1. A lei afirma que as descobertas científicas raramente recebem o nome do seu descobridor original, que, no caso da distribuição gaussiana, foi o matemático francês Abraham de Moivre.

A distribuição normal é descrita por dois parâmetros: a média (que podemos pensar como a localização do pico) e o desvio-padrão (que especifica a largura da distribuição). O formato de sino da distribuição nunca muda, apenas sua localização e largura. Usualmente, a distribuição normal é observada em dados coletados no mundo cotidiano, como já vimos no Capítulo 3 — e o teorema central do limite nos fornece algumas pistas sobre o porquê dessa ocorrência.

Para vermos o teorema central do limite na prática, usaremos a variável *AlcoholYear* do conjunto de dados do NHANES, que é altamente assimétrica, como mostrado no painel A da Figura 7.2. Essa distribuição é, por falta de uma palavra melhor, esquisita — e definitivamente não é normalmente distribuída. Agora, analisaremos a distribuição amostral da média dessa variável, ilustrada no painel B da Figura 7.2. A distribuição amostral é obtida extraindo repetidamente amostras de tamanho 50 do conjunto de dados do NHANES e calculando a média. Apesar da evidente não normalidade dos dados originais, a distribuição amostral está curiosamente próxima da distribuição normal.

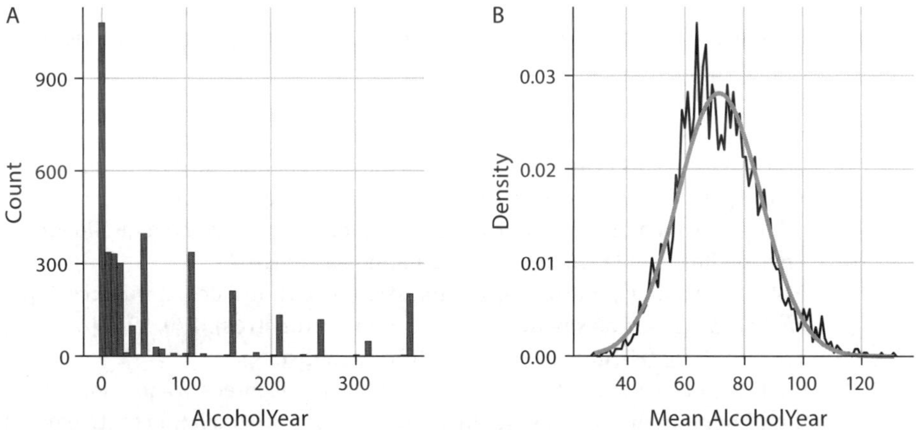

FIGURA 7.2. (A) Distribuição da variável *AlcoholYear* no conjunto de dados do NHANES, que retrata o número de dias em que a pessoa bebeu em um ano. (B) Média da Variável *AlcoholYear* [Mean Alcohol Year]. É a distribuição amostral da média para *AlcoholYear* no conjunto de dados do NHANES, obtida por meio da extração de amostras repetidas de tamanho 50, indicadas pela linha irregular. A distribuição normal com a mesma média e desvio-padrão é mostrada como uma curva suave.

O teorema central do limite é importante para a estatística porque nos possibilita supor com confiança que a distribuição amostral da média será normal na maioria dos casos. Isso significa que podemos nos valer de técnicas estatísticas que pressupõem uma distribuição normal. É importante também visto que explica por que as distribuições normais são bastante comuns no mundo real; sempre que combinamos muitos fatores diferentes em um único número, o resultado provavelmente será uma distribuição normal. Por exemplo, a altura de qualquer adulto depende de um amálgama complexo de genética e experiências; mesmo que contribuições individuais possam não ser normalmente distribuídas, quando as combinamos, o resultado é uma distribuição normal.

Leituras Sugeridas:

- *O Sinal e o Ruído: porque tantas previsões falham e outras não*, de Nate Silver. Uma visão geral excepcional das ideias que embasam a predição estatística.

Problemas

1. Qual é a definição de uma amostra representativa?
2. Suponha que queremos conhecer as opiniões dos habitantes de uma cidadezinha sobre um plano proposto de conservação de água. Um analista de pesquisa realiza pesquisas em três igrejas locais que mostram forte apoio à proposta.
   - Por que alguém poderia acreditar que essa não é uma amostra representativa?
   - Como o analista de pesquisa pode mudar o procedimento de coleta de opiniões para torná-lo mais representativo?
3. Explique o conceito que descreve o fato de que as estimativas estatísticas variam de amostra para amostra.
4. O erro padrão da média pode ser considerado como o__________________ da____________________ da média.
5. Quais são as duas grandezas que determinam a qualidade de uma medição? Sobre quais delas temos controle e como podemos aproveitá-las?
6. O que a fórmula do erro padrão da média indica sobre como a qualidade de uma medição muda em função do tamanho da amostra?
7. Para este exemplo, reutilizamos a amostra da questão 2 do Capítulo 5 em que há 8 pessoas com as seguintes alturas (em centímetros): 170, 176, 168, 188, 178, 168, 179, 181. Calcule o erro padrão da média.
8. O que o teorema central do limite determina que acontecerá à medida que os tamanhos das amostras aumentarem e por que isso é tão importante para as medidas estatísticas?
9. Como o teorema central do limite se relaciona com o fato de que distribuições normais são frequentemente observadas no mundo real?
10. Qual das definições a seguir é a descrição mais apropriada do conceito de distribuição amostral para uma medida estatística?
    - Ela é a distribuição da medida estatística em diversas amostras.
    - Ela é a distribuição dos valores obtidos dentro de uma amostra específica.
    - Ela é a distribuição de toda a população a partir da qual as amostras são obtidas.
    - Ela é a distância da média amostral a partir da média da população.
11. Para calcular o erro padrão da média, divide-se________por ______________.
12. Considerando esses valores, calcule o erro padrão da média:
    - Média = 120
    - Variância = 16
    - Tamanho da amostra = 100

8

Reamostragem e Simulação

O uso de simulações computacionais se tornou um aspecto indispensável da estatística moderna. Por exemplo, um dos livros mais importantes da ciência da computação prática, chamado *Numerical Recipes in C*, afirma o seguinte:

> Se pudéssemos escolher entre ser um especialista em uma vasta coleção de livros sobre estatística analítica ou adquirir habilidades razoáveis para realizar simulações estatísticas de Monte Carlo, sem dúvida, escolheríamos a segunda opção. (Press *et al.* 1992, p. 691)

Neste capítulo, apresentaremos o conceito de simulação de Monte Carlo e analisaremos como ele pode ser empregado para realizar análises estatísticas.

Objetivos de Aprendizagem

Após ler este capítulo, você deve ser capaz de:

- Descrever o conceito de simulação de Monte Carlo.
- Descrever o significado da aleatoriedade[1] em estatística.
- Descrever como os números pseudoaleatórios são gerados.
- Descrever o conceito de bootstrap e seu uso na reamostragem.

Simulação de Monte Carlo

O conceito de simulação de Monte Carlo foi idealizado pelos matemáticos Stan Ulam e Nicholas Metropolis, que trabalhavam no desenvolvimento de uma arma atômica para os EUA, como parte do Projeto Manhattan. Eles precisavam calcular a distância média que um nêutron percorreria em uma substância antes de colidir com um núcleo atômico, só que não conseguiriam fazer este cálculo com a matemática convencional. Ulam percebeu que os cálculos poderiam ser simulados com números aleatórios, assim como em um jogo de cassino. Em um jogo de cassino, como a roleta, os números são gerados

[1] Aleatoriedade [randomness] é um conceito abrangente que descreve a natureza de eventos ou de fenômenos. Já randomização [randomization], que vimos no Capítulo 1, é uma técnica ou método usado especificamente para garantir a aleatoriedade em contexto de experimentos científicos ou estudos estatísticos. Ainda que relacionados, esses termos são usados em contextos distintos: a aleatoriedade é usada para descrever a característica geral de eventos que ocorrem de forma imprevisível ou sem um padrão intencional. A randomização é usada para descrever uma ação proposital em pesquisas com o intuito de, ao distribuir aleatoriamente os participantes pelos grupos de tratamento ou de controle, minimizar viés e confusão. [N. da T.]

aleatoriamente; para estimar a probabilidade de um resultado específico, poderíamos jogá-lo centenas de vezes. O tio de Ulam costumava frequentar o cassino de Monte Carlo, em Mônaco, lugar que, ao que tudo indica, inspirou o nome dessa nova técnica. Para realizar uma simulação de Monte Carlo, devemos seguir quatro etapas:

1. Definir um domínio de valores possíveis.
2. Gerar números aleatórios para esse domínio a partir de uma distribuição de probabilidade.
3. Fazer um cálculo com os números aleatórios.
4. Combinar os resultados de diversas repetições.

Como exemplo, suponha que eu queira descobrir quanto tempo alocar para um teste rápido e presencial em sala de aula. Por ora, fingiremos que sabemos que a distribuição de tempo de conclusão do teste é normal, com média de 5 minutos e desvio-padrão de 1 minuto. Considerando essa informação, qual deve ser a duração do teste para que todos os alunos consigam concluí-lo em 99% das vezes? Podemos resolver esse problema de duas formas. A primeira é calcular a resposta recorrendo a uma teoria matemática conhecida em estatística como teoria de valores extremos. No entanto, isso implica muitos cálculos matemáticos complicados. Como alternativa, poderíamos usar a simulação de Monte Carlo. Para isso, precisamos gerar amostras aleatórias a partir de uma distribuição normal.

Aleatoriedade em Estatística

Coloquialmente, o termo *aleatório* costuma ser usado para se referir a situações bizarras ou inesperadas. Mas, em estatística, essa palavra carrega um significado bastante específico: um processo é *aleatório* se for imprevisível. Por exemplo, se eu jogo uma moeda não justa 10 vezes, o valor do resultado de um lançamento não me fornece nenhuma informação que possibilite predizer o resultado do próximo lance. Vale ressaltar que o fato de uma coisa ser imprevisível não significa necessariamente que ela não seja determinística. Por exemplo, quando jogamos uma moeda, o resultado do lançamento é determinado pelas leis da física; se conhecêssemos todas as condições com detalhes suficientes, poderíamos predizê-lo. No entanto, na prática, muitos fatores se combinam para que o resultado do cara ou coroa seja imprevisível.

Psicólogos demonstraram que os seres humanos, na verdade, têm um péssimo senso de aleatoriedade. Primeiro, tendemos a enxergar padrões onde não existem. Em casos extremos, isso leva ao fenômeno de *pareidolia*, em que as pessoas enxergam objetos familiares em padrões aleatórios (como identificar um rosto humano em uma nuvem ou ver a imagem da Virgem Maria em uma torrada). Segundo, seres humanos tendem a acreditar que processos aleatórios se corrigem, o que nos leva a esperar que estamos "prontos para uma vitória" após perder diversas rodadas em um jogo de azar, fenômeno conhecido como *falácia do apostador*.

Gerando Números Aleatórios

Para executar uma simulação de Monte Carlo, precisamos gerar números aleatórios. Gerar números verdadeiramente aleatórios (ou seja, completamente imprevisíveis) só é possível por meio de processos físicos, como o decaimento atômico (ou decaimento radioativo) ou o lançamento de dados. No entanto, são processos difíceis de se adquirir e/ou demorados demais para serem úteis em simulações computacionais. Via de regra, usamos números *pseudoaleatórios* gerados por um algoritmo de computador em vez de números verdadeiramente aleatórios; são aqueles que parecem aleatórios no sentido de serem difíceis de predizer, mas, na verdade, a série numérica se repete em algum momento. Por exemplo, o gerador de números aleatórios usado no software R se repete após $2^{19937} - 1$. Esse número supera em muito a quantidade de segundos que já transcorreram desde a origem do universo, e geralmente o consideramos adequado para a maioria das análises estatísticas.

A maioria dos softwares estatísticos tem funções que geram números aleatórios para cada uma das principais distribuições de probabilidade, como a distribuição uniforme (em que todos os valores entre 0 e 1 são igualmente distribuídos), a distribuição normal (descrita no Capítulo 7) e a distribuição binomial (como a do cara ou coroa). A Figura 8.1 mostra exemplos de números gerados a partir de funções de distribuição uniforme e normal.

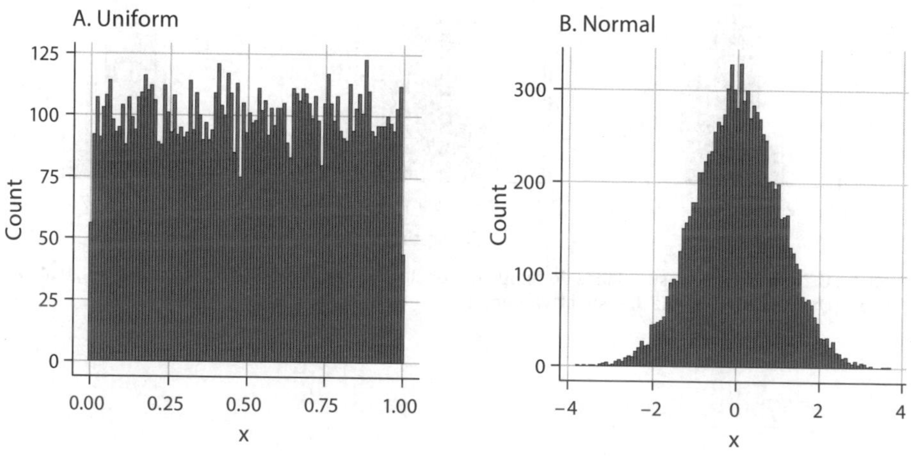

FIGURA 8.1. Exemplos de histogramas de números aleatórios gerados a partir de (A) uma distribuição uniforme [Uniform] ou (B) normal, [Normal].

É possível também gerar números aleatórios para qualquer distribuição com uma função *quantil* da distribuição. Essa função se comporta de forma contrária à função de distribuição cumulativa que analisamos no Capítulo 6; em vez de identificar as probabilidades cumulativas para um conjunto de valores, a função quantil identifica os valores para um conjunto de probabilidades cumulativas. Com ela, podemos gerar números aleatórios a partir de uma distribuição uniforme e, em seguida, mapeá-los para a distribuição de interesse por meio de sua função quantil.

Por padrão, os geradores de números aleatórios em softwares estatísticos geram um conjunto diferente de números aleatórios sempre que são executados. No entanto, também é possível gerar exatamente o mesmo conjunto de números aleatórios definindo o que chamamos de *random seed* para um valor específico. Se você analisasse o código que gerou essas figuras (disponível em `https://press.princeton.edu/isbn/9780691218441`, clique em *Resources*), veria que o random seed é definido como um valor específico em cada capítulo para garantir que os exemplos sejam reproduzíveis.

Usando a Simulação de Monte Carlo

Retomemos nosso exemplo do tempo de conclusão do teste. Digamos que eu apliquei 3 testes e registrei o tempo de conclusão de cada aluno em cada um, o qual pode se parecer com as distribuições apresentadas na Figura 8.2.

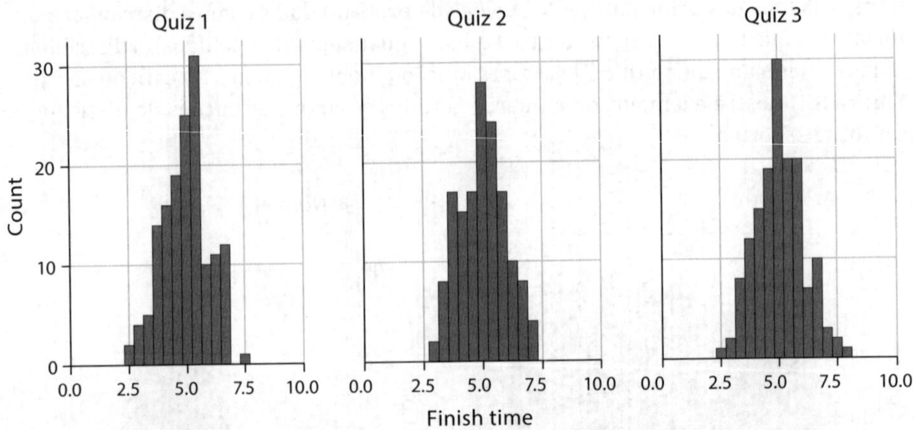

FIGURA 8.2. Distribuições simuladas do tempo de conclusão [Finish time]. No gráfico, teste 1, teste 2 e teste 3 [Quiz 1, Quiz 2 e Quiz 3, respectivamente].

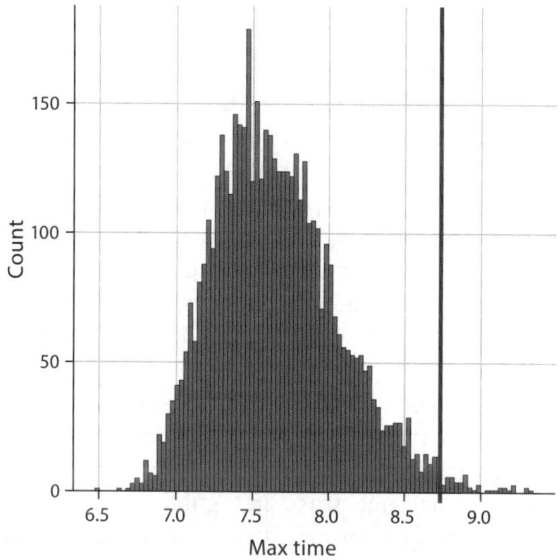

FIGURA 8.3. Distribuição dos tempos máximos [Max time] de conclusão entre as simulações. A linha vertical marca o nonagésimo nono percentil da distribuição do tempo de conclusão.

O que efetivamente queremos saber não é a distribuição dos tempos de conclusão mas, sim, a distribuição do *maior* tempo de conclusão para cada teste. Com essa finalidade, podemos simular o tempo de conclusão de um teste, partindo do pressuposto de que os tempos de conclusão são distribuídos normalmente, conforme dito antes; para cada um dos testes simulados, registramos o maior tempo de conclusão. Repetimos essa simulação múltiplas vezes (5.000 deve ser suficiente) e registramos a distribuição dos tempos de conclusão, mostrada na Figura 8.3. Isso mostra que o nonagésimo nono percentil da distribuição do tempo de conclusão fica em 8,74, significando que, se dedicássemos esse tempo ao teste, todos deveriam terminar 99% das vezes. É sempre importante lembrar que nossas suposições são importantes — se estiverem erradas, os resultados da simulação serão inúteis. Nesse caso, assumimos que a distribuição do tempo de conclusão era normal, com uma determinada média e desvio-padrão; se as suposições estiverem incorretas (e quase certamente estão, pois raramente tempos decorridos são normalmente distribuídos), a verdadeira resposta pode ser totalmente diferente.

Usando a Simulação em Estatística: O Método Bootstrap

Até agora, usamos a simulação para demonstrar princípios estatísticos, mas também podemos usá-la para responder a perguntas genuínas sobre estatística. Nesta seção, apresentaremos um conceito conhecido como *bootstrap*, que nos possibilita usar simulação para quantificar nossa incerteza sobre estimativas estatísticas. Mais adiante, analisaremos outros exemplos de como a simulação pode ser usada para responder a perguntas sobre estatística, sobretudo quando métodos estatísticos teóricos não estão disponíveis ou quando suas suposições são muito difíceis de atender.

Calculando o Bootstrap

No capítulo anterior, aplicamos nosso conhecimento sobre distribuição amostral da média para calcular o erro padrão da média. Mas e se não pudermos supor que as estimativas sejam normalmente distribuídas ou não conhecermos sua distribuição? A ideia do bootstrap é usar os próprios dados para estimar uma resposta. Em estatística, a origem do termo remete às alças da parte de trás da bota, que nos ajudam a calçá-la, e, por extensão, à expressão em inglês "*pull oneself up by one's bootstraps*", evoluindo para expressar a ideia de que não temos nenhum suporte externo, ou seja, temos que confiar nos próprios dados. O método bootstrap foi idealizado por Bradley Efron do Departamento de Estatística de Stanford, um dos estatísticos mais influentes do mundo.

A ideia que fundamenta o bootstrap é amostrar repetidamente a partir de um conjunto real de dados; é importante ressaltar que usamos a amostragem *com reposição*, de modo que o mesmo ponto de dados frequentemente acabe sendo representado múltiplas vezes dentro de uma das amostras. Em seguida, calculamos nossa medida estatística de interesse em cada uma das amostras de bootstrap e usamos a distribuição dessas estimativas como nossa distribuição amostral. De certa forma, tratamos nossa amostra específica como a população inteira e, em seguida, amostramos repetidamente com reposição a fim de gerar nossas amostras para análise. Isso pressupõe que nossa amostra específica reflita com acurácia a população, o que, geralmente, é aceitável para amostras maiores, mas pode não funcionar adequadamente quando as amostras são menores.

Começaremos com o bootstrap para estimar a distribuição amostral da altura adulta média no conjunto de dados do NHANES, de modo que possamos comparar o resultado com o erro padrão da média (EPM) que estudamos no Capítulo 7. A Figura 8.4 mostra que a distribuição das médias entre as amostras de bootstrap é bastante próxima da estimativa teórica com base na suposição de normalidade. Usualmente, não empregaríamos esse método para calcular intervalos de confiança para a média (visto que, em geral, podemos assumir que a distribuição normal é adequada para a distribuição amostral da média, desde que nossa amostra seja grande o bastante), mas esse exemplo mostra como o bootstrap nos fornece aproximadamente o mesmo resultado que o método padrão baseado na distribuição normal. O bootstrap seria usado com mais frequência a fim de gerar erros padrão para estimativas de outras medidas estatísticas quando não temos uma fórmula para o erro padrão ou quando sabemos ou suspeitamos que a distribuição normal não é adequada.

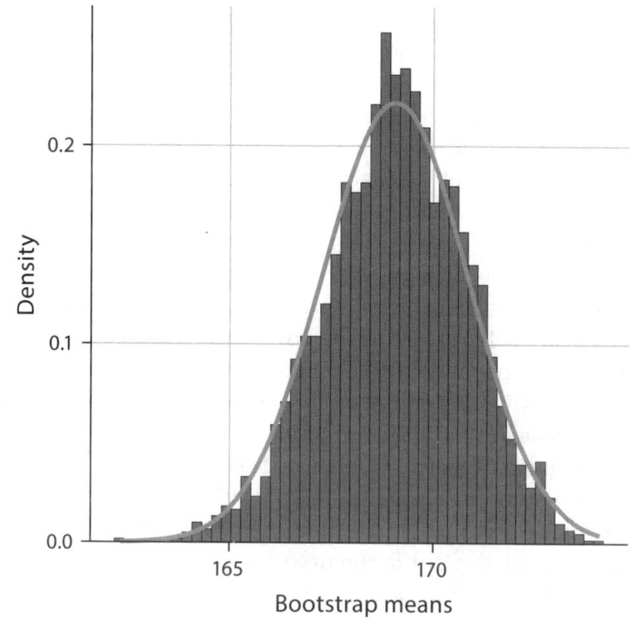

FIGURA 8.4. Um exemplo de bootstrap para calcular o erro padrão da altura média dos adultos no conjunto de dados do NHANES. O histograma demonstra a distribuição das médias entre as amostras de bootstrap [Bootstrap means] enquanto a curva demonstra a distribuição normal com base na média amostral e no erro padrão [Density].

Leituras Sugeridas:

- *Computer Age Statistical Inference: Algorithms, Evidence and Data Science*, de Bradley Efron e Trevor Hastie. Esse livro detalha as muitas maneiras pelas quais os avanços computacionais viabilizaram novos métodos estatísticos, como o bootstrap. Esteja ciente de que, em termos matemáticos, o livro é bastante denso.

Problemas

1. Combine cada um dos termos com o procedimento adequado na lista a seguir: bootstrap; simulação de Monte Carlo; erro de amostragem; amostragem com reposição e amostragem sem reposição:
   - Amostrar repetidamente a partir de um conjunto de dados, calcular a medida estatística em cada amostra e combinar todas para estimar uma distribuição amostral.
   - Gerar números aleatórios a partir de uma distribuição específica, realizar um cálculo e combinar diversas repetições.
   - Extrair múltiplas amostras a partir de uma população e, em cada uma delas, examinar a variabilidade das medidas estatísticas calculadas.

- Amostrar repetidamente a partir de uma população, inserindo de volta o indivíduo amostrado na população para que ele possa ser amostrado mais uma vez.
- Amostrar repetidamente a partir de uma população, separando o indivíduo amostrado, de modo que ele não possa ser amostrado novamente.

2. Quais são as quatro etapas para realizar uma simulação de Monte Carlo?
3. Descreva dois casos em que os seres humanos são péssimos em entender a aleatoriedade.
4. O que é necessário fazer para gerar exata e novamente a mesma sequência de números pseudoaleatórios em uma linguagem de programação estatística?
   - Reinicie o software e execute novamente o código.
   - Defina o random seed para o mesmo número todas as vezes.
   - Não é possível gerar exata e novamente a mesma sequência de números pseudoaleatórios duas vezes.
5. Qual é o principal objetivo da técnica de bootstrap?
   - Gerar números verdadeiramente aleatórios
   - Estimar o erro amostral de uma medida estatística usando os dados
   - Estimar a média de um conjunto de dados
   - Criar uma distribuição normal

9

Teste de Hipóteses

No Capítulo 1, vimos que, com a estatística, podemos aprender três habilidade: *descrever, decidir* e *predizer*. Neste capítulo, apresentamos as ideias que influenciam o uso da estatística na tomada de decisões — em particular, ao decidir se uma hipótese específica é corroborada pelos dados.

Objetivos de Aprendizagem

Após ler este capítulo, você deve ser capaz de:

- Identificar os componentes de um teste de hipóteses, incluindo o parâmetro de interesse, as hipóteses nulas e alternativas, bem como a estatística do teste.
- Descrever as interpretações adequadas de um valor-p, assim como as interpretações equivocadas comuns.
- Fazer a distinção entre os dois tipos de erros no teste de hipóteses e explicar os fatores que os determinam.
- Descrever como a reamostragem pode ser usada para calcular um valor-p.
- Descrever o problema dos testes múltiplos e como ele pode ser resolvido.
- Descrever as principais críticas ao teste estatístico de hipótese nula*.

Teste Estatístico de Hipótese Nula

Nesta seção, analisaremos um tipo específico de teste de hipótese, conhecido como *teste estatístico de hipótese nula*, ou NHST [Null Hypothesis Statistical Testing] por motivos que ficarão óbvios. Caso leia qualquer publicação de pesquisa científica ou biomédica, verá que o NHST é usado para testar hipóteses. Em um livro introdutório de psicologia, os autores Gerrig e Zimbardo (2002) se referem a esse teste como "o pilar das pesquisas sobre psicologia". Assim, aprender a usar e interpretar os seus resultados é essencial para compreender os resultados de muitas áreas de pesquisa.

No entanto, é importante ressaltar que o NHST tem falhas críticas, já que muitos estatísticos e pesquisadores (inclusive eu) acreditam que tenha sido a causa de gravíssimos problemas na ciência, os quais analisaremos no Capítulo 18. Há mais de 50 anos,

* O autor usa *null hypothesis statistical testing* [teste estatístico de hipótese nula] e *null hypothesis significance testing* [teste de significância de hipótese nula] como sinônimos. Neste livro, manteremos o termo usado pelo autor: teste estatístico de hipótese nula. [N. da T.]

existem apelos para suspender o uso do NHST em favor de outras abordagens (como as que analisaremos nos próximos capítulos):

- "Nas pesquisas sobre psicologia, o teste de significância estatística pode ser interpretado como exemplo de uma espécie de falta de discernimento intrínseco no que diz respeito à condução da pesquisa." (Bakan, 1966)
- O teste de hipóteses é "uma perspectiva equivocada sobre o que constitui o progresso científico". (Luce, 1988)

Além disso, o NHST é bastante incompreendido, sobretudo porque contraria nossas intuições sobre como o teste de hipótese estatística deveria funcionar. Vejamos um exemplo que ilustra isso.

Teste Estatístico de Hipótese Nula: Um Exemplo

Existe enorme interesse em fazer com que agentes policiais usem câmeras corporais, pois, supostamente, elas seriam projetadas para reduzir o uso da força e melhorar o comportamento dos agentes. No entanto, a fim de comprovar isso, precisamos de evidências experimentais, e tem se tornado cada vez mais comum que os governos usem ensaios controlados randomizados para testar essas ideias. Em 2015/2016, o governo municipal de Washington, DC e o DC Metropolitan Police Department [Departamento de Polícia Metropolitana de DC] realizaram um ensaio controlado randomizado para avaliar a eficácia das câmeras corporais. Os policiais foram aleatoriamente divididos em dois grupos: um que não usava câmeras corporais e outro que usava. Então, o comportamento deles foi monitorado ao longo do tempo para determinar se as câmeras resultaram em menor uso da força e menos queixas civis sobre a conduta policial.

Antes de analisarmos os resultados, como você acha que a análise estatística poderia funcionar? Suponha que queremos a seguinte hipótese específica: se o uso da força policial reduz com o uso de câmeras corporais. O ensaio controlado randomizado nos fornece dados para testar a hipótese — leia-se: as taxas de uso da força por policiais designados para o grupo com câmeras corporais ou para o grupo de controle. A próxima etapa óbvia é analisar os dados e determinar se fornecem evidências convincentes a favor ou contra essa hipótese. Ou seja, qual é a verossimilhança de as câmeras corporais reduzirem o uso da força, considerando os dados e tudo o mais que sabemos?

O problema é que o teste de hipótese nula *não* funciona desse jeito. Ao contrário, primeiro pegamos nossa hipótese de interesse (ou seja, que as câmeras corporais reduzem o uso da força) e a invertemos, criando uma *hipótese nula* — nesse caso, a hipótese nula seria que as câmeras corporais não reduzem o uso da força. É importante supor que ela seja verdadeira. Em seguida, analisamos os dados e determinamos a probabilidade de serem verdadeiros se a hipótese nula fosse verdadeira. Se os dados forem suficientemente improváveis considerando a hipótese nula, podemos rejeitá-la em favor da *hipótese alternativa*, que é a nossa hipótese de interesse. Caso não haja evidências suficientes para rejeitá-la, dizemos que a retemos (ou "não a rejeitamos"), permanecendo com nossa suposição inicial de que a hipótese nula é verdadeira.

Compreender alguns conceitos do NHST, sobretudo o famigerado "valor-p", é sempre desafiador na primeira vez, pois são contraintuitivos. Como veremos mais tarde, existem outras abordagens que fornecem uma forma mais intuitiva de abordar o teste de hipóteses (ainda que tenham as próprias complexidades). No entanto, antes de examiná-las, é importante que você entenda profundamente como funciona o teste de hipóteses, já que, claramente, ele não perderá a relevância tão cedo.

O Processo de Teste de Hipóteses Nulas

Podemos dividir o processo de teste estatístico de hipótese nula em uma série de etapas:

1. Formular uma hipótese que represente nossa predição (*antes de analisar os dados*).
2. Especificar as hipóteses nula e alternativa.
3. Coletar alguns dados relevantes à hipótese.
4. Ajustar um modelo aos dados que represente a hipótese alternativa e calcular uma estatística do teste.
5. Calcular a probabilidade do valor observado dessa estatística, assumindo que a hipótese nula seja verdadeira.
6. Avaliar a "significância estatística" do resultado.

Para exemplificar em termos práticos, usaremos os dados do NHANES a fim de perguntar o seguinte: A atividade física está relacionada à pressão arterial? No conjunto de dados do NHANES, os participantes foram questionados se praticavam regularmente atividades esportivas, físicas ou recreativas de intensidade moderada ou vigorosa (armazenadas na variável *PhysActive*). Os pesquisadores também mediram três vezes a pressão arterial dos participantes; para nossas necessidades, analisaremos a média das três medidas da pressão arterial sistólica (o maior dos dois valores da pressão arterial).

Etapa 1: Formular uma Hipótese de Interesse

Nossa hipótese é que a pressão arterial de pessoas que não praticam atividade física seja maior em comparação às que praticam.

Etapa 2: Especificar as Hipóteses Nula e Alternativa

Na etapa 2, precisamos especificar nossa hipótese nula (que chamamos de H_0) e nossa hipótese alternativa (que chamamos de H_A). H_0 é a baseline com a qual comparamos e testamos nossa hipótese de interesse — ou seja, como esperaríamos que os dados fossem caso não houvesse efeito? A hipótese nula sempre envolve algum tipo de igualdade (=, ≤ ou ≥). H_A descreve o que esperaríamos se houvesse algum efeito. A hipótese alternativa sempre envolve algum tipo de desigualdade (≠, > ou <). Vale salientar que o teste estatístico de hipótese nula opera ao considerar a suposição de que a hipótese nula seja verdadeira, a menos que os dados sejam suficientemente improváveis, mesmo considerando a hipótese nula, para nos convencer do contrário.

Além disso, é necessário decidir se queremos testar uma hipótese *direcional* ou *não direcional*. Uma hipótese não direcional simplesmente prediz que haverá uma diferença, sem predizer em qual direção ela ocorrerá. Para o exemplo de pressão arterial/atividade física, uma hipótese nula não direcional seria:

$$H_0 : PA_{ativo} = PA_{inativo}$$

E a hipótese alternativa não direcional correspondente seria:

$$H_A : PA_{ativo} \neq PA_{inativo}$$

Por outro lado, uma hipótese direcional prediz a direção da diferença. Por exemplo, temos fortes conhecimentos prévios para predizer que pessoas as quais praticam atividade física devem ter pressão arterial mais baixa do que as que não praticam; assim proporíamos a hipótese nula direcional assim:

$$H_0 : PA_{ativo} \geq PA_{inativo}$$

E a hipótese alternativa direcional assim:

$$H_A : PA_{ativo} < PA_{inativo}$$

Como veremos posteriormente, testar uma hipótese não direcional é algo mais cauteloso, sendo geralmente preferível, a menos que haja uma forte razão a priori para hipotetizar um efeito em uma direção específica. É importante ressaltar que as hipóteses sempre devem ser especificadas (incluindo seu caráter direcional ou não) antes de analisar os dados!

Etapa 3: Coletar Alguns Dados

Nesse caso, amostraremos 250 indivíduos a partir do conjunto de dados do NHANES. A Figura 9.1 mostra um exemplo dessa amostra, com a pressão arterial apresentada separadamente para indivíduos ativos e inativos, e a Tabela 9.1 mostra estatísticas sumarizadas para cada grupo.

Tabela 9.1. Sumarização dos Dados de Pressão Arterial para Indivíduos Ativos e Inativos

Variável *PhysActive*	Número	Média	Desvio-padrão
Não	126	124	21
Sim	124	119	17

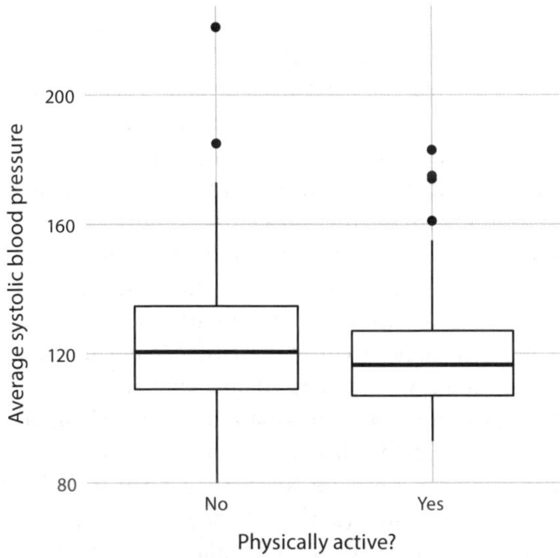

FIGURA 9.1. Gráfico de caixa dos dados de pressão arterial (Média da pressão arterial sistólica [Average systolic blood pressure]) a partir de uma amostra de adultos do conjunto de dados do NHANES, divididos de acordo com o fato de terem relatado praticar atividade física regular (Fisicamente ativo? [Physically active?]).

Etapa 4: Ajustar um Modelo aos Dados e Calcular uma Estatística do Teste

Em seguida, queremos usar os dados para calcular uma estatística que nos possibilitará, em última instância, decidir se rejeitamos ou não a hipótese nula. Para isso, o modelo precisa quantificar o volume de evidências que respalda a hipótese alternativa referente à variabilidade da estatística. Desse modo, podemos considerar que a estatística do teste traz uma medida do tamanho do efeito em comparação à variabilidade na estatística. Em geral, essa estatística do teste terá uma distribuição de probabilidade associada, porque isso nos possibilita determinar a probabilidade de nosso valor observado da estatística, considerando a hipótese nula.

Para o exemplo da pressão arterial, precisamos de uma estatística do teste que nos possibilite testar a diferença entre duas médias, já que as hipóteses são definidas em termos de pressão arterial média para cada grupo. Uma estatística usada com frequência para comparar duas médias é o teste *t*, desenvolvido pela primeira vez pelo estatístico William Sealy Gossett, que trabalhava na cervejaria Guiness Brewery em Dublin e escrevia usando o pseudônimo Student — por causa disso, o teste costuma ser chamado de "teste *t* de Student". A estatística *t* é adequada para comparar as médias de dois grupos quando os tamanhos da amostra são relativamente pequenos e o desvio-padrão da população é desconhecido. A estatística *t* para comparação de dois grupos independentes é calculada da seguinte forma:

$$t = \frac{\bar{X}_1 - \bar{X}_2}{\sqrt{\frac{S_1^2}{n_1} + \frac{S_2^2}{n_2}}}$$

Sendo $\bar{X}_1$ e $\bar{X}_2$ as médias dos dois grupos; S_1^2 e S_2^2, as variâncias estimadas dos grupos e n_1 e n_2, os tamanhos dos dois grupos. Como a variância da diferença entre duas variáveis independentes é a soma das variâncias de cada variável individual (*var*(*A*-*B*) = *var*(*A*) + *var* (*B*)), somamos as variâncias de cada grupo, divididas pelos seus tamanhos amostrais, para calcular o erro padrão da diferença. Assim, podemos visualizar a estatística *t* como uma forma de quantificar o tamanho da diferença entre os grupos em relação à variabilidade amostral da diferença entre as médias.

A estatística *t* é distribuída conforme uma distribuição de probabilidade conhecida como distribuição *t*, que se parece bastante com uma distribuição normal, mas difere dependendo do número de graus de liberdade. Quando ele é grande (digamos, 1.000), a distribuição *t* se parece basicamente com a distribuição normal; mas, quando é pequeno, a distribuição *t* tem caudas mais largas do que a normal (Figura 9.2). No caso mais simples, em que os grupos têm o mesmo tamanho e variância igual, os graus de liberdade para o teste *t* são o número de observações menos 2, pois calculamos 2 médias e, portanto, perdemos 2 graus de liberdade. Nesse caso, no gráfico de caixa, fica bastante evidente que o grupo inativo é mais variável do que o grupo ativo, e seus números diferem. Desse modo, precisamos usar uma fórmula um pouco mais complexa para os graus de liberdade, em geral, chamada de *teste de Welcht*. A fórmula é:

$$\textit{graus de liberdade}\ (df) = \frac{\left(\frac{S_1^2}{n_1} + \frac{S_2^2}{n_2}\right)^2}{\frac{\left(S_1^2/n_1\right)^2}{n_1 - 1} + \frac{\left(S_2^2/n_2\right)^2}{n_2 - 1}}$$

Este valor será igual a $n_1 + n_2 - 2$ quando as variâncias e os tamanhos amostrais forem iguais; do contrário, será menor, impondo uma penalidade ao teste para diferenças no tamanho da amostra ou na variância. Nesse exemplo, o resultado é 246,41, um pouco abaixo do valor 248 que se obteria subtraindo 2 do tamanho da amostra.

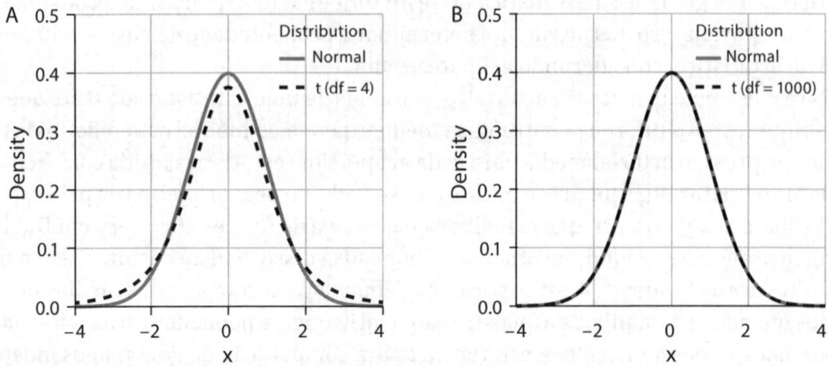

Figura 9.2. Cada painel mostra a distribuição *t* (linha tracejada) sobreposta à distribuição normal (linha contínua). O painel A mostra uma distribuição *t* com 4 graus de liberdade, caso em que a distribuição é semelhante, mas tem caudas um pouco mais largas. O painel B mostra uma distribuição *t* com 1000 graus de liberdade, caso em que é praticamente idêntica à normal.

Etapa 5: Determinar a Probabilidade do Resultado Observado Considerando a Hipótese Nula

Esta é a etapa em que o NHST começa a contrariar nossa intuição. Em vez de determinar a verossimilhança de que a hipótese nula seja verdadeira, tendo em conta os dados, determinamos a verossimilhança considerando a hipótese nula de observar uma estatística pelo menos tão extrema quanto a que observamos — porque começamos supondo que a hipótese nula é verdadeira! Para fazer isso, é necessário sabermos a distribuição da probabilidade esperada para a estatística, considerando a hipótese nula. Assim, podemos perguntar qual seria o tamanho da probabilidade do resultado considerando essa distribuição. Observe que, quando digo "qual seria o tamanho da probabilidade do resultado", o que efetivamente quero dizer é "qual seria o tamanho da probabilidade do resultado observado ou de um resultado ainda mais extremo".

Precisamos fazer uma ressalva por (pelo menos) duas razões. A primeira é que, quando estamos lidando com valores contínuos, a probabilidade de qualquer valor específico é 0 (como você deve lembrar, se já fez algum curso de cálculo). E, o mais importante, estamos tentando determinar qual seria o nível de estranheza do nosso resultado se a hipótese nula fosse verdadeira, e qualquer resultado mais extremo seria ainda mais estranho. Ou seja, queremos considerar todas essas possibilidades mais estranhas quando calculamos a probabilidade do nosso resultado considerando a hipótese nula. Podemos obter essa "distribuição nula" com uma distribuição teórica (como a *t*) ou usando a randomização. Antes de passarmos para o nosso exemplo de pressão arterial, começaremos com alguns outros mais simples.

VALORES-P: UM EXEMPLO BEM SIMPLES

Imagine que queremos determinar se uma moeda específica tem tendência a apresentar o resultado de cara em vez de coroa. Para coletar os dados, lançaremos a moeda 100 vezes, supondo que obtivemos 70 caras. Nesse exemplo, H_0: $P(cara) \leq 0,5$ e H_A: $P(cara) > 0,5$; sendo nossa estatística do teste simplesmente o número de caras que contamos. A pergunta que queremos fazer então é: qual a probabilidade de observarmos 70 ou mais caras em 100 lançamentos de moeda se a verdadeira probabilidade de cara for 0,5? Podemos imaginar que isso possa acontecer eventualmente, apenas por acaso, mas parece bastante improvável. A fim de quantificar essa probabilidade, podemos recorrer à distribuição binomial que usamos no Capítulo 6:

$$P(X \leq k) = \sum_{i=0}^{k} \binom{N}{k} p^i (1-p)^{(n-i)}$$

Essa equação nos informa a probabilidade de um determinado número de caras (*k*) ou menos, considerando uma probabilidade específica de cara (*p*) e número de eventos (*N*). Contudo, o que, de fato, queremos saber é a probabilidade de um determinado número ou mais, que podemos obter subtraindo de 1, com base nas regras da probabilidade:

$$P(X \geq k) = 1 - P(X < k)$$

Com a distribuição binomial, a probabilidade de obter 69 ou menos caras considerando *P(cara)* = 0,5 é de 0,999961. Assim, a probabilidade de 70 ou mais caras é simplesmente 1 menos esse valor (0,000039). O cálculo nos mostra que a verossimilhança de obter 70 ou mais caras, se a moeda for realmente justa, é muito pequena. Agora, e se não tivéssemos uma função padrão para nos informar a probabilidade do número de caras? Poderíamos determiná-la por simulação — lançamos sucessivamente uma moeda 100 vezes, recorrendo à probabilidade real de 0,5. Em seguida, calcularíamos a distribuição do número de caras nessas simulações. A Figura 9.3 mostra o resultado dessa simulação. Nela, podemos visualizar que a probabilidade calculada por simulação (0,00002) é bem próxima da probabilidade teórica (0,00004).

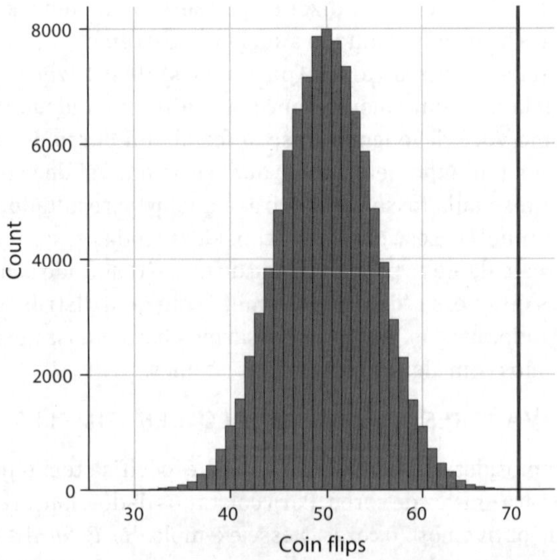

Figura 9.3. Distribuição do número de caras (em 100 lançamentos) em 100.000 execuções simuladas [Count], com o valor observado de 70 lançamentos [Coin flips], representado pela linha vertical.

CALCULANDO VALORES-P COM A DISTRIBUIÇÃO *t*

Agora, calcularemos um valor-p com a distribuição *t* para o nosso exemplo de pressão arterial. Primeiro, calculamos a estatística *t* usando os valores da amostra que calculamos anteriormente, na qual descobrimos que $t = 1{,}89$. A pergunta que queremos fazer é: qual é a verossimilhança de encontrarmos uma estatística *t* desse tamanho, se a verdadeira diferença entre os grupos for 0 ou menos (ou seja, a hipótese nula direcional)?

É possível usar a distribuição *t* para determinar essa probabilidade. Anteriormente, observamos que os graus adequados de liberdade (após correção para diferenças de variância e tamanho amostral) eram $t = 246{,}41$. Podemos usar uma função do nosso software estatístico para determinar a probabilidade de encontrar um valor da estatística *t* maior ou igual ao nosso valor observado. Descobrimos que $P(t > 1{,}89, df = 246{,}41) = 0{,}029857$, o que nos informa que nosso valor estatístico *t* observado de 1,89 é relativamente improvável se a hipótese nula for verdadeira.

Nesse caso, como usamos uma hipótese direcional, tivemos apenas que examinar uma extremidade da distribuição nula. Se quiséssemos testar uma hipótese não direcional, precisaríamos identificar o quanto o tamanho do efeito é inesperado, independentemente de sua direção. No contexto do teste *t*, isso significa que precisamos saber a probabilidade de a estatística ser tão extrema na direção positiva ou negativa. Para isso, multiplicamos o valor *t* observado por −1, já que a distribuição *t* é centrada em 0 e, em seguida, somamos as probabilidades das duas caudas para obter um valor-p *bicaudal*: $P(t > 1{,}89 \text{ ou } t < -1{,}89, df = 246{,}41) = 0{,}059713$. Aqui, vemos que o valor-p para o teste bicaudal é duas vezes maior do que para o teste unicaudal, retratando o fato de que um valor extremo é menos surpreendente, pois poderia ter ocorrido em qualquer direção.

Como você decide se deve usar um teste unicaudal em vez de um teste bicaudal? O teste bicaudal sempre será mais cauteloso, por isso, sempre é boa escolha usá-lo, a menos que tenha um motivo preestabelecido para usar um teste unicaudal. Nesse caso, você deveria ter registrado a hipótese antes mesmo de analisar os dados. No Capítulo 18, abordaremos o conceito de registrar as hipóteses com antecedência, formalizando a ideia de anotá-las antes mesmo de analisar os dados reais. Você *nunca* deve tomar uma decisão sobre como realizar um teste de hipótese após analisar os dados, pois isso pode introduzir vieses significativos nos resultados.

CALCULANDO VALORES-P COM RANDOMIZAÇÃO

Até agora, vimos como podemos usar a distribuição *t* para calcular a probabilidade dos dados, considerando a hipótese nula, mas também podemos fazer esse cálculo usando a simulação. A ideia básica é gerarmos dados simulados, como aqueles que esperamos quando consideramos a hipótese nula e, em seguida, perguntar até que ponto os dados observados são extremos em comparação aos simulados. A pergunta que não quer calar é: como podemos gerar dados para os quais a hipótese nula seja verdadeira? A resposta geral é que podemos reorganizá-los aleatoriamente de uma forma que se assemelhem ao que seriam se a hipótese nula fosse verdadeira. Isso é parecido com a ideia do bootstrapping, no sentido de usar nossos dados para chegar a uma resposta, mas o faz de uma maneira diferente.

RANDOMIZAÇÃO: UM EXEMPLO SIMPLES

Começaremos com um exemplo simples. Suponha que queremos comparar a capacidade média de jogadores de futebol e a dos corredores de cross-country de praticar exercícios de agachamento, $H_0 : \mu_{FB} \leq \mu_{XC}$ e $H_A : \mu_{FB} > \mu_{XC}$. Mensuramos a capacidade máxima de agachamento de 5 jogadores de futebol e de 5 corredores de cross-country (que geramos aleatoriamente, supondo que $\mu_{FB} = 300$, $\mu_{XC} = 140$, e $\sigma = 30$). Os dados são mostrados na Tabela 9.2.

TABELA 9.2. Dados sobre o Exercício de Agachamento para os Dois Grupos

Grupos	Exercício de agachamento	Exercício de agachamento embaralhado
FB	265	125
FB	310	230
FB	335	125
FB	230	315

(continua)

(continuação)

Grupos	Exercício de agachamento	Exercício de agachamento embaralhado
FB	315	115
XC	155	335
XC	125	155
XC	125	125
XC	125	265
XC	115	310

A partir do gráfico no painel A da Figura 9.4, fica claro que existe uma grande diferença entre os dois grupos. Podemos realizar um teste t padrão para testar nossa hipótese; para esse exemplo, usamos o comando `t.test()` do R, que fornece o seguinte resultado (os comentários foram traduzidos):

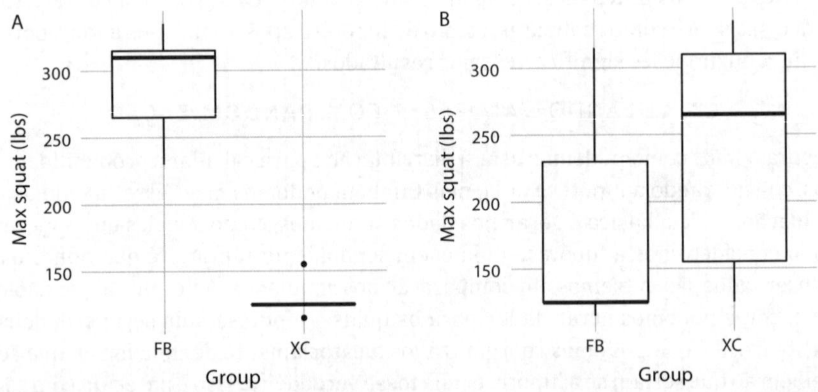

FIGURA 9.4. (A) Gráficos de caixa sobre a capacidade do exercício de agachamento [Squat], simulado para jogadores de futebol e corredores de cross-country [Group]. (B) Gráficos de caixa para sujeitos de pesquisa atribuídos a cada grupo após embaralhar os rótulos do grupo.

```
##
## Teste t de Welch para duas amostras
##
## dados: exercício de agachamento por grupo
## t = 8, df = 5, valor-p = 0.0002
## hipótese alternativa: a verdadeira diferença nas médias entre
## o grupo FB e o grupo XC é maior que 0
## estimativas da amostra:
## média no grupo FBmédia no grupo XC
## 291                    129
```

Se analisarmos o valor-p relatado aqui, veremos que a verossimilhança da diferença, quando consideramos a hipótese nula, é muito pequena, pois usa a distribuição t para definir o valor nulo.

Agora, vejamos como poderíamos responder à mesma pergunta usando a randomização. A ideia básica é que, se a hipótese nula de não haver diferença entre os grupos for verdadeira, não deveria importar de qual grupo os indivíduos se originam (jogadores de futebol ou corredores de cross-country). Desse modo, para criar dados semelhantes aos reais, mas que também estejam em conformidade com a hipótese nula, podemos rotular aleatoriamente mais uma vez os indivíduos no conjunto de dados em termos de participação no grupo (embaralhando aleatoriamente os rótulos) e, em seguida, recalcular a diferença entre os grupos. Os resultados desse embaralhamento são mostrados na última coluna da Tabela 9.2, e os gráficos de caixa dos dados resultantes são mostrados no painel B da Figura 9.4.

Após embaralhar os dados, observamos que os dois grupos agora são mais semelhantes, e, na verdade, o de cross-country tem uma média um pouco maior. Portanto, embaralharemos 10.000 vezes e armazenaremos a estatística t para cada iteração; caso esteja executando o cálculo em seu computador, demorará um pouquinho para concluí-lo. A Figura 9.5 mostra o histograma dos valores t em todos os embaralhamentos aleatórios. Como esperado, quando se considera a hipótese nula, essa distribuição é centrada em 0 (a média da distribuição é 0,007). A partir da figura, é possível também observar que a distribuição dos valores t após embaralhamento segue aproximadamente a distribuição teórica t, considerando a hipótese nula (com média = 0), demonstrando que a randomização funcionou para gerar dados nulos.

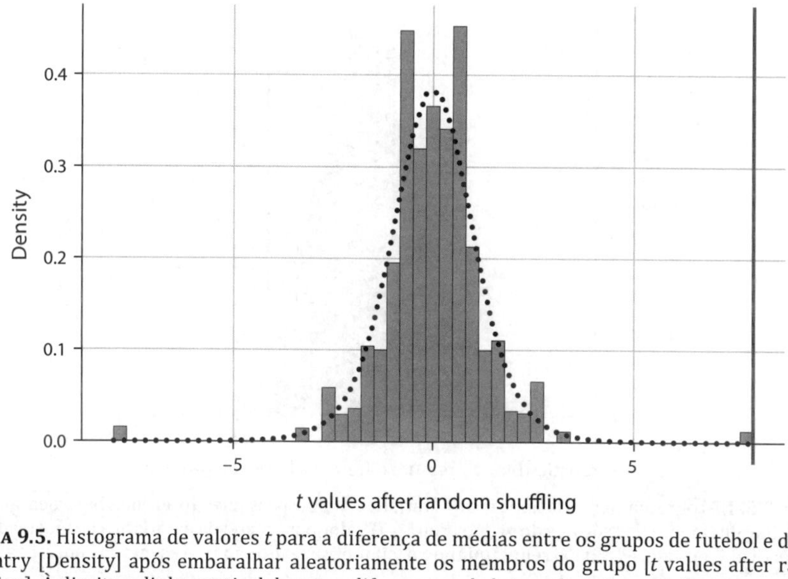

Figura 9.5. Histograma de valores t para a diferença de médias entre os grupos de futebol e de cross-country [Density] após embaralhar aleatoriamente os membros do grupo [t values after random shuffling]. À direita, a linha vertical denota a diferença real observada entre os dois grupos, e a linha pontilhada mostra a distribuição teórica t para esta análise.

Podemos calcular o valor-p a partir dos dados randomizados, mensurando quantos dos valores embaralhados são pelo menos tão extremos quanto o valor observado: $P(t > 8.01,\ df = 8)$ usando randomização = 0,00410. Esse valor-p é bem parecido com o valor-p que obtivemos usando a distribuição t. Ambos são bastante extremos, sugerindo alta probabilidade de os dados observados terem surgido se a hipótese nula fosse verdadeira — e, nesse caso, *sabemos* que não é verdadeira, porque geramos os dados.

RANDOMIZAÇÃO: EXEMPLO DE PRESSÃO ARTERIAL/ATIVIDADE FÍSICA

Agora, usaremos a randomização a fim de calcular o valor-p para o exemplo de pressão arterial/atividade física. Nesse caso, embaralharemos aleatoriamente a variável *PhysActive* e calcularemos a diferença entre os grupos após cada embaralhamento. Em seguida, compararemos nossa estatística *t* observada com a distribuição das estatísticas *t* a partir dos conjuntos de dados embaralhados. A Figura 9.6 ilustra a distribuição *t* dos valores a partir das amostras embaralhadas, e podemos calcular a probabilidade de encontrar um valor tão grande ou maior que o observado. O valor-p obtido a partir da randomização (0,028) é muito semelhante ao obtido com a distribuição *t* (0,030). A vantagem do teste de randomização é não exigir que suponhamos que os dados de cada um dos grupos são normalmente distribuídos, embora o teste *t* seja geralmente bastante robusto no que diz respeito a violações dessa suposição. Além do mais, o teste de randomização pode possibilitar que calculemos valores-p para estatísticas quando não temos uma distribuição teórica como temos para o teste *t*.

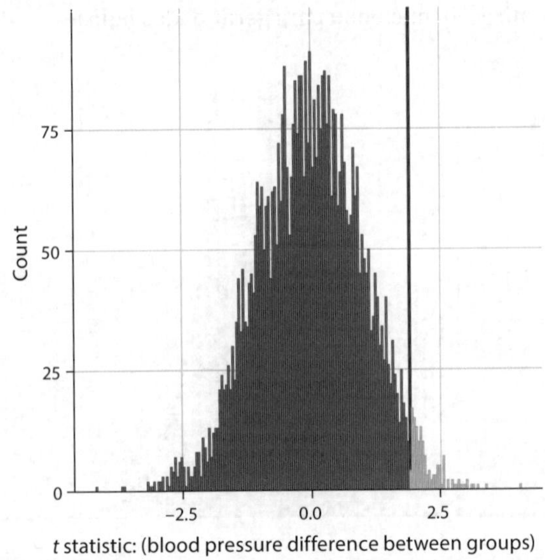

Figura 9.6. Histograma das estatísticas *t* [t statistic: (blood pressure difference between groups)] após embaralhamento dos rótulos do grupo [Count]. O valor observado da estatística *t* é mostrado pela linha vertical, e os valores tão extremos quando o valor observado são representados em cinza-claro.

Quando usamos o teste de randomização, temos que fazer uma suposição principal, a qual chamamos de *permutabilidade*. Ou seja, todas as observações são distribuídas da mesma forma, de modo que podemos intercalá-las sem alterar a distribuição geral. O principal caso em que isso pode não funcionar é quando há observações relacionadas nos dados; por exemplo, se tivéssemos dados de pessoas de quatro famílias diferentes, não poderíamos supor que os indivíduos fossem permutáveis, porque os irmãos estariam mais próximos uns dos outros do que de indivíduos de outras famílias. Em geral, se os dados foram obtidos por amostragem aleatória, a suposição de permutabilidade entre as observações deve se sustentar.

Etapa 6: Avaliar a "Significância Estatística" do Resultado

A próxima etapa é determinar se o valor-p resultante da etapa anterior é pequeno o bastante para que estejamos dispostos a rejeitar a hipótese nula e concluir que a hipótese alternativa é verdadeira. Quantas evidências são necessárias? Trata-se de uma das perguntas mais controversas da estatística, em parte porque exige julgamento subjetivo — não existe uma resposta "correta". Tradicionalmente, a resposta mais comum a essa pergunta tem sido que devemos rejeitar a hipótese nula se o valor-p for menor que 0,05. Ela se origina das obras de Ronald Fisher, o qual tem sido considerado "a figura mais importante da estatística do século XX" (Efron, 1998, p. 95):

> Se P estiver entre 0,1 e 0,9, certamente não há razão para suspeitar da hipótese testada. Se ele estiver abaixo de 0,02, há uma forte indicação de que a hipótese não consegue explicar a totalidade dos fatos. Não nos desviaremos com frequência se traçarmos uma linha convencional em 0,05... é conveniente traçar a linha aproximadamente no nível em que podemos afirmar: Ou há algo no tratamento, ou há uma coincidência que não ocorre mais do que uma vez em 20 tentativas (Fisher, 1925, p. 82).

No entanto, a intenção de Fisher nunca foi que $p < 0,05$ fosse uma regra imutável:

> Nenhum cientista trabalha com um nível imutável de significância em que, ano após ano e em todas as circunstâncias, rejeite hipóteses; ele prefere dedicar sua mente a cada caso específico à luz de suas evidências e ideias. (Fisher, 1956, p. 41)

Ao contrário, é provável que $p < 0,05$ tenha se tornado um ritual devido à dependência de tabelas de valores-p usadas antes que a computação facilitasse a geração de valores-p para valores arbitrários de uma estatística. Todas as tabelas tinham uma entrada de 0,05, facilitando determinar se a estatística ultrapassava o valor necessário para atingir esse nível de significância. A escolha de níveis estatísticos ainda é extremamente polêmica; recentemente, foi proposto que o nível padrão fosse alterado de 0,05 para 0,005, tornando-o substancialmente mais restritivo e, portanto, dificultando mais a rejeição da hipótese nula (Benjamin *et al.* 2018). Em grande parte, essa mudança se deve à crescente preocupação de que a evidência obtida a partir de um resultado significativo em $p < 0,05$ seja relativamente fraca; no Capítulo 18, retomaremos esse tópico, quando abordarmos a reprodutibilidade.

TESTE DE HIPÓTESE COMO TOMADA DE DECISÃO: A ABORDAGEM DE NEYMAN-PEARSON

Enquanto Fisher acreditava que o valor-p poderia fornecer evidências para uma hipótese específica, os estatísticos Jerzy Neyman e Egon Pearson discordavam disso veementemente. Pelo contrário, eles propuseram que considerássemos os testes de hipótese em termos de sua taxa de erro a longo prazo:

> Nenhum teste baseado em uma teoria da probabilidade pode, por si mesmo, fornecer qualquer evidência valiosa da verdade ou da falsidade de uma hipótese. Mas podemos analisar a finalidade dos testes a partir de outra perspectiva. Sem a expectativa de saber se cada hipótese separada é verdadeira ou falsa, podemos procurar regras para nortear nosso comportamento em relação a elas, adotando aquelas nas quais garantimos que, a longo prazo, não estaremos equivocados com frequência. (Neyman; Pearson, 1933, p. 291).

Ou seja, não podemos saber quais decisões específicas estão corretas ou incorretas, mas, se seguirmos as regras, podemos ao menos saber com que frequência nossas decisões estarão equivocadas a longo prazo.

Para compreender a abordagem de tomada de decisão que Neyman e Pearson idealizaram, primeiro é necessário analisarmos a tomada de decisão estatística em termos dos tipos de resultados que podem ocorrer. Existem dois estados possíveis da realidade (H_0 é verdadeira ou H_0 é falsa) e duas decisões possíveis (rejeitar H_0 ou reter H_0). Existem duas maneiras de tomarmos uma decisão correta:

- Podemos rejeitar H_0 quando ela é falsa (na linguagem da teoria de detecção de sinais, chamamos isso de *acerto* [hit]).
- Podemos reter H_0 quando ela é verdadeira (um tanto confuso nesse contexto, isso é chamado de *rejeição correta*).

Existem também dois tipos de erros que podemos cometer:

- Podemos rejeitar H_0 quando ela é efetivamente verdadeira (chamamos isso de *alarme falso* ou *erro Tipo I*).
- Podemos reter H_0 quando ela é efetivamente falsa (chamamos isso de *erro* ou *erro Tipo II*).

Neyman e Pearson cunharam dois termos para descrever a probabilidade desses dois tipos de erros a longo prazo:

- *P(erro Tipo I)* $= \alpha$
- *P(erro Tipo II)* $= \beta$

Ou seja, se definirmos α como 0,05, a longo prazo, devemos cometer um erro Tipo I em 5% das vezes. Ainda que seja comum definir α como 0,05, o valor padrão para um nível aceitável de β é 0,2, ou seja, estamos dispostos a aceitar que, em 20% das vezes, não conseguiremos identificar um efeito verdadeiro quando ele existir. No Capítulo 10, retomaremos esse tópico quando analisarmos a potência estatística, que é o complemento do erro Tipo II.

O que Significa um Resultado Significativo?

Existe uma confusão generalizada sobre o que os valores-p efetivamente significam (Gigerenzer, 2004). Suponha que realizamos um experimento para comparar as médias entre as condições e encontramos uma diferença com um valor-p de 0,01. Podemos considerar uma série de interpretações possíveis.

Isso significa que a probabilidade de a hipótese nula ser verdadeira é 0,01? Não. Lembre que, no teste de hipótese nula, o valor-p é a probabilidade dos dados, considerando a hipótese nula ($P(dados|H_0)$). Ele não garante conclusões sobre a probabilidade da hipótese nula considerando os dados ($P(H_0|dados)$). Retomaremos esse tópico no Capítulo 11 quando abordarmos a inferência bayesiana, pois o teorema de Bayes nos possibilita inverter a probabilidade condicional de modo a determinar a probabilidade de uma hipótese considerando os dados.

Isso significa que a probabilidade de você estar tomando a decisão errada é 0,01? Não. Isso seria $P(H_0|dados)$, mas lembre que, como mencionado anteriormente, os valores-p são probabilidades de dados considerando H_0, não probabilidades de hipóteses.

Isso significa que, se você executasse o estudo novamente, obteria o mesmo resultado 99% das vezes? Não. O valor-p é uma afirmação sobre a verossimilhança de um determinado conjunto de dados considerando a hipótese nula; ele não nos permite fazer inferências sobre a verossimilhança de eventos futuros, como a replicação.

Isso significa que você identificou um efeito praticamente importante? Não. Existe uma distinção essencial entre *significância estatística* e *significância prática.* Como exemplo, suponha que realizamos um estudo controlado randomizado para examinar o efeito de uma determinada intervenção de exercício na pressão arterial e encontramos um efeito estatisticamente significativo em $p < 0,05$. Isso não nos informa o grau de redução da pressão arterial, o qual chamamos de *tamanho do efeito* (e abordaremos com mais detalhes no Capítulo 10). Se pensarmos em um estudo sobre pressão arterial, provavelmente não consideraremos que uma redução de meio ponto (abaixo da precisão da maioria dos dispositivos que medem a pressão arterial) seja praticamente significativa. Analisaremos nossa capacidade de identificar uma diferença significativa de meio ponto à medida que o tamanho da amostra aumenta.

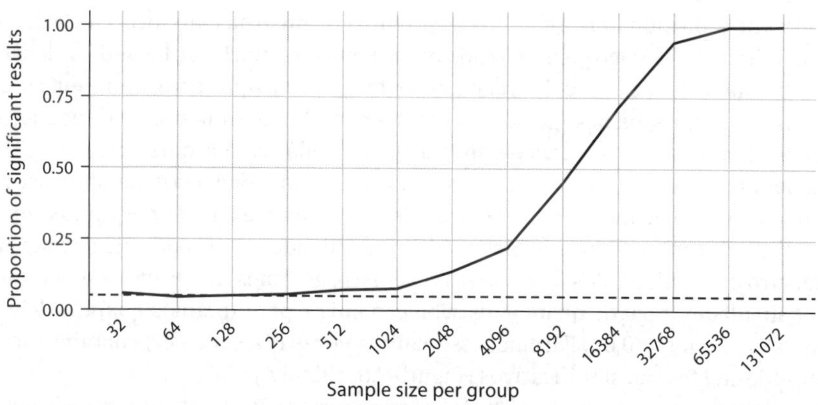

Figura 9.7. A proporção de resultados significativos [Proportion of significant results] para uma mudança muito pequena (meio ponto na pressão arterial sistólica) em função do tamanho da amostra por grupo [Sample size per group].

A Figura 9.7 demonstra como a proporção de resultados significativos aumenta à medida que o tamanho da amostra também aumenta; de modo que, com um tamanho de amostra muito grande (cerca de 65.000 indivíduos no total), identificaremos um resultado significativo em mais de 90% dos estudos quando houver uma redução de meio ponto na pressão arterial devido à intervenção. Mesmo que os resultados sejam estatisticamente significativos, a maioria dos médicos não consideraria essa quantidade de redução da pressão arterial praticamente ou clinicamente significativa. No Capítulo 10, exploraremos essa relação com mais detalhes quando retomarmos o conceito de potência estatística, mas já deve ter ficado claro, a partir desse exemplo, que a significância estatística não é necessariamente indicativa de significância prática.

NHST em um Contexto Moderno: Múltiplos Testes

Até agora, examinamos exemplos nos quais estamos interessados em testar uma única hipótese estatística; isso é condizente com a ciência tradicional, que geralmente mede apenas algumas variáveis por vez. No entanto, na ciência moderna, é possível medir milhões de variáveis por indivíduo. Por exemplo, nos estudos sobre genética que quantificam todo o genoma, podem existir milhões de variantes genéticas medidas por indivíduo, e, na pesquisa de imagens cerebrais que meu grupo faz coletamos, não raro, dados de mais de 100.000 regiões cerebrais de uma só vez. Quando o teste de hipótese padrão é aplicado nesses contextos, coisas ruins podem acontecer, a menos que tomemos os devidos cuidados.

Vejamos um exemplo que ilustra como isso pode funcionar. Existe um grande interesse em compreender os fatores genéticos que possam predispor os indivíduos a transtornos mentais graves, como a esquizofrenia, pois sabemos que cerca de 80% da variação da manifestação de esquizofrenia entre os indivíduos está relacionada a diferenças genéticas. O Projeto Genoma Humano e a subsequente revolução na genômica forneceram ferramentas para examinar as diversas formas pelas quais os genomas dos humanos se diferenciam um dos outros. Nos últimos anos, uma das abordagens que tem sido usada é conhecida como *estudo de associação genômica ampla* (GWAS), em que o genoma de cada indivíduo é caracterizado em um milhão ou mais locais para determinar quais letras do código genético cada pessoa tem em cada local, focando os locais em que os humanos tendem a se diferenciar com frequência. Após determinarem as letras do código genéticos, os pesquisadores realizam um teste estatístico em cada local do genoma a fim de verificar se as pessoas diagnosticadas com esquizofrenia têm maior ou menor probabilidade de ter uma versão específica da sequência genética nesse local.

Imagine o que aconteceria se os pesquisadores simplesmente perguntassem se o teste foi significativo em $p < 0,05$ em cada local, quando, na verdade, não existe efeito verdadeiro em nenhum dos locais. Para fazer isso, geramos um grande número de valores *t* simulados a partir de uma distribuição nula e perguntamos quantos deles são significativos em $p < 0,05$. Faremos isso muitas vezes e, a cada vez, contabilizaremos quantos dos testes são significativos (Figura 9.8, painel A).

Isso demonstra que cerca de 5% de todos os testes são significativos em cada execução. Ou seja, se usássemos $p < 0,05$ como nosso nível para significância estatística, mesmo que não existissem relações verdadeiramente significativas presentes, ainda "encontraríamos" cerca de 50.000 genes aparentemente significativos em cada estudo (o número esperado de resultados significativos é simplesmente $n * \alpha$). Embora tenhamos controlado o erro por teste, não controlamos a taxa de erro em toda a nossa *família* de testes (conhecida como *taxa de erro familiar*), a qual queremos controlar se formos analisar os resultados de um grande número de testes. Usando p < 0,05, nossa taxa de erro familiar no exemplo anterior é 1, ou seja, é praticamente garantido que cometemos pelo menos um erro em qualquer estudo específico.

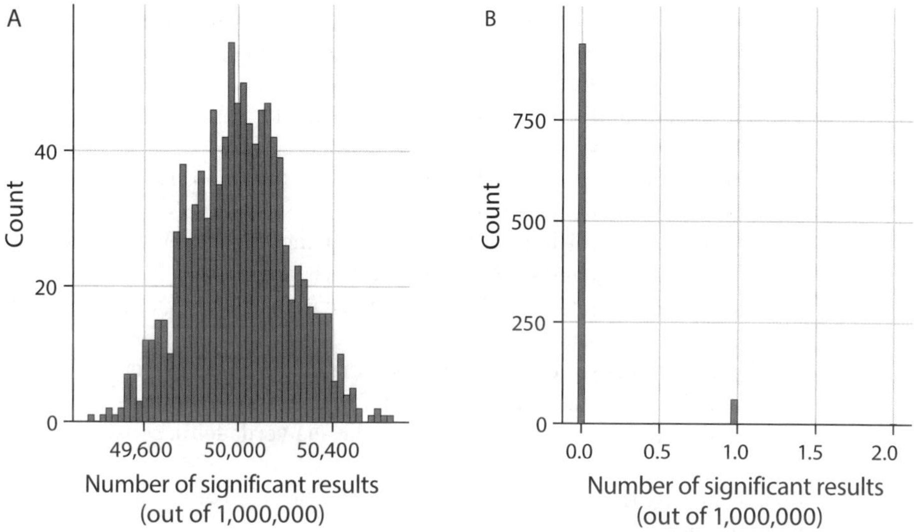

FIGURE 9.8 (A) Um histograma do número de resultados significativos [Number of significant results] em cada conjunto com um milhão de testes estatísticos, quando, na verdade, não existe efeito verdadeiro. (B) Um histograma do número de resultados significativos em todas as execuções de simulação após a aplicação da correção de Bonferroni para múltiplos testes.

Uma forma simples de controlar o erro familiar é dividir o nível alfa (α) pelo número de testes; conhecido como correção de *Bonferroni*, em homenagem ao estatístico italiano Carlo Bonferroni. Usando os dados do nosso exemplo anterior, vemos no painel B da Figura 9.8 que apenas cerca de 5% dos estudos mostram resultados significativos com o nível alfa corrigido de 0,000005 em vez do nível nominal de 0,05. Controlamos efetivamente o erro familiar, de modo que a probabilidade de cometer *erros* em nosso estudo seja controlada em torno de 0,05.

Leituras Sugeridas:

- *The Cult of Statistical Significance: How the Standard Error Costs Us Jobs, Justice, and Lives*, de Stephen Ziliak e Deirdre McCloskey. Esse livro expõe o caso de como o teste de hipótese nula levou a inúmeros resultados problemáticos no mundo cotidiano.

Problemas

1. Descreva as seis etapas para realizar o teste de hipótese nula.
2. A hipótese nula sempre envolve algum tipo de________, enquanto a hipótese alternativa sempre envolve algum tipo de________. Opções: igualdade, desigualdade.

3. Uma pesquisadora quer testar a hipótese de que consumir brócolis reduz a pressão arterial. Ela atribui aleatoriamente um grupo de participantes para comer brócolis 4 vezes por semana durante um mês e outro grupo para continuar com sua dieta normal. A pesquisadora mede a pressão arterial dos participantes antes e depois da intervenção e calcula a diferença entre a sua pressão arterial antes e depois da dieta (ou seja, *diferença* = AD *antes da dieta* – DD *depois da dieta*).
   - ▷ A hipótese nula é que o escore da diferença seja______.
   - ▷ A hipótese alternativa é que a diferença seja______.
4. Qual das seguintes opções é a descrição mais adequada do significado de um valor-p no teste de hipótese nula?
   - ▷ A probabilidade de uma estatística pelo menos tão extrema quanto o valor observado quando a hipótese nula é verdadeira
   - ▷ A probabilidade de que a hipótese alternativa seja verdadeira, considerando a estatística observada
   - ▷ A probabilidade de encontrar um valor pelo menos tão extremo quanto o valor observado se o experimento fosse realizado novamente
   - ▷ A probabilidade de que a hipótese nula seja verdadeira, considerando a estatística observada
5. Descreva a justificativa para usar a randomização a fim de realizar o teste de hipótese nula.
6. Um pesquisador coleta um conjunto de dados e calcula uma estatística *t* comparando dois grupos (de tamanho 20 cada), o que resulta em 2,4. Em seguida, ele realiza 10 randomizações de rótulo do grupo e obtém as seguintes estatísticas *t* para as 10 reamostras: –0,16; 0,06; 1,07; 2,51; –0,77; –1,27; 1,22; –0,08; 0,49; 0,74.
   - ▷ Com base nessas reamostras, qual é o valor-p para o valor observado de 2,4?
   - ▷ Como esse valor-p se relaciona com o obtido com a distribuição *t*?
7. Combine cada conceito da lista a seguir com sua definição: erro Tipo I, erro Tipo II, alfa, beta, potência.
   - ▷ Rejeita a hipótese nula quando é de fato verdadeira
   - ▷ Não rejeita a hipótese nula quando é de fato falsa
   - ▷ Probabilidade de um erro Tipo I
   - ▷ Probabilidade de um erro Tipo II
   - ▷ Probabilidade de não cometer um erro Tipo II
8. Uma pesquisadora quer medir se o consumo de brócolis está relacionado à renda. Ela obtém dados de 200 milhões de pessoas e realiza uma análise usando um teste *t*, que encontra um valor-p significativo de 0,01. No entanto, a diferença de renda entre pessoas que consomem brócolis e as que não consomem é de 4 centavos em média. Esse é um exemplo claro de qual conceito?
   - ▷ Significância prática
   - ▷ Múltiplas comparações
   - ▷ Análise bayesiana
   - ▷ Teste de randomização

9. Qual das afirmações a seguir é uma afirmação verdadeira sobre a distribuição *t*? Escolha todas as opções que se aplicam.
   - ▷ A distribuição *t* tem caudas mais largas do que a distribuição normal.
   - ▷ As distribuições *t* e normal se diferenciam mais uma das outras à medida que o tamanho da amostra aumenta.
   - ▷ As caudas da distribuição *t* ficam mais largas à medida que o tamanho da amostra aumenta.
   - ▷ As distribuições normal e *t* mudam de forma à medida que o tamanho da amostra aumenta.
10. O valor-p obtido com um teste bicaudal é (maior/menor) do que o obtido com um teste unicaudal.
11. Qual das afirmações a seguir é uma afirmação verdadeira em relação a um valor-p de 0,01? Escolha todas as opções que se aplicam.
   - ▷ Existe 1% de chance de que a hipótese nula seja verdadeira.
   - ▷ Existe 1% de chance de que, se o experimento fosse realizado novamente, não seria possível encontrar um resultado significativo.
   - ▷ Existe 1% de chance de encontrar um valor estatístico pelo menos tão extremo quanto o observado, se a hipótese nula fosse verdadeira.
   - ▷ Comprovou-se que a hipótese alternativa é verdadeira.
   - ▷ O resultado é tanto estatística quanto praticamente significativo.
12. Por que é importante controlar o erro familiar ao realizar múltiplos testes de hipóteses?
13. Um pesquisador realiza quatro testes de hipóteses, que resultam em valores-p de 0,03; 0,01; 0,21 e 0,04. Aplique a correção de Bonferroni para determinar qual desses valores-p permanece significativo após a correção para múltiplos testes.

10

Quantificando Efeitos e Elaborando Estudos

No capítulo anterior, analisamos como podemos usar dados para testar hipóteses. Trata-se de métodos que fornecem uma resposta binária: rejeitamos ou retemos a hipótese nula. Contudo, esse tipo de decisão negligencia algumas questões importantes. Primeiro, gostaríamos de saber o nosso nível de incerteza sobre a resposta (independentemente de qual direção segue). Além do mais, como às vezes não temos uma hipótese nula clara, gostaríamos de examinar qual intervalo de estimativas é compatível com os dados. Segundo, gostaríamos de saber a magnitude efetiva do efeito, já que, conforme observado no exemplo da pressão arterial do capítulo anterior, um efeito estatisticamente significativo não necessariamente indica um efeito prático importante.

Neste capítulo, analisamos métodos para abordar as duas seguintes questões: *intervalos de confiança* para fornecer uma medida de nossa incerteza sobre nossas estimativas e *tamanhos do efeito* a fim de fornecer um modo padronizado para compreendermos a magnitude efetiva deles. Analisamos também o conceito de *potência estatística*, que informa a probabilidade de efetivamente encontrarmos quaisquer efeitos verdadeiros existentes.

Objetivos de Aprendizagem

Após ler este capítulo, você deve ser capaz de:

- Descrever a interpretação adequada de um intervalo de confiança e calculá-lo para a média de um determinado conjunto de dados.
- Definir o conceito de tamanho do efeito e calculá-lo para um determinado teste.
- Descrever o conceito de potência estatística e sua importância para a pesquisa.

Intervalos de Confiança

Até agora, no livro, concentramo-nos em estimar um único valor para nossa estatística. Por exemplo, suponha que queremos estimar o peso médio dos adultos no conjunto de dados do NHANES e, para isso, usamos uma amostra do conjunto de dados e estimamos a média. Nessa amostra, o peso médio é de 79,92 kg. Chamamos isso de *estimativa por ponto*, pois nos fornece um único número para descrever nossa estimativa do parâmetro da população. No entanto, sabemos, a partir de nossa análise anterior sobre erro de amostragem, que existe alguma incerteza quanto a essa estimativa, descrita pelo erro padrão. Lembre também que o erro padrão é determinado por dois componentes: o desvio-padrão da população (que é o numerador) e a raiz quadrada do tamanho da amostra (que é o denominador). Em geral, o desvio-padrão da população é um parâmetro desconhecido, ainda que fixo, sobre o qual não temos controle, enquanto o tamanho da amostra *está* sob nosso controle. Assim, é possível reduzir nossa incerteza sobre a estimativa ao aumentar o tamanho da amostra — até o limite do tamanho total da população, ponto em que não existe nenhuma incerteza, porque podemos somente calcular o parâmetro da população diretamente a partir dos dados de toda a população.

Não raro, gostaríamos de ter uma maneira de descrever mais diretamente nossa incerteza sobre uma estimativa estatística; podemos fazer isso recorrendo a um intervalo de confiança. A maioria das pessoas conhece os intervalos de confiança por meio da ideia de "margem de erro" para pesquisas eleitorais. Normalmente, essas pesquisas tentam fornecer uma resposta com acurácia dentro de +/– 3%. Por exemplo, quando se estima que um candidato vencerá uma eleição por 9 pontos percentuais com uma margem de erro de 3, estima-se que sua porcentagem de vitória ficará entre 6–12 pontos percentuais. Em estatística, chamamos isso de *intervalo de confiança*, pois fornece uma gama de valores consistentes com os nossos dados amostrais para a nossa estimativa de parâmetros em vez de apenas nos fornecer uma única estimativa baseada nos dados. Quanto maior ele for, mais incerteza teremos sobre a estimativa de nosso parâmetro.

Intervalos de confiança são tradicionalmente confusos, sobretudo porque eles não representam o que instintivamente pensamos que representam. Se eu disser que calculei um intervalo de confiança de 95% para a minha estatística, naturalmente poderíamos acreditar que temos 95% de confiança de que o verdadeiro valor do parâmetro está dentro desse intervalo. No entanto, como já vimos ao longo do livro, em estatística, os conceitos normalmente não significam o que acreditamos que significam. No caso de intervalos de confiança, não podemos interpretá-los desta forma, já que o parâmetro da população tem um valor fixo — está ou não está dentro do intervalo. Ou seja, não faz sentido falar sobre a probabilidade de ele ocorrer. Jerzy Neyman, o idealizador do intervalo de confiança, declarou o seguinte:

> O parâmetro é uma constante desconhecida, e nenhuma afirmação sobre a probabilidade relativa de seu valor pode ser feita. (Neyman, 1937, p. 349)

Pelo contrário, temos que interpretar o procedimento do intervalo de confiança a partir do mesmo ponto de vista com que interpretamos os testes de hipóteses: como um procedimento que nos possibilitará fazer afirmações corretas a longo prazo com determinada probabilidade. Assim, a interpretação adequada do intervalo de confiança de 95% é que se trata de um intervalo que conterá a média real populacional 95% das vezes, e, na prática, podemos confirmar isso por meio de simulação, como veremos a seguir.

O intervalo de confiança para a média é calculado desta forma:

$$IC = estimativa\ por\ ponto \pm valor\ crítico * erro\ padrão$$

Em que o valor crítico é determinado pela distribuição amostral da estimativa. A questão a ser esclarecida é: como obtemos nossa estimativa para essa distribuição amostral?

Intervalos de Confiança Usando a Distribuição Normal

Se soubermos o desvio-padrão da população, é possível usar a distribuição normal para calcular um intervalo de confiança. Normalmente, não fazemos isso, mas faremos para o nosso exemplo do conjunto de dados do NHANES, visto que estamos tratando todo o conjunto de dados como a população (21,3 para o peso). Suponha que queremos calcular um intervalo de confiança de 95% para a média. O valor crítico seria então os valores da distribuição normal padrão que capturam 95% da distribuição; trata-se simplesmente do percentil 2,5 e do percentil 97,5 da distribuição, os quais podemos calcular com nosso software estatístico e chegar ao valor de ±1,96. Desse modo, o intervalo de confiança para a média ($\bar{X}$) é:

$$IC = \bar{X} \pm 1.96 * EP$$

Usando a média estimada de nossa amostra (79,92) e o desvio-padrão populacional conhecido, podemos calcular o intervalo de confiança de [77,28; 82,56].

Intervalos de Confiança Usando a Distribuição t

Conforme dito antes, se soubermos o desvio-padrão da população, é possível usar a distribuição normal para calcular nossos intervalos de confiança. No entanto, em geral, não sabemos — aqui, a distribuição *t* é mais adequada como uma distribuição amostral. Lembre que ela é um pouco mais abrangente do que a distribuição normal, sobretudo para amostras menores, significando que os intervalos de confiança serão ligeiramente mais abrangentes do que se estivéssemos usando a distribuição normal. Isso integra a incerteza extra que surge quando estimamos parâmetros com base em amostras pequenas.

É possível calcular o intervalo de confiança de 95% da mesma forma que fizemos com o exemplo anterior de distribuição normal. No entanto, o valor crítico é determinado pelo percentil 2,5 e pelo percentil 97,5 da distribuição *t* com os devidos graus de liberdade. Desse modo, o intervalo de confiança para a média ($\bar{X}$) é:

$$IC = \bar{X} \pm t_{crit} * EP$$

Em que t_{crit} é o valor *t* crítico. Para o exemplo do peso do NHANES (com tamanho da amostra de 250), o intervalo de confiança seria de 79,92 +/– 1,97 * 1,41[77,15 - 82,69].

Lembre que isso não nos informa nada sobre a probabilidade de o valor real da população estar nesse intervalo, pois trata-se de um parâmetro fixo (que sabemos ser 81,77 porque, aqui, temos toda a população) que está ou não dentro desse intervalo específico (nesse caso, está). Ao contrário, o intervalo de confiança nos informa que, a longo prazo, se o calcularmos com esse procedimento, ele capturará o parâmetro real da população 95% das vezes.

Podemos visualizar isso usando os dados do NHANES como nossa população; nesse caso, já que sabemos o valor real do parâmetro da população, podemos verificar com que frequência o intervalo de confiança acaba capturando esse valor em diversas amostras diferentes. A Figura 10.1 ilustra os intervalos de confiança para o peso médio estimado e calculado para 100 amostras do conjunto de dados do NHANES. Desses, 95 capturaram o peso médio real da população, mostrando que o procedimento do intervalo de confiança funciona como deveria.

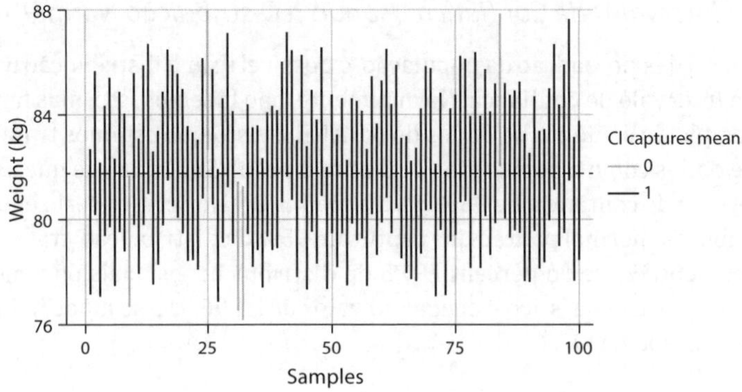

Figura 10.1. As amostras [samples] foram extraídas repetidamente a partir do conjunto de dados do NHANES, e o intervalo de confiança de 95% da média foi calculado para cada amostra. Os intervalos demonstrados em cinza-claro não capturaram a média real da população (mostrada como a linha tracejada). Aqui, "Weight" é peso e "CI captures mean" é IC captura a média.

Intervalos de Confiança e Tamanho da Amostra

Como o erro padrão diminui com o tamanho da amostra, os intervalos de confiança devem ficar mais restritos à medida que o tamanho da amostra aumenta, fornecendo limites cada vez mais estreitos para a nossa estimativa. A Figura 10.2 mostra um exemplo de como eles mudariam em função do tamanho da amostra para o exemplo do peso. A partir da figura, é evidente que ficam cada vez mais restritos à medida que o tamanho da amostra aumenta; porém amostras crescentes fornecem vantagens decrescentes, compatíveis com o fato de o denominador do termo do intervalo de confiança ser proporcional à raiz quadrada do tamanho da amostra.

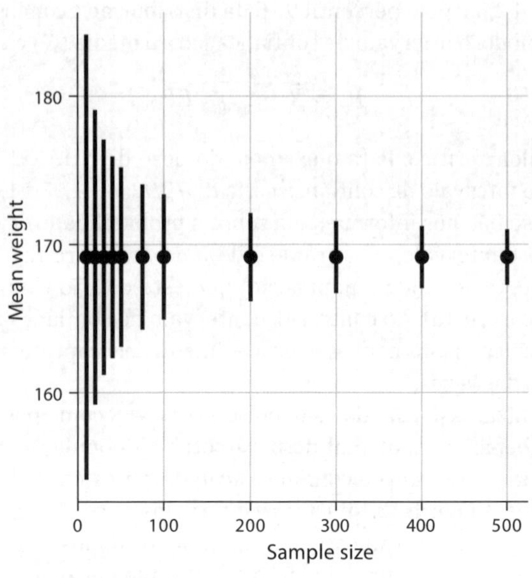

Figura 10.2. Um exemplo do efeito do tamanho da amostra [Sample size] na largura do intervalo de confiança para a média do peso [Mean weight].

Calculando Intervalos de Confiança Usando o Bootstrap

Em alguns casos, ou não podemos supor normalidade ou não sabemos a distribuição amostral da estatística. Nestas situações, podemos usar o bootstrap (apresentado no Capítulo 8). Vale relembrar que o bootstrap envolve reamostrar repetidamente os dados *com reposição* e, em seguida, usar a distribuição da estatística calculada nessas amostras como um substituto para a distribuição amostral da estatística. Vejamos os resultados quando usamos a função built-in de bootstrapping do R a fim de calcular o intervalo de confiança para o peso em nossa amostra do NHANES (os comentários foram traduzidos):

```
## CÁLCULOS DE INTERVALO DE CONFIANÇA COM BOOTSTRAP
## Com base em 1000 réplicas de bootstrap

## Intervalos :
## Nível      Percentil
## 95%        (78, 84)
## Cálculos e Intervalos na Escala Original
```

Os valores são bastante próximos dos valores obtidos com a distribuição *t* anterior, embora não sejam exatamente os mesmos.

Relação de Intervalos de Confiança com Testes de Hipótese

Intervalos de confiança e testes de hipóteses estão estreitamente relacionados. Em especial, caso o intervalo de confiança não inclua a hipótese nula, o teste estatístico associado será estatisticamente significativo. Por exemplo, caso esteja testando se a média de uma amostra é diferente de 0, com $\alpha = 0{,}05$, você pode simplesmente verificar se o 0 está contido no intervalo de confiança de 95% para a média.

A situação fica mais complicada se quisermos comparar as médias de duas condições (Schenker; Gentleman, 2001). E existem algumas situações óbvias. Primeiro, se cada média está contida no intervalo de confiança para a outra média, definitivamente não existe diferença significativa associada ao nível de confiança escolhido. Segundo, se não existir sobreposição entre os intervalos de confiança, certamente existirá uma diferença significativa associada ao nível escolhido; na verdade, esse teste é substancialmente *cauteloso*, de modo que a taxa de erro real será menor do que o nível escolhido. No entanto, e no caso em que os intervalos de confiança se sobrepõem, mas não contêm as médias para o outro grupo? Nesse caso, a resposta depende da variabilidade relativa das duas variáveis, e não existe uma resposta geral. No entanto, normalmente deve-se evitar o "olhômetro" para avaliar intervalos de confiança que se sobrepõem.

Tamanhos do Efeito

> A significância estatística é o aspecto menos interessante dos resultados. Devemos descrevê-los em termos de medidas de magnitude — não apenas considerando se um tratamento afeta as pessoas, mas também o quanto pode afetá-las. (Gene Glass, citado em Sullivan; Feinn, 2012)

No capítulo anterior, analisamos o conceito de que a significância estatística pode não retratar necessariamente a significância prática. Para analisamos a significância prática, precisamos de uma forma padrão de descrever o tamanho de um efeito em termos de dados reais, que chamamos de *tamanho do efeito*. Nesta seção, apresentaremos esse conceito e analisaremos diversas formas de calcularmos os tamanhos dos efeitos. Trata-se de uma medida padronizada que compara a magnitude de algum efeito estatístico e uma quantidade de referência, como a variabilidade dos dados. Em alguns campos da ciência e da engenharia, esse conceito é chamado de *relação sinal/ruído*. Podemos quantificar o tamanho do efeito de muitas formas diferentes, dependendo da natureza dos dados.

O d de Cohen

Uma das medidas mais comuns do tamanho do efeito é conhecida como *d de Cohen*, em homenagem ao estatístico Jacob Cohen (famoso pelo artigo que publicou em 1994, chamado "The Earth Is Round (p < .05) [A Terra é Redonda, (p < .05)]) Ela é usada para quantificar a diferença entre duas médias em termos de seu desvio-padrão:

$$d = \frac{\bar{X}_1 - \bar{X}_2}{s}$$

Aqui, $\bar{X}_1$ e $\bar{X}_2$ são as médias dos dois grupos, e s é o desvio-padrão combinado (uma combinação dos desvios-padrão para as duas amostras, ponderados por seus tamanhos de amostra), definidos assim:

$$s = \sqrt{\frac{(n_1 - 1)s_1^2 + (n_2 - 1)s_2^2}{n_1 + n_2 - 2}}$$

Sendo n_1 e n_2 os tamanhos das amostras e s_1^2 e s_2^2, os desvios-padrão para os dois grupos, respectivamente. Observe que a fórmula se assemelha bastante àquela da estatística *t*— a principal diferença está no denominador. Na estatística *t*, ele é baseado no erro padrão da média, enquanto no d de Cohen, o denominador é baseado no desvio-padrão dos dados. Isso significa que, embora a estatística *t* aumente à medida que o tamanho da amostra aumenta, o valor do d de Cohen permanece o mesmo.

Existe uma escala normalmente usada para interpretar o tamanho de um efeito em termos de d de Cohen, mostrada na Tabela 10.1. Para entender essas interpretações, podemos analisar efeitos comumente compreendidos. Por exemplo, o tamanho do efeito para as diferenças de gênero na altura de adultos (d = 2,05) é muito grande de acordo com a nossa tabela. Também podemos observar isso ao analisar as distribuições de altura de homens e mulheres em uma amostra do conjunto de dados do NHANES. A Figura 10.3 demonstra que as duas distribuições estão bem separadas, ainda que sobrepostas, destacando o fato de que, mesmo quando existe um efeito muito grande na diferença entre dois grupos, existirão indivíduos de cada grupo que se assemelham mais ao outro grupo.

Além disso, vale ressaltar que raramente encontramos efeitos dessa magnitude na ciência; em parte, porque são tão óbvios que não precisamos de pesquisa científica para identificá-los. Conforme abordaremos no Capítulo 18 com a reprodutibilidade, o relato de efeitos muito grandes em pesquisas científicas geralmente retratam o uso de práticas questionáveis em vez de efeitos substanciais no mundo cotidiano. É importante também ressaltar que, mesmo para um efeito tão grande, as duas distribuições ainda se sobrepõem — veremos algumas mulheres mais altas do que a média dos homens e vice-versa. Para a maioria dos efeitos científicos interessantes, o grau de sobreposição é muito maior. Por isso, não devemos tirar conclusões precipitadas sobre indivíduos de diferentes populações com base em um grande tamanho do efeito.

TABELA 10.1. Interpretação do d de Cohen

d	Interpretação
0.0–0.2	Insignificante
0.2–0.5	Pequeno
0.5–0.8	Intermediário
0.8–	Grande

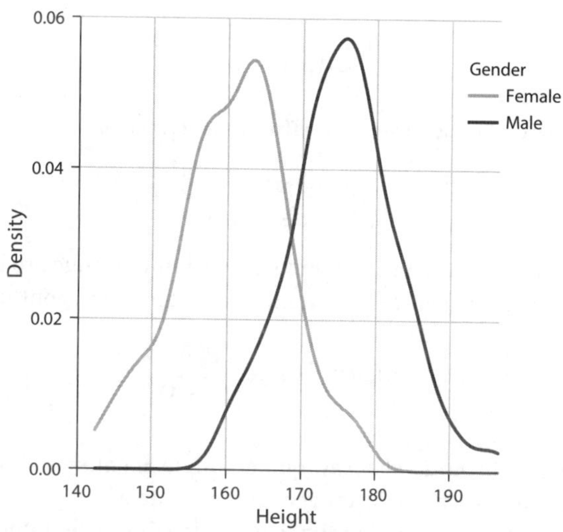

FIGURE 10.3. Gráficos de histograma suavizados para alturas de homens [Male] e mulheres [Female] no conjunto de dados do NHANES, mostrando distribuições claramente distintas, mas também claramente sobrepostas.

Coeficiente de Correlação

O coeficiente de correlação (r) é uma medida da força da relação linear entre duas variáveis contínuas. No Capítulo 13, analisaremos a correlação mais detalhadamente; por ora, simplesmente apresentaremos r como uma forma de quantificar a relação entre duas variáveis. Trata-se de uma medida que varia de – 1 a 1, em que um valor de 1 representa uma relação positiva perfeita entre as variáveis, 0 representa nenhuma relação, e – 1 representa uma relação negativa perfeita. A Figura 10.4 ilustra exemplos de diversos níveis de correlação usando dados gerados aleatoriamente.

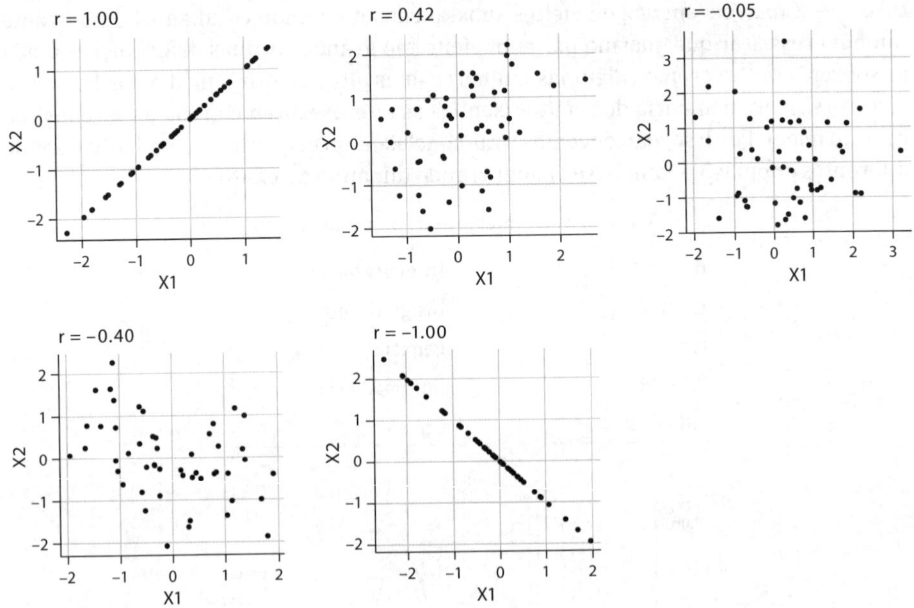

Figura 10.4. Exemplos de diversos níveis do coeficiente de correlação.

Razão de Chances

Em nossa análise prévia sobre probabilidade, abordamos o conceito de chances — que é a verossimilhança relativa entre um evento acontecer e não acontecer:

$$\text{chances de } A = \frac{P(A)}{P(\neg A)}$$

Vimos também a *razão de chances*, que é simplesmente a proporção entre duas chances. Ela é uma forma útil de descrever tamanhos do efeito para variáveis binárias.

Por exemplo, vejamos o caso do tabagismo e do câncer de pulmão. Uma pesquisa publicada no *International Journal of Cancer* (Pesch et al. 2012) combinou, a partir de diversos estudos diferentes, dados sobre a ocorrência de câncer de pulmão em fumantes e pessoas que nunca fumaram. Observe que esses dados se originam de estudos de caso-controle. Ou seja, os participantes foram recrutados porque tinham ou não tinham câncer; o status de tabagismo de cada um deles foi então examinado. Portanto, os números (mostrados na Tabela 10.2) não representam a prevalência de câncer entre fumantes na população em geral — mas podem nos informar a relação entre câncer e tabagismo.

Tabela 10.2. Ocorrência separada de câncer de pulmão para fumantes atuais e pessoas que nunca fumaram

Status	Nunca fumou	Fumante atual
Sem câncer	2883	3829
Câncer	220	6784

Podemos converter os números em razões de chances para cada um dos grupos. As chances de um não fumante ter câncer de pulmão são de 0,08 enquanto as chances de um fumante ativo ter câncer de pulmão são de 1,77. A razão dessas chances indica a verossimilhança relativa de câncer entre os dois grupos: a razão de chances de 23,22 indica que as chances de encontrar câncer de pulmão em fumantes são aproximadamente 23 vezes maiores do que em não fumantes.

Potência Estatística

Como vimos no capítulo anterior, na abordagem de testes de hipótese de Neyman-Pearson, precisamos especificar nosso nível de tolerância para dois tipos de erros: falsos positivos (chamados de *erro Tipo I*) e falsos negativos (chamados de *erro Tipo II*). Via de regra, as pessoas focam bastante o erro Tipo I, porque fazer uma afirmação falsa positiva é geralmente considerado algo muito ruim; por exemplo, as afirmações atualmente desacreditadas de Wakefield (1999) de que o autismo estava associado à vacinação levaram à postura antivacina, a qual resultou em aumentos substanciais de doenças infantis, como o sarampo. Do mesmo modo, não queremos afirmar que um medicamento cura uma doença se efetivamente não é o caso. Por isso, a tolerância para erros Tipo I é definida em um nível baixo, geralmente em $\alpha = 0,05$. Mas e quanto aos erros Tipo II? O conceito de *potência estatística* é o complemento do erro Tipo II — ou seja, é a verossimilhança de encontrar um resultado positivo, considerando que ele existe:

$$potência = 1 - \beta$$

Outro aspecto importante do modelo de Neyman-Pearson que não abordamos anteriormente é o fato de que, além de especificar os níveis aceitáveis de erros Tipo I e Tipo II, também precisamos descrever uma hipótese alternativa específica — ou seja, qual é o tamanho do efeito que queremos detectar? Caso contrário, não podemos interpretar β — a verossimilhança de encontrar um efeito grande sempre será maior do que encontrar um efeito pequeno. Ou seja, β será diferente dependendo do tamanho do efeito que estamos tentando detectar.

Três fatores podem afetar a potência estatística:

- *Tamanho da amostra*: amostras maiores fornecem maior potência estatística.
- *Tamanho do efeito*: um determinado delineamento experimental sempre terá maior potência para encontrar um efeito grande do que para localizar um efeito pequeno (simplesmente porque efeitos grandes são mais fáceis de identificar).
- *Taxa de erro Tipo I*: existe uma relação entre o erro Tipo I e a potência, de modo que (todo o resto sendo igual) reduzir o erro Tipo I também reduz a potência.

Vejamos como isso funciona por meio de uma simulação.

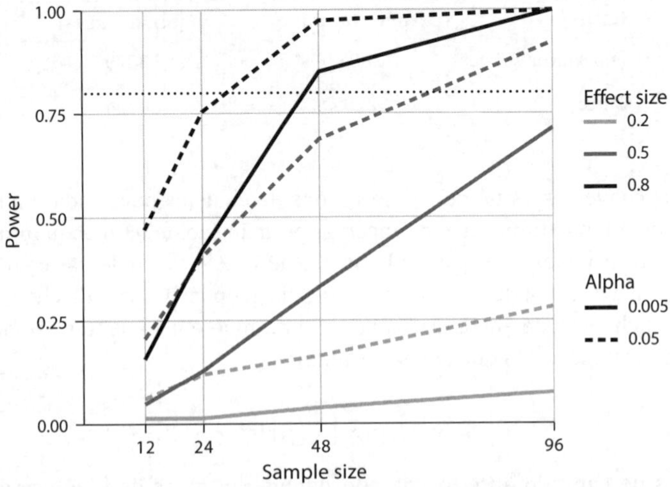

Figura 10.5. Resultados de uma simulação de potência [Power], mostrando a potência em função do tamanho da amostra [Sample size]. Os tamanhos do efeito [Effect size] são mostrados em diferentes tons de cor, e alfa é representado por tipo de linha. O critério padrão de 80% de potência é ilustrado pela linha preta tracejada.

Primeiro, simulamos um único experimento, no qual comparamos as médias de dois grupos usando um teste *t* padrão. Variamos o tamanho do efeito (especificado em d de Cohen), a taxa de erro Tipo I e o tamanho da amostra (por grupo) e, para cada um deles, examinamos como a proporção de resultados significativos (ou seja, a potência) é afetada. Na Figura 10.5, vemos um exemplo de como a potência muda em função desses fatores.

A simulação nos mostra que, mesmo com um tamanho de amostra de 96 em cada grupo, temos relativamente pouca potência para encontrar um efeito pequeno ($d = 0{,}2$), com $\alpha = 0{,}005$. Ou seja, se um estudo fosse desenvolvido para fazer encontrá-lo, a pesquisa não teria nenhuma serventia — é praticamente certo de que nada será encontrado, mesmo que exista um efeito real desse tamanho.

Devemos nos preocupar com a potência estatística por dois motivos. Primeiro, caso seja um pesquisador, provavelmente você não quer perder tempo fazendo experimentos sem nenhuma serventia. Conduzir um estudo com baixa potência estatística significa basicamente que existe uma verossimilhança muito baixa de se encontrar um efeito, mesmo que ele exista. Segundo, verifica-se que quaisquer descobertas positivas provenientes de um estudo com baixa potência têm maior probabilidade de serem falsas quando comparadas àqueles com alta potência, ponto que abordaremos com mais detalhes no Capítulo 18.

Análise de Potência

Felizmente, existem ferramentas disponíveis que nos possibilitam determinar a potência estatística de um experimento. O uso mais comum desses recursos ocorre no planejamento dele, quando queremos determinar o tamanho que nossa amostra precisa ter a fim de ter potência suficiente para encontrar nosso efeito de interesse.

Suponha que estamos interessados em conduzir um estudo de como um determinado traço de personalidade difere entre usuários de dispositivos iOS e Android. Nosso plano é coletar dados a partir de dois grupos de indivíduos, medi-los em relação ao traço de personalidade e, em seguida, comparar os dois grupos usando um teste *t*. Nesse caso, podemos considerar que um efeito médio (d = 0,5) é de interesse científico. Por isso, usamos esse nível em nossa análise de potência. A fim de determinar o tamanho da amostra necessária, podemos usar uma função de potência do nosso software estatístico (os comentários foram traduzidos):

```
##
##      Cálculo de potência do teste t de duas amostras
##
##                    n = 64
##                delta = 0.5
##                   sd = 1
##        nível.significância = 0.05
##              potência = 0.8
##           alternativa = dois.lados
##
## OBSERVAÇÃO: n é o número em *cada* grupo
```

Isso indica que precisaríamos de pelo menos 64 pessoas em cada grupo a fim de termos poder suficiente para encontrar um efeito do tamanho médio. É sempre importante executar uma análise de potência antes de iniciar um estudo novo. Assim, garantimos que o estudo não seja inútil devido a uma amostra muito pequena.

Talvez tenha lhe ocorrido que, se o tamanho do efeito for grande o suficiente, a amostra necessária será muito pequena. Por exemplo, se executarmos a mesma análise de potência com um tamanho do efeito de d = 2, veremos que precisaremos apenas de cerca de 5 pessoas em cada grupo a fim de ter potência suficiente para encontrar a diferença.

```
##
##      Cálculo de potência do teste t de duas amostras
##
##                    n = 5.1
##                    d = 2
##        nível.signficância = 0.05
##              potência = 0.8
##           alternativa = dois.lados
##
## OBSERVAÇÃO: n é o número em *cada* grupo
```

No entanto, cientificamente, é raro realizar um experimento cuja expectativa seja encontrar um efeito tão grande — assim como não precisamos de estatísticas para nos informar que jovens de 16 anos têm altura maior do que crianças de 6 anos. Ao executarmos uma análise de potência, precisamos especificar um tamanho do efeito que seja plausível e/ou cientificamente interessante para nosso estudo, o qual normalmente se originaria de pesquisas anteriores. No entanto, no Capítulo 18, abordaremos um fenômeno conhecido como *maldição do vencedor* [winner's curse] que, provavelmente, resulta em publicações científicas com tamanhos do efeito maiores do que o tamanho propriamente dito do efeito. Ou seja, não podemos nos esquecer disso.

Leituras Sugeridas:

- "Robust Misinterpretation of Confidence Intervals", de Rink Hoekstra *et al.* Publicação científica de 2014 na revista *Psychonomic Bulletin & Review* que descreve as muitas maneiras pelas quais os intervalos de confiança são interpretados erroneamente, mesmo por cientistas qualificados.

Problemas

1. Qual das seguintes afirmações é verdadeira em relação aos intervalos de confiança? Escolha todas as opções que se aplicam.
   - Se não existir sobreposição entre os intervalos de confiança de 95% para duas médias, definitivamente existirá uma diferença entre as médias em $p < 0,05$.
   - O intervalo de confiança aumenta à medida que o tamanho da amostra fica maior.
   - O intervalo de confiança de 95% indica a faixa na qual existe 95% de chance de encontrar o parâmetro real da população.
   - O intervalo de confiança de 95% indica o intervalo que capturará o parâmetro real da população 95% das vezes.
2. Um pesquisador calcula um intervalo de confiança que varia de 90 a 110. Qual das seguintes interpretações é a mais adequada para esse intervalo?
   - Existe 95% de chance de que a verdadeira média da população fique entre 90 e 110.
   - Se 100 amostras fossem extraídas da mesma população, o intervalo de confiança capturaria a média da população 95% das vezes.
   - Podemos ter 95% de confiança de que, se usarmos outra amostra, a média ficará entre 90 e 110.
3. Selecione as respostas adequadas da lista para as duas afirmações a seguir: desvio-padrão, erro padrão da média, variância.
   - O d de Cohen envolve dividir por__________.
   - A estatística *t* envolve dividir por__________.
4. Qual das seguintes opções melhor descreve o conceito de potência estatística?
   - A verossimilhança de detectar um efeito verdadeiro quando ele existir
   - A verossimilhança de obter a resposta correta
   - A verossimilhança de não rejeitar a hipótese nula quando ela for falsa
5. Escolha as respostas adequadas para completar as seguintes afirmações a partir destas opções: aumenta, diminui, permanece o mesmo.

- A potência estatística____________à medida que o tamanho da amostra aumenta.
- A potência estatística________à medida que o tamanho do efeito aumenta.
- A potência estatística________à medida que a taxa de erro Tipo I aumenta.

6. A largura de um intervalo de confiança (aumenta, diminui, permanece a mesma) à medida que o tamanho da amostra aumenta.
7. Combine cada tipo de dados a seguir com a medida do tamanho do efeito relevante desta lista: d de Cohen, coeficiente de correlação, razão de chances.
   - Uma diferença entre duas médias
   - Uma relação linear entre duas medidas contínuas
   - Uma diferença entre duas variáveis binárias
8. Quais são os três fatores que podem afetar a potência estatística e como cada um deles afeta a potência?
9. Um pesquisador realiza uma análise de potência com base em um tamanho do efeito de $d = 0,5$. Posteriormente, ele decide que o tamanho real do efeito de interesse é $d = 0,2$. O tamanho da amostra necessária para encontrar esse efeito será menor ou maior que a análise de potência inicial?

11

Estatística Bayesiana

Neste capítulo, exploraremos a abordagem de modelagem e de inferência estatística que diverge daquela de teste estatístico de hipótese nula que vimos no Capítulo 9. Essa metodologia alternativa é conhecida como *estatística bayesiana*, em homenagem ao Reverendo Thomas Bayes, cujo teorema analisamos no Capítulo 6. Neste capítulo, os leitores aprenderão como o teorema de Bayes fornece uma maneira de compreender os dados que resolve muitos dos problemas conceituais relacionados ao teste estatístico de hipótese nula, além de apresentar alguns desafios novos.

Objetivos de Aprendizagem

Após ler este capítulo, você deve ser capaz de:

- Descrever as principais diferenças entre análise bayesiana e teste de hipótese nula.
- Descrever e executar as etapas de uma análise bayesiana.
- Descrever os efeitos de diferentes distribuições a prioris e as considerações que envolvem a escolha de uma priori.
- Descrever a diferença de interpretação entre um intervalo de confiança e um intervalo de credibilidade bayesiano.

Modelos Generativos

Imagine que está caminhando pela rua, e um amigo seu passa direto sem cumprimentá-lo. Provavelmente, você tentará descobrir o motivo: será que ele o viu? Será que ele está chateado com você? Será que, de repente, você está invisível por causa de algum escudo mágico? Uma das ideias básicas que fundamentam a estatística bayesiana é que queremos inferir, com base nos próprios dados, os detalhes sobre a maneira que eles estão sendo gerados. No caso, queremos usar as evidências observadas (ou seja, o fato de seu amigo não ter cumprimentado você) para inferir o processo que as gerou (por exemplo, se ele realmente o viu ou não, como ele se sente em relação a você).

A ideia que embasa um modelo generativo é que um processo *latente* (não aparente) gera os dados os quais observamos, geralmente com uma certa dose de aleatoriedade. Quando usamos uma amostra de dados de uma população e estimamos um parâmetro a partir dessa amostra, basicamente estamos tentando descobrir o valor de uma variável latente (a média da população) a qual, por meio da amostragem, origina os dados observados (a média amostral). A Figura 11.1 ilustra um esquema dessa ideia.

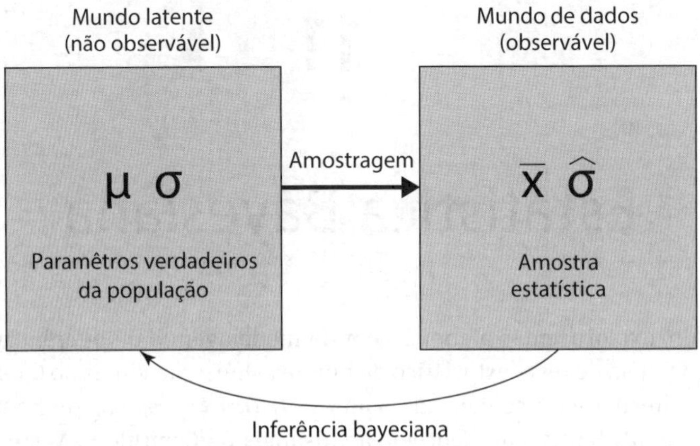

FIGURA 11.1. Um esquema da ideia de um modelo generativo.

Se soubermos o valor da variável latente, será fácil recriar como os dados observados deveriam parecer. Por exemplo, suponha que estamos lançando uma moeda que sabemos ser justa, de modo que esperamos tirar cara em 50% das vezes. Podemos descrevê-la por meio de uma distribuição binomial com um valor de $P_{caras} = 0,5$ e, em seguida, poderíamos gerar amostras aleatórias dessa distribuição a fim de verificarmos como os dados observados deveriam parecer. No entanto, em geral, enfrentamos o cenário oposto: não sabemos o valor da variável latente de interesse, mas temos alguns dados que gostaríamos de usar para estimá-la.

Teorema de Bayes e Inferência Inversa

A estatística bayesiana tem esse nome porque utiliza o teorema de Bayes para fazer inferências a partir de dados pertinentes sobre o processo subjacente que os gerou. Suponha que queremos saber se uma moeda é justa. Para testá-la, nós a lançamos 10 vezes e obtemos 7 caras. Antes desse teste, tínhamos certeza de que *Pcaras* = 0,5, mas obter 7 caras em 10 lançamentos certamente nos faria pensar duas vezes. Já sabemos como calcular a probabilidade condicional de obtermos 7 ou mais caras em 10 lançamentos, no caso de a moeda ser realmente justa ($P(n \geq 7 | p_{caras} = 0,5)$), usando a distribuição binomial.

A probabilidade resultante é de 0,055. Trata-se de um número bem pequeno, mas que não responde exatamente à pergunta que estamos fazendo: ele nos informa sobre a verossimilhança de obter 7 ou mais caras, considerando alguma probabilidade específica de cara. Mas o que queremos saber é a verdadeira probabilidade de obter cara para essa moeda específica. Talvez isso lhe pareça familiar, pois é exatamente a situação em que estávamos com o teste de hipótese nula, o qual nos informava sobre a verossimilhança dos dados, e não sobre a verossimilhança das hipóteses.

Lembre que o teorema de Bayes nos disponibiliza a ferramenta necessária para inverter uma probabilidade condicional:

$$P(H|D) = \frac{P(D|H) * P(H)}{P(D)}$$

Podemos considerar que esse teorema tem quatro partes:

- *A priori* (*P(hipótese)*): qual é o nosso grau de crença sobre a hipótese *H* antes de analisar os dados *D*?
- *Verossimilhança* (*P(dados|hipótese)*): qual é a probabilidade dos dados observados *D*, considerando a hipótese *H*?
- *Verossimilhança marginal* (*P(dados)*): qual é a probabilidade dos dados observados, combinando todas as hipóteses possíveis de acordo com suas prioris?
- *A posteriori* (*P(hipótese|dados)*): qual é a nossa crença atualizada sobre a hipótese *H*, considerando os dados *D*?

No caso do nosso exemplo de lançamento da moeda:

- *A priori* (P_{caras}): qual é o nosso grau de crença sobre a verossimilhança de obter cara, que foi de P_{caras} = 0,5?
- *Verossimilhança* (*P(*7 ou mais caras em 10 lançamentos|P_{caras} = 0,5*)*): qual é a probabilidade de obter 7 ou mais caras em 10 lançamentos se P_{caras} = 0,5?
- *Verossimilhança marginal* (*P(*7 ou mais caras em 10 lançamentos*)*): qual é a probabilidade de observarmos 7 caras em 10 lançamentos de moedas em geral?
- *A posteriori* (P_{caras}|7 ou mais caras em 10 lançamentos de moedas*)*): qual é a nossa crença atualizada sobre P_{caras}, considerando os lançamentos de moedas observados?

Aqui, vemos uma das diferenças fundamentais entre a estatística frequentista (ou probabilística) e a bayesiana. Os estatísticos frequentistas não acreditam na ideia de probabilidade de uma hipótese (ou seja, nosso grau de crença sobre uma hipótese); para eles, uma hipótese ou é verdadeira ou não é. Em outras palavras, para um frequentista, a hipótese é definitiva, e os dados são aleatórios; é por isso que a inferência frequentista se concentra em descrever a probabilidade dos dados, considerando uma hipótese (ou seja, o valor-p). Por outro lado, os bayesianos se sentem à vontade para fazer afirmações de probabilidade sobre dados e hipóteses.

Praticando a Estimativa Bayesiana

No final das contas, queremos usar a estatística bayesiana para tomar decisões a respeito de hipóteses, mas, antes disso, precisamos estimar os parâmetros necessários para a tomada de decisão. Nesta seção, detalharemos as etapas do processo de estimativa bayesiana. Vejamos outro exemplo de triagem: a inspeção de segurança em aeroportos. Nos Estados Unidos, caso você viaje muito de avião, é questão de tempo até que uma das triagens aleatórias de explosivos apresente resultado positivo; tive a experiência lamentável de passar por isso, logo após o 11 de setembro de 2001, quando a equipe de segurança do aeroporto estava especialmente à flor da pele.

O que a equipe de segurança quer saber é a verossimilhança de uma pessoa estar carregando explosivos, considerando que o equipamento apresentou um resultado positivo. Vejamos como calcular esse valor recorrendo à análise bayesiana.

Especificando a Priori

Para usar o Teorema de Bayes, primeiro, é necessário especificar a probabilidade a priori para a hipótese. Nesse caso, não sabemos o número real, mas podemos supor que seja bem pequeno. Segundo a FAA (Federal Aviation Administration [Agência de Administração Federal de Aviação dos Estados Unidos]), 971.595.898 passageiros viajaram de avião nos EUA em 2017. Suponha que um deles estivesse carregando um explosivo em sua mala — seria uma probabilidade a priori de 1 em 971 milhões, o que é muito baixo! Justificadamente, a equipe de segurança pode ter adotado uma priori mais forte nos meses após o ataque de 11 de setembro. Então suponha que sua crença subjetiva fosse de que 1 em cada 1 milhão de passageiros estivesse carregando um explosivo.

Coletando Alguns Dados

Os dados são compostos pelos resultados do teste de triagem de explosivos. Imagine que a equipe de segurança passe a mala pelo equipamento de teste três vezes, e o resultado seja positivo em todas as três vezes.

Calculando a Verossimilhança

Queremos calcular a verossimilhança dos dados, considerando a hipótese de que exista um explosivo na mala. Imagine que sabemos (pelo fabricante do equipamento) que a *sensibilidade* do teste é de 0,99 — ou seja, quando está presente, um dispositivo será detectado 99% das vezes. Para determinar a verossimilhança de nossos dados, considerando a hipótese de que um dispositivo esteja presente, podemos tratar cada teste como um ensaio de Bernoulli (ou seja, um ensaio com um resultado verdadeiro ou falso) e com uma probabilidade de sucesso de 0,99 que podemos modelar usando uma distribuição binomial.

Calculando a Verossimilhança Marginal

Precisamos também saber a verossimilhança geral dos dados — ou seja, encontrar três resultados positivos em três testes —, ponderando cada resultado possível pela sua priori. Em geral, calcular a verossimilhança marginal é um dos aspectos mais difíceis da análise bayesiana, mas, em nosso exemplo, é simples, porque podemos recorrer à forma específica do Teorema de Bayes para um resultado binário, apresentada no Capítulo 6:

$$P(E|T) = \frac{P(T|E) * P(E)}{P(T|E) * P(E) + P(T|\neg E) * P(\neg E)}$$

Em que E se refere à presença de explosivos, e T, a um resultado de teste positivo.

Aqui, a verossimilhança marginal é uma média ponderada da verossimilhança dos dados, considerando a presença ou ausência do explosivo, multiplicada pela probabilidade de o explosivo estar presente (ou seja, a priori) ou ausente (1 – a priori), respectivamente. Nesse caso, suponha que sabemos (pelo fabricante) que a especificidade do teste é de 0,99, de modo que a verossimilhança de um resultado positivo quando não existe explosivo ($P(T|\neg E)$) é de 0,01.

Calculando a Posteriori

Agora temos todas as partes necessárias para calcular a probabilidade a posteriori de um explosivo estar presente, considerando os três resultados positivos observados em três testes. O resultado demonstra que a probabilidade a posteriori de um explosivo estar presente em uma mala, considerando os testes positivos (0,492), é de pouco menos de 50%. Mais uma vez, isso ressalta o fato de que os testes para eventos raros quase sempre são propensos a gerar um número elevado de falsos positivos, mesmo quando a especificidade e a sensibilidade são muito altas. Um aspecto importante da análise bayesiana é que pode ser sequencial. Assim que tivermos a posteriori de uma análise, ela pode se tornar a priori para a próxima análise!

Estimando Distribuições a Posteriori

No exemplo anterior, havia apenas dois resultados possíveis: ou o explosivo estava na mala ou não estava — e queríamos saber qual resultado era mais provável, considerando os dados. Contudo, em outros casos, queremos usar a análise bayesiana para estimar o valor numérico de um parâmetro. Imagine que queremos saber sobre a eficácia de um novo medicamento para a dor; para testá-la, podemos administrar o remédio a um grupo de pacientes e, em seguida, perguntar-lhes se a dor melhorou ou não após tomarem o medicamento. Com esses dados, podemos usar a análise bayesiana a fim de estimar a proporção de pessoas para as quais o medicamento será eficaz.

Especificando a Priori

No caso, como não temos nenhuma informação prévia sobre a efetividade do medicamento, usamos uma *distribuição uniforme* como nossa distribuição a priori, já que todos os valores são igualmente prováveis, considerando uma distribuição uniforme. A fim de simplificar o exemplo, analisamos apenas um subconjunto de 99 valores possíveis de eficácia (de 0,01 a 0,99, em passos de 0,01). Portanto, cada valor possível tem uma probabilidade a priori de 1/99. O uso de valores discretos possíveis simplifica e muito a computação bayesiana, possibilitando-nos evitar o uso de cálculo.

Coletando Alguns Dados

Precisamos de alguns dados para estimar o efeito do medicamento. Suponha que administramos o medicamento a 100 pessoas e descobrimos que 64 responderam positivamente a ele.

Calculando a Verossimilhança

Com a função de densidade binomial, é possível calcular a verossimilhança dos dados observados, considerando qualquer valor específico do parâmetro de eficácia. Na Figura 11.2, podemos ver as curvas de verossimilhança, em relação ao número de participantes que responderam (resposta), para diversos valores diferentes de $P_{resposta}$. Ao analisar essa figura, parece que nossos dados observados são relativamente mais prováveis, considerando a hipótese de $P_{resposta} = 0{,}7$; um pouco menos prováveis, considerando a hipótese de $P_{resposta} = 0{,}5$ e bastante improváveis, considerando a hipótese de $P_{resposta} = 0{,}3$. Um dos conceitos fundamentais da inferência bayesiana é que devemos aumentar o peso de nossa crença nos valores de nosso parâmetro de interesse em proporção à probabilidade dos dados, considerando esses valores; e ponderando-os com o que já sabíamos sobre os valores dos parâmetros antes de observar os dados (nosso conhecimento prévio).

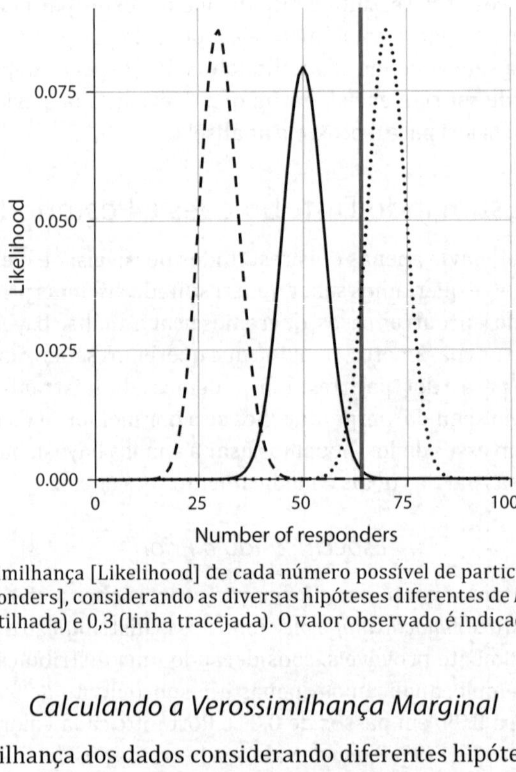

Figura 11.2. Verossimilhança [Likelihood] de cada número possível de participantes que responderam [Number of responders], considerando as diversas hipóteses diferentes de $P_{resposta} = 0{,}5$ (linha contínua); 0,7 (linha pontilhada) e 0,3 (linha tracejada). O valor observado é indicado pela linha vertical.

Calculando a Verossimilhança Marginal

Além da verossimilhança dos dados considerando diferentes hipóteses precisamos saber a verossimilhança geral dos dados combinando todas as hipóteses (ou seja, a verossimilhança marginal). Essa é importante especialmente porque ajuda a garantir que os valores a posteriori sejam probabilidades verdadeiras. No caso, o uso de um conjunto de valores discretos de parâmetros possíveis facilita o cálculo da verossimilhança marginal, pois podemos calcular a verossimilhança de cada valor de parâmetro em cada hipótese e somá-los.

Calculando a Posteriori

Agora temos todas as partes necessárias a fim de calcular a distribuição de probabilidade a posteriori em todos os valores possíveis *de* $p_{resposta}$, conforme mostrado na Figura 11.3.

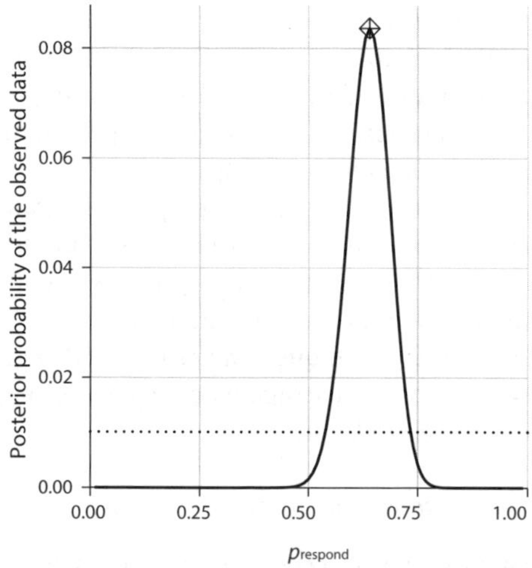

FIGURA 11.3. Distribuição de probabilidade a posteriori para os dados observados [Posterior probability of the observed data] (linha contínua) em relação à distribuição a priori uniforme (linha pontilhada). O valor máximo a posteriori (MAP) é simbolizado pelo diamante.

Estimativa de Probabilidade Máxima a Posteriori (MAP)

Com base em nossos dados, gostaríamos de obter uma estimativa de $p_{resposta}$ para nossa amostra. Uma forma de obtê-la é encontrar o valor de $p_{resposta}$ para o qual a probabilidade a posteriori é a maior, o que chamamos de estimativa de probabilidade *máxima a posteriori* (MAP). Podemos encontrar esse valor a partir dos dados da Figura 11.3 — é aquele indicado com um marcador na parte superior da distribuição. Observe que o resultado (0,64) é simplesmente a proporção de participantes que responderam na nossa amostra — isso ocorre porque a priori era uniforme e, como consequência, não influenciou nossa estimativa.

Intervalos de Credibilidade

Não raro, gostaríamos de saber não apenas uma única estimativa para a posteriori, mas um intervalo em que temos certeza de que ela se encontra. Anteriormente, analisamos o conceito de intervalos de confiança no contexto da inferência frequentista, e você deve lembrar que a interpretação dos intervalos de confiança era bastante complexa: é um intervalo que contém o valor verdadeiro do parâmetro 95% das vezes. O que de fato queremos é um intervalo no qual temos certeza de que o parâmetro verdadeiro se encontra, e a estatística bayesiana pode nos fornecê-lo, é o que chamamos de *intervalo de credibilidade*[1].

[1] Em estatística bayesiana, os termos em inglês *credible interval* e *credibility interval* são usados como sinônimos e referem-se ao mesmo conceito. Ambos descrevem um intervalo de valores para um parâmetro estimado dentro do qual, com base na distribuição a posteriori, acredita-se que o verdadeiro valor do parâmetro tenha uma certa probabilidade pré-especificada. Na versão original, o autor usou *credible interval*, termo traduzido como intervalo de credibilidade, devido ao seu uso comum na língua portuguesa. [N. da T.]

A interpretação desse intervalo de credibilidade está mais próxima do que esperávamos obter a partir de um intervalo de confiança (mas não conseguimos): ela nos informa que há uma probabilidade de 95% de que o valor *de* $p_{resposta}$ esteja entre esses dois valores. Vale salientar que, nesse caso, ela mostra que temos alta confiança de que $p_{resposta} > 0,0$, significando que o medicamento aparentemente tem um efeito positivo.

Em alguns casos, o intervalo de credibilidade pode ser calculado *numericamente* com base em uma distribuição conhecida, porém é mais comum gerá-lo por amostragem a partir da distribuição a posteriori e, em seguida, calcular os quantis das amostras. Isso ajuda bastante quando não temos uma maneira fácil de expressar numericamente a distribuição a posteriori, o que, em geral, é o caso na análise bayesiana de dados reais. Um desses métodos (amostragem por rejeição) é explicado em mais detalhes no apêndice no final deste capítulo.

Efeitos de Diferentes Prioris

No exemplo anterior, usamos uma *priori plana* [flat prior], o que significa que não tínhamos nenhum motivo para acreditar que algum valor específico de $p_{resposta}$ fosse mais ou menos provável. No entanto, suponha que, em vez disso, comecemos com alguns dados anteriores: em um estudo prévio, os pesquisadores testaram 20 pessoas e descobriram que 10 delas responderam positivamente aos medicamentos. Isso nos levaria a começar com uma crença prévia de que o tratamento tem efeito em 50% das pessoas. Podemos efetuar o mesmo cálculo anterior, mas usando as informações de nosso estudo prévio para embasar nossa priori (painel A da Figura 11.4). Observe que a verossimilhança e a verossimilhança marginal não mudaram — somente a priori mudou. Nela, o efeito da mudança foi puxar a posteriori para mais perto da massa da nova priori, que está centrada em 0,5.

Agora, vejamos o que acontece se começarmos a análise com uma crença prévia ainda mais forte. Imagine que, em vez de ter observado anteriormente 10 respostas em 20 pessoas, o estudo anterior tenha testado 500 pessoas e encontrado 250 participantes que responderam ao medicamento. A princípio, isso deve nos fornecer uma distribuição a priori muito mais forte, e, como vemos no painel B da Figura 11.4, é o que acontece: a priori está mais concentrada em torno de 0,5, e a posteriori também está mais próxima da priori. A ideia geral é que a inferência bayesiana combina as informações da priori e da verossimilhança, ponderando a força relativa de cada uma. Esse exemplo também evidencia a natureza sequencial da análise bayesiana — a posteriori de uma análise pode se tornar a priori para a próxima análise.

Por fim, é importante perceber que, se forem fortes o suficiente, as prioris podem sobrecarregar completamente os dados. Suponha que você tenha uma distribuição a priori absoluta de que o $p_{resposta}$ é igual ou superior a 0,8, de modo que defina a verossimilhança de todos os outros valores como 0 considerando a priori. O que acontece se calcularmos a posteriori? No painel C da Figura 11.4, vemos que existe densidade 0 em relação a ela para qualquer um dos valores em que a priori foi definida como 0 — os dados são sobrecarregados pela priori absoluta.

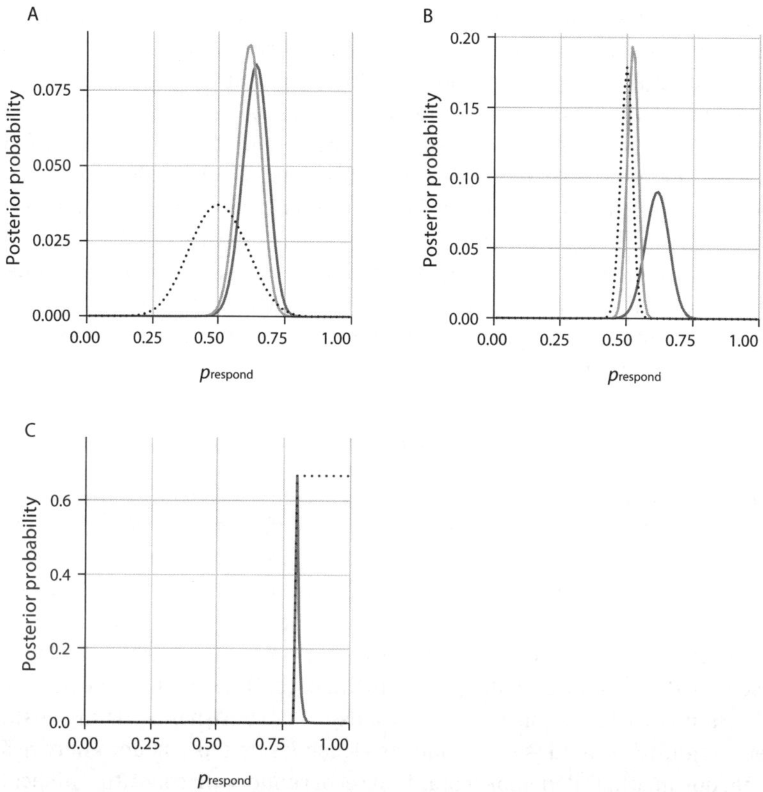

FIGURA 11.4. Efeitos das prioris na distribuição a posteriori. (A) A distribuição a posteriori original [Posterior probability] com base em uma priori plana é representada em cinza-escuro. A priori com base na observação de 10 respostas em um grupo de 20 pessoas é representada pela linha pontilhada, e a posteriori usando essa priori é representada em cinza-claro. (B) Efeitos da força da priori na distribuição a posteriori [Posterior probability]. A linha cinza-escura mostra a posteriori obtida usando a priori com base em 50 respostas em um grupo de 100 pessoas. A linha pontilhada demonstra a priori com base em 250 respostas em um grupo de 500 pessoas, e a linha em cinza-claro mostra a posteriori com base nessa priori. (C) Efeitos da força da priori na distribuição a posteriori [Posterior probability]. A linha cinza-escura mostra a posteriori obtida usando uma priori absoluta, a qual afirma que o $p_{resposta}$ é igual ou superior a 0,8. A priori é mostrada pela linha pontilhada.

Escolhendo uma Priori

O impacto das prioris nas inferências resultantes é o aspecto mais controverso da estatística bayesiana. Qual é a priori certa a se usar? Se a escolha dela determina os resultados (ou seja, a posteriori), como podemos ter certeza de que eles são confiáveis? Apesar de serem perguntas difíceis, não podemos recuar quando somos confrontados por elas. Conforme analisamos anteriormente, as análises bayesianas nos fornecem resultados interpretáveis (por exemplo, intervalos de credibilidade). Só isso já deveria nos inspirar a refletir profundamente sobre essas perguntas, de modo que possamos chegar a resultados razoáveis e interpretáveis.

Podemos escolher as prioris de diversas maneiras, que (como vimos antes) podem impactar as inferências resultantes. Às vezes, temos uma priori muito específica, como no caso em que esperávamos que nossa moeda obtivesse cara 50% das vezes, porém, em muitos outros casos, não temos um ponto de partida tão forte. *Prioris não informativas* tentam influenciar a posteriori resultante o mínimo possível, como vimos no exemplo da priori uniforme anterior. Também é comum usar *prioris fracamente informativas* (ou *prioris padrão*), que influenciam ligeiramente o resultado. Por exemplo, se tivéssemos usado uma distribuição binomial com base na obtenção de 1 cara a cada 2 lançamentos de moedas, a priori teria sido centrada em torno de 0,5, ainda que bastante plana, influenciando ligeiramente a posteriori. Além disso, é possível utilizá-las com base nos estudos científicos ou em dados preexistentes, que chamaríamos de *prioris empíricas*. Em geral, no entanto, vamos nos ater ao uso de prioris não informativas/fracamente informativas, já que suscitam menor preocupação quando se trata de influenciar nossos resultados.

Teste de Hipótese Bayesiana

Como já aprendemos a realizar a estimativa bayesiana, agora focaremos o uso de métodos bayesianos para o teste de hipóteses. Imagine que dois políticos tenham crenças divergentes sobre a opinião dos cidadãos quanto a um imposto adicional para manter os parques nacionais. O senador Smith acredita que apenas 40% das pessoas são a favor do imposto, enquanto o senador Jones acredita que 60% delas são a favor. Os dois organizam uma pesquisa a fim de testar isso, perguntando a opinião de 1000 indivíduos selecionados aleatoriamente quanto ao imposto. Os resultados mostram que 490 pessoas na amostra da pesquisa eram a favor dele. Com base nesses dados, gostaríamos de saber o seguinte: os dados respaldam as alegações de um senador em relação às do outro e em que medida? Podemos testar isso recorrendo a um conceito conhecido como *fator de Bayes*, que quantifica a melhor hipótese comparando a efetividade com que cada uma prediz os dados observados.

Fatores de Bayes

O fator de Bayes caracteriza a verossimilhança relativa dos dados, considerando duas hipóteses diferentes. É definido assim:

$$FB = \frac{p(dados|H_1)}{p(dados|H_2)}$$

Para duas hipóteses H_1 e H_2, supondo que suas probabilidades a priori sejam iguais. No caso de nossos dois senadores, sabemos como calcular, considerando cada hipótese, a verossimilhança dos dados com a distribuição binomial; por ora, suponha que nossa probabilidade a priori de cada senador estar correto seja a mesma ($P_{H_1} = P_{H_2} = 0{,}5$). Inserimos Smith no numerador e Jones no denominador. Desse modo, um valor maior que 1 refletirá maior evidência para Smith, e um valor menor que 1 refletirá maior evidência para Jones. O fator de Bayes resultante (3325,26) fornece uma medida das evidências que os dados fornecem em relação às duas hipóteses — aqui, informa que a hipótese do senador Smith é mais fortemente respaldada pelos dados do que a hipótese do senador Jones.

Fatores de Bayes Para Hipóteses Estatísticas

No exemplo anterior, tínhamos as predições específicas de cada senador, cuja verosimilhança poderíamos quantificar com a distribuição binomial. Além disso, nossa probabilidade a priori para as duas hipóteses era igual. No entanto, na análise de dados reais, normalmente precisamos lidar com a incerteza sobre nossos parâmetros, o que complica o fator de Bayes, pois precisamos calcular a verossimilhança marginal — ou seja, uma média integrada das verossimilhanças considerando todos os parâmetros possíveis do modelo e ponderada por suas probabilidades a priori. Mas, em troca, ganhamos capacidade de quantificar o volume relativo de evidências em favor das hipóteses nula e alternativa.

Suponha que somos uma equipe de pesquisa médica que realiza um ensaio clínico para o tratamento do diabetes e queremos saber se um determinado medicamento reduz a glicemia em comparação com um placebo. Recrutamos um grupo de voluntários, atribuímos todos aleatoriamente ao grupo de medicamentos ou de placebo e medimos a mudança na hemoglobina A1C (um marcador para os níveis de glicemia) em cada grupo durante o período em que o medicamento ou placebo foi administrado. O que queremos saber é: existe uma diferença entre o medicamento e o placebo?

Primeiro, geraremos alguns dados e os analisaremos usando o teste de hipóteses nulas (Figura 11.5). Em seguida, faremos um teste *t* de amostras independentes, que mostra que existe uma diferença significativa entre os grupos:

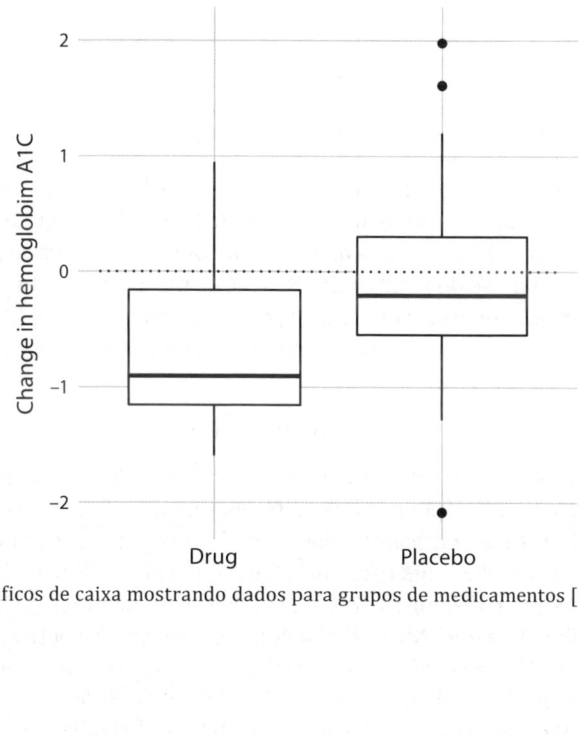

FIGURA 11.5. Gráficos de caixa mostrando dados para grupos de medicamentos [Drug] e de placebo [Placebo].

(Os comentários foram traduzidos):

```
##
## Teste t de duas amostras de Welch
##
## dados: hbchange por grupo
## t = 2, df = 32, valor-p = 0.02
## hipótese alternativa: verdadeira diferença nas médias
## entre o grupo 0 e o grupo 1 é maior que 0

## estimativas de amostra:
## média no grupo 0        média no grupo 1
## -0.082                  -0.650
```

Esse teste informa que existe uma diferença significativa entre os grupos, mas não quantifica a força com que as evidências respaldam as hipóteses nula ou as hipóteses alternativas. Para medir isso, podemos calcular um fator de Bayes usando a função `ttestBF` do pacote BayesFactor do R (os comentários foram traduzidos):

```
## Análise do fator de Bayes
## --------------
## [1] Alt., r=0.707 0<d<Inf         : 3.4 ±0%
## [2] Alt., r=0.707 !(0<d<Inf)      : 0.12 ±0.01%
##
## Em relação ao denominador:
##    Null, mu1-mu2 = 0
## ---
## Tipo do fator de Bayes: BFindepSample, JZS
```

Estamos principalmente interessados no fator de Bayes para um efeito maior que 0, listado na linha marcada `[1]` no relatório. Aqui, ele (3.4) informa que a hipótese alternativa (ou seja, de que a diferença seja maior ou menor que 0) é cerca de três vezes mais provável do que a hipótese do ponto nulo (ou seja, de que haja uma diferença média de exatamente 0) considerando os dados. Assim, embora o efeito seja significativo, a quantidade de evidências que ele nos fornece em favor da hipótese alternativa é bastante fraca.

TESTES UNILATERAIS

Via de regra, estamos menos interessados em testar considerando a hipótese nula de um valor pontual específico (por exemplo, diferença média = 0) do que em testar considerando uma hipótese nula direcional (por exemplo, que a diferença é menor ou igual a 0). Podemos também realizar um teste direcional (ou *unilateral*) usando os resultados a partir da análise `ttestBF`, uma vez que ela fornece dois fatores de Bayes: um para a hipótese alternativa de que a diferença média é maior que 0 e outro para a hipótese alternativa de que a diferença média é menor que 0. Se quisermos avaliar a evidência relativa para um efeito positivo, podemos calcular um fator de Bayes comparando a evidência relativa de um efeito positivo à de um efeito negativo, simplesmente dividindo os dois fatores de Bayes retornados pela função (os comentários foram traduzidos):

```
## Análise do fator de Bayes
## --------------
## [1] Alt., r=0.707 0<d<Inf : 29 ±0.01%
##
## Em relação ao denominador:
##     Alternativa, r = 0.707106781186548, mu =/= 0 !(0<d<Inf)
## ---
## Tipo do fator de Bayes: BFindepSample, JZS
```

Agora, vemos que o fator de Bayes para um efeito positivo é substancialmente maior (quase 30) do que aquele para um efeito negativo.

Interpretando os Fatores de Bayes

Como sabemos se um fator de Bayes de 2 ou de 20 é eficaz ou ineficaz? Existe uma diretriz geral para a interpretação dos fatores de Bayes sugerida por Kass e Raftery (1995):

Fator de Bayes	Força da evidência
1 a 3	Não vale mais do que uma simples menção
3 a 20	Positiva
20 a 150	Forte
>150	Muito forte

Com base nesta tabela, embora o resultado estatístico seja significativo, o volume de evidências em favor da hipótese alternativa em detrimento da hipótese nula pontual é fraco o suficiente para que dificilmente valha a pena mencioná-lo, enquanto as evidências para a hipótese direcional são relativamente fortes.

Avaliando Evidências para a Hipótese Nula

Como compara evidências para duas hipóteses, o fator de Bayes também nos possibilita avaliar se existem evidências a favor da hipótese nula, o que não poderíamos fazer com o teste padrão de hipóteses nulas (porque ele começa com a suposição de que a hipótese nula é verdadeira). Isso pode ajudar muito a determinar se um resultado não significativo fornece fortes evidências de que não existe efeito ou apenas reflete evidências fracas em geral.

Leituras Sugeridas:

- *The Theory That Would Not Die: How Bayes' Rule Cracked the Enigma Code, Hunted Down Russian Submarines, and Emerged Triumphant from Two Centuries of Controversy*, de Sharon Bertsch McGrayne. Uma introdução excepcional às ideias que embasam a estatística bayesiana.
- *Doing Bayesian Data Analysis: A Tutorial Introduction with R*, de John K. Kruschke. Um guia consistente para a prática de análise de dados bayesiana, com exemplos que usam linguagem de programação R.

Problemas

1. Escolha as respostas adequadas para as seguintes afirmações:
   - ▷ Os estatísticos frequentistas (acreditam/não acreditam) na ideia de probabilidade de uma hipótese.
   - ▷ Os bayesianos (acreditam/não acreditam) na ideia de probabilidade de uma hipótese.
2. Combine cada afirmação a seguir com uma destas duas opções: de uma hipótese, considerando os dados observados; dos dados observados, considerando a hipótese nula:
   - ▷ A estatística frequentista se concentra em estimar a probabilidade ________________.
   - ▷ A estatística bayesiana se concentra em estimar a probabilidade de ________________.
3. Um estudo de pesquisa compara um novo tratamento para a doença de Alzheimer e um placebo, relatando um fator de Bayes de 2,8 para o efeito do tratamento.
   - ▷ Primeiro, explique com suas palavras o que é um fator de Bayes.
   - ▷ Segundo, explique como você interpretaria o valor específico do fator de Bayes relatado para esse estudo.
4. O que pode acontecer se distribuição a priori for forte o suficiente?
   - ▷ Pode sobrecarregar os dados.
   - ▷ Faz com que o resultado seja idêntico a uma análise frequentista.
   - ▷ Faz com que a estimativa bayesiana falhe.
5. Quais das seguintes opções são diferenças importantes entre as análises bayesiana e frequentista? Escolha todas as opções que se aplicam.
   - ▷ A análise bayesiana possibilita quantificar evidências a favor ou contra a hipótese nula.
   - ▷ A análise bayesiana pode ser enviesada por distribuições a priori subjetivas.
   - ▷ A análise bayesiana estima a verossimilhança dos dados, considerando a hipótese específica.
   - ▷ A análise bayesiana possibilita determinar se um resultado não significativo reflete um resultado verdadeiramente negativo ou evidência insuficiente.
6. Como a inferência bayesiana pode ser considerada uma forma de aprendizagem?

Apêndice

Amostragem por Rejeição

É possível gerar amostras a partir de nossa distribuição a posteriori usando um algoritmo simples conhecido como *amostragem por rejeição*. A ideia é escolher um valor aleatório de x (neste caso, $p_{resposta}$) e um valor aleatório de y (neste caso, a probabilidade a posteriori de $p_{resposta}$), cada um a partir de uma distribuição uniforme. Apenas aceitamos a amostra se $y < f(x)$ — nesse caso, se o valor selecionado aleatoriamente de y for menor que a probabilidade a posteriori real de y. A Figura 11.6 ilustra um exemplo de um histograma de amostras usando amostragem por rejeição, com intervalo credibilidade de 95% obtido com esse método (com os valores apresentados na Tabela 11.1).

Tabela 11.1. Intervalo de Credibilidade Obtido Para o Exemplo de Medicamento Para Dor Usando Amostragem por Rejeição

Percentil	Valor de x
2.5%	0.54
97.5%	0.73

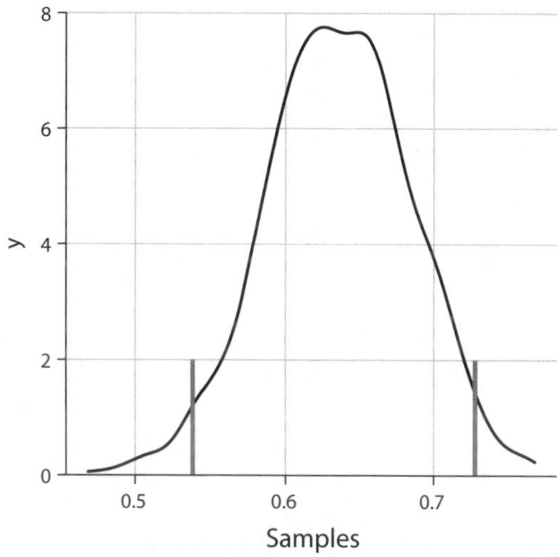

Figura 11.6. Exemplo de amostragem por rejeição [Samples]. A curva demonstra a densidade de todos os valores possíveis de $p_{resposta}$; as linhas verticais mostram os percentis 2,5 e 97,5 da distribuição, que representam o intervalo de credibilidade de 95% para a estimativa de $p_{resposta}$.

12

Modelagem de Relacionamentos Categóricos

Até agora, abordamos os conceitos gerais de modelagem estatística e teste de hipóteses e os aplicamos a algumas análises simples; nos próximos capítulos, mudaremos o foco para a questão de como modelar e testar tipos específicos de relacionamentos em nossos dados. Neste capítulo, focamos a modelagem de relacionamentos *categóricos*, ou seja, relações entre variáveis que são medidas qualitativamente. De modo geral, os dados são expressos em termos de contagens; ou seja, para cada valor da variável (ou combinação de valores de múltiplas variáveis), quantas observações assumem esse valor? Por exemplo, quando contamos quantas pessoas de cada área de especialização estão em nossa turma, estamos ajustando um modelo categórico aos dados.

Objetivos de Aprendizagem

Após ler este capítulo, você deve ser capaz de:

- Descrever o conceito de tabela de contingência para dados categóricos.
- Descrever o conceito de teste de qui-quadrado para associação e calculá-lo para uma determinada tabela de contingência.
- Descrever o paradoxo de Simpson e por que ele é importante para a análise de dados categóricos.

Cores Pastéis: Um Exemplo

Imagine que eu tenha comprado um pacote sortido com 100 doces, rotulado como contendo 1/3 de chocolates, 1/3 de doces de alcaçuz e 1/3 de chicletes. Ao contar os doces do pacote, obtive os seguintes números: 30 chocolates, 33 doces de alcaçuz e 37 chicletes. Como gosto mais de chocolate do que alcaçuz ou chiclete, sinto-me um pouco enganado; no entanto, sei que as máquinas de separação de doces têm uma pequena margem de erro e gostaria de saber se isso foi somente um acidente fortuito. Para responder a essa pergunta, preciso saber o seguinte: qual é a verossimilhança de a contagem gerar esse resultado se a verdadeira probabilidade de cada tipo de doce for a proporção média de 1/3 cada?

O Teste de Qui-Quadrado

O teste de qui-quadrado nos fornece uma forma de testar se um conjunto de contagens observadas diverge a partir de alguns valores específicos e esperados que definem a hipótese nula:

$$\chi^2 = \sum_i \frac{(observada_i - esperado_i)^2}{esperado_i}$$

No caso de nosso exemplo de doces, a hipótese nula é que a proporção de cada tipo de doce seja igual. A fim de calcular a estatística do qui-quadrado, primeiro, é necessário definir nossas contagens esperadas considerando a hipótese nula: como ela elenca que todas as proporções são iguais, a contagem total é dividida entre as três categorias de doces (conforme mostrado na tabela 12.1). Lembre que você pode visualizar o código que gerou a tabela a seguir em `https://press.princeton.edu/isbn/9780691218441`, na seção Resources. Em seguida, obtemos a diferença entre cada contagem e sua expectativa considerando a hipótese nula, nós as elevamos ao quadrado, dividimos pelo valor esperado considerando a hipótese nula e somamos tudo para obter a estatística do qui-quadrado.

Tabela 12.1. Contagens Observadas, Expectativas Considerando a Hipótese Nula e Diferenças Elevadas ao Quadrado nos Dados sobre Doces

Tipo de doce	Contagem	Expectativa nula	Diferença ao quadrado
Chocolate	30	33	11.11
Alcaçuz	33	33	0.11
Chiclete	37	33	13.44

A estatística do qui-quadrado para esta análise chega a 0,74, o que por si só não é interpretável uma vez que depende do número de diferentes valores que foram somados. No entanto, podemos aproveitar o fato de que a estatística do qui-quadrado é distribuída de acordo com uma distribuição específica considerando a hipótese nula, conhecida como *distribuição qui-quadrado* (ou distribuição qui-quadrática). Essa distribuição é definida como a soma dos quadrados de um conjunto de variáveis aleatórias normais padrão; ela tem um número de graus de liberdade igual ao número de variáveis sendo somadas. A forma da distribuição depende do número de graus de liberdade. O painel A da Figura 12.1 mostra exemplos da distribuição para vários graus diferentes de liberdade.

Usando a simulação, comprovaremos se a distribuição qui-quadrado descreve com acurácia a soma dos quadrados de um conjunto de variáveis aleatórias normais padrão. Para fazer esse cálculo, geramos repetidamente conjuntos com 8 números aleatórios e somamos cada conjunto após elevar cada valor ao quadrado. O painel B da Figura 12.1 demonstra que a distribuição teórica coincide estreitamente com os resultados de uma simulação a qual repetidamente somou os quadrados de um conjunto de variáveis normais aleatórias.

Para nosso exemplo de doces, podemos calcular a verossimilhança de nosso valor observado de qui-quadrado igual ou superior a 0,74, considerando a hipótese nula de igual frequência em todos os doces. Usamos uma distribuição qui-quadrado com graus de liberdade iguais a $k - 1$ (em que k = o número de categorias), pois perdemos um grau de liberdade quando calculamos a média para gerar os valores esperados. O valor-p resultante ($P(\chi^2 > 0{,}74) = 0{,}691$) mostra que as contagens observadas de doces não são tão surpreendentes com base nas proporções rotuladas no seus pacotes. Ou seja, reteríamos a hipótese nula de proporções iguais.

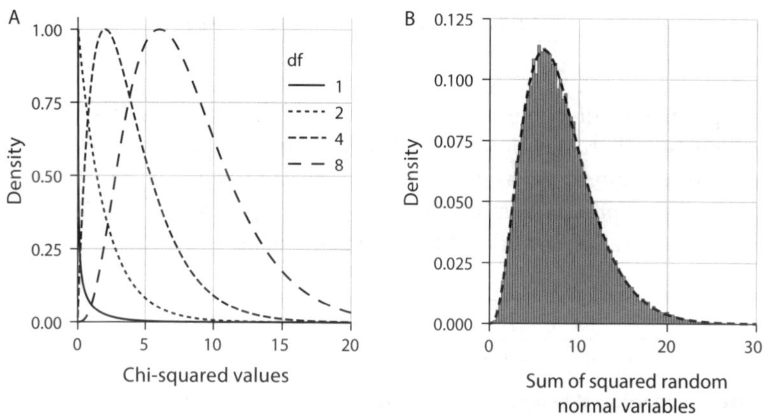

FIGURA 12.1. (A) Exemplos da distribuição qui-quadrado [Chi-squared values] para vários graus de liberdade. (B) Simulação da soma de variáveis normais aleatórias ao quadrado [Sum of squared random normal variables]. O histograma é baseado na soma dos quadrados de 50.000 conjuntos com 8 variáveis normais aleatórias; a linha pontilhada ilustra os valores da distribuição teórica qui-quadrado com 8 graus de liberdade.

Tabelas de Contingência e Teste Bidirecional (Two-ways)

Outra maneira comum de usar o teste de qui-quadrado é perguntar se duas variáveis categóricas estão relacionadas entre si. Vejamos um exemplo mais realista: o problema de saber se um motorista negro tem maior probabilidade de ser revistado pela polícia em comparação com um motorista branco. O Stanford Open Policing Project (`https://openpolicing.stanford.edu/`) tem estudado esse problema e fornece dados que podemos usar para analisá-lo. Utilizamos os dados do estado de Connecticut, pois é um estado relativamente pequeno e, portanto, mais fácil de analisar.

A maneira padrão de representar dados de uma análise categórica é por meio de uma *tabela de contingência*, a qual apresenta o número ou a proporção de observações que se enquadram em cada combinação possível de valores para cada uma das variáveis. A Tabela 12.2 é a tabela de contingência para os dados sobre abordagem policial. Pode também ser útil observá-la usando proporções em vez de números brutos, pois elas são mais fáceis de comparar visualmente; por isso, incluímos aqui números absolutos e relativos. O teste de qui-quadrado nos possibilita testar se as frequências observadas são diferentes das frequências esperadas. Assim, precisamos determinar quais frequências esperaríamos em cada célula se as abordagens policiais e a cor da pele não estivessem relacionadas — o que significa que são *estatisticamente independentes*. Lembre-se do Capítulo 6, no qual, se *X* e *Y* são independentes, logo:

$$P(X \cap Y) = P(X) * P(Y)$$

Tabela 12.2. Tabela de Contingência para Dados sobre Abordagem Policial

Abordagem policial	Negros	Brancos	Negros (proporcional)	Brancos (proporcional)
Falso	36,244	239,241	0.130	0.855
Verdadeiro	1219	3108	0.004	0.011

Ou seja, a probabilidade conjunta considerando a hipótese nula de independência é simplesmente o produto das probabilidades *marginais* de cada variável individual. As probabilidades marginais são as probabilidades de cada evento ocorrer independentemente de outros eventos. Podemos calculá-las e, em seguida, multiplicá-las para obter as proporções esperadas, considerando a independência.

	Negros	Brancos	
Não sofreram abordagem policial	P(NS) * P(B)	P(NS) * P(W)	P(NS)
Sofreram abordagem policial	P(S) * P(B)	P(S) * P(W)	P(S)
	P(B)	P(W)	

Em seguida, calculamos a estatística do qui-quadrado, que resulta em 828,3. Para calcular um valor-p, precisamos compará-lo com a distribuição qui-quadrado nula, a fim de determinar o quanto nosso valor qui-quadrado é extremo em comparação com nossa expectativa, considerando a hipótese nula. Os graus de liberdade para essa distribuição são $df = (\text{nLinhas} - 1) * (\text{nColunas} - 1)$ — assim, para uma tabela 2 × 2 como essa, $df = (2 - 1) * (2 - 1) = 1$. Aqui, a intuição é que calcular as frequências esperadas exija o uso de três valores: o número total de observações e a probabilidade marginal para cada uma das duas variáveis. Desse modo, após esses valores serem calculados, há apenas um número que pode variar à vontade, e, como consequência, temos 1 grau de liberdade. Levando isso em conta, podemos calcular o valor-p para a estatística do qui-quadrado, o qual é o mais próximo de 0 que podemos obter: $3{,}79 * 10^{-182}$. Isso demonstra que os dados observados seriam altamente improváveis se não existisse nenhuma relação entre cor de pele e abordagens policiais. Portanto, devemos rejeitar a hipótese nula de independência.

Podemos também fazer esse teste facilmente com nosso software estatístico (os comentários foram traduzidos):

```
##
## Teste qui-quadrado de Pearson
##
## dados: summaryDf2wayTable e 1
## X-quadrado = 828, df = 1, valor-p <2e-16
```

Resíduos Padronizados

Quando identificamos um efeito significativo com o teste de qui-quadrado, isso nos indica que os dados são improváveis considerando a hipótese nula, mas não nos informa *como* eles diferem. Para obter insights mais aprofundados de como os dados diferem do que esperaríamos considerando hipótese nula, podemos examinar os resíduos do modelo, que retratam o desvio dos dados (ou seja, das frequências observadas) em relação ao modelo (ou seja, às frequências esperadas) em cada célula. Em vez de analisar os resíduos brutos (que dependem do número de observações nos dados), é mais comum analisar os *resíduos padronizados*, calculados assim:

$$resíduos\ padronizados_{ij} = \frac{observadas_{ij} - esperadas_{ij}}{\sqrt{esperadas_{ij}}}$$

Em que i e j são os índices para as linhas e colunas, respectivamente.

A Tabela 12.3 apresenta os resíduos para os dados sobre abordagem policial. Esses resíduos padronizados podem ser interpretados como *Z*-scores — nesse caso, vemos que o número de abordagens de pessoas negras é substancialmente maior do que o esperado com base na independência, e o número de abordagens de pessoas brancas é substancialmente menor do que o esperado. Isso nos fornece o contexto necessário para interpretar o resultado significativo do qui-quadrado.

Tabela 12.3. Resumo dos Resíduos Padronizados para Dados sobre Abordagem Policial

Abordagem policial	Cor de pele do motorista	Resíduos padronizados
Falso	Negro	−3.3
Verdadeiro	Negro	26.6
Falso	Branco	1.3
Verdadeiro	Branco	−10.4

Razão de Chances

Além disso, podemos representar a verossimilhança relativa de diferentes resultados na tabela de contingência com a *razão de chance*, que apresentamos anteriormente, para melhor compreender a magnitude do efeito. Primeiro, representaremos a chance de sofrer abordagem policial para cada cor de pele; depois, calcularemos a razão entre elas:

$$chances_{abordagem|Negros} = \frac{N_{sofreu\ abordagem \cap Negros}}{N_{não\ sofreu\ abordagem \cap Negros}} = \frac{1219}{36,244} = 0.034$$

$$chances_{abordagem|Brancos} = \frac{N_{sofreu\ abordagem \cap Brancos}}{N_{não\ sofreu\ abordagem \cap Brancos}} = \frac{3108}{23,9241} = 0.013$$

$$\text{razão de chances} = \frac{chances_{abordagem|Negros}}{chances_{abordagem|Brancos}} = 2.59$$

A razão de chance mostra que, de acordo com esse conjunto de dados, a chance de um motorista negro ser abordado pela polícia é 2,59 vezes maior do que a de um motorista branco.

Fator de Bayes

Analisamos os fatores de Bayes no Capítulo 11 — o leitor deve lembrar que eles representam a razão de verossimilhança dos dados em cada uma das duas hipóteses:

$$K = \frac{P(dados|H_A)}{P(dados|H_0)} = \frac{P(H_A|dados) * P(H_A)}{P(H_0|dados) * P(H_0)}$$

Podemos calcular o fator de Bayes para os dados sobre abordagem policial com nosso software estatístico (os comentários foram traduzidos):

```
## Análise do fator de Bayes
## ------------
## [1] Não independente. (a=1) : 1.8e+142 ±0%
##
## Em relação ao denominador:
##     Nula, independência, a = 1
## ---
##  Tipo   do   fator   de   Bayes:   BFcontingencyTable,   multinomial
## independente
```

Nesse conjunto de dados, isso demonstra que a evidência a favor de uma relação entre a cor do motorista e as abordagens policiais é extremamente forte — $1,8 * 10^{142}$ é o mais próximo do infinito que podemos imaginar nas estatísticas.

Análise Categórica além da Tabela 2 × 2

A análise categórica também pode ser aplicada a tabelas de contingência com mais de duas categorias para cada variável. Por exemplo, vejamos o conjunto de dados do NHANES e a variável *Depressed*, que denota o "número autorreferido de dias em que o participante se sentiu triste, deprimido ou sem esperança". As respostas foram traduzidas e são registradas como "nenhum", "vários" ou "a maioria". Agora, testaremos se essa variável está relacionada à variável *SleepTrouble*, a qual indica se o indivíduo relatou problemas de sono a um médico.

TABELA 12.4. Relação entre Depressão e Problemas do Sono no Conjunto de Dados do NHANES

Variável *Depressed*	Não tem problemas de sono	Variável *SleepTrouble*
Nenhum	2614	676
Vários	418	249
A maioria	138	145

Basta observar os dados (Tabela 12.4) para percebermos que provavelmente existe uma relação entre as duas variáveis; é notável que, enquanto o número total de pessoas com problemas de sono é menor do que o daquelas sem problemas de sono, entre os indivíduos que relatam estar deprimidos "a maioria" dos dias, o número que sofre problemas de sono é maior do que o número que não sofre. Podemos quantificar isso diretamente com o teste de qui-quadrado (os comentários foram traduzidos):

```
##
## Teste qui-quadrado de Pearson
##
## dados: depressedSleepTroubleTable
## X-quadrado = 191, df = 2, valor-p <2e-16
```

Esse teste mostra que existe uma forte relação entre depressão e problemas de sono. Podemos também calcular o fator de Bayes para quantificar a força das evidências em favor da hipótese alternativa:

```
##  Análise do fator de Bayes
## ------------
## [1] Não independente. (a=1) : 1.8e+35 ±0%
##
## Em relação ao denominador:
##     Nula, independência, a = 1
## ---
## Tipo do fator de Bayes: BFcontingencyTable, multinomial conjunta
```

Aqui, observamos que o fator de Bayes é muito grande ($1,8 * 10^{35}$), mostrando que as evidências a favor de uma relação entre depressão e problemas de sono são bem fortes.

Fique Atento ao Paradoxo de Simpson

As tabelas de contingência apresentadas anteriormente representam resumos de um grande número de observações, mas os resumos podem, por vezes, induzir ao erro. Vejamos um exemplo do beisebol. A tabela a seguir mostra os dados de rebatidas (acertos/at-bats [vez ao bastão] e média de rebatidas) de Derek Jeter e de David Justice ao longo dos anos 1995/1997:

Jogador	1995		1996		1997		Combinado	
Jeter	12/48	.250	183/582	.314	190/654	.291	385/1284	**.300**
Justice	104/411	**.253**	45/140	**.321**	163/495	**.329**	312/1046	.298

Caso observe atentamente, verá que algo estranho está acontecendo: individualmente, em cada ano, Justice teve uma média de rebatidas mais alta do que Jeter, mas, quando combinamos os dados de todos os 3 anos, a média de Jeter é bem maior do que a de Justice! Trata-se do exemplo de um fenômeno conhecido como *paradoxo de Simpson*, em que um padrão presente em um conjunto combinado de dados pode não estar presente em nenhum dos subconjuntos dos dados. Isso ocorre quando existe outra variável que pode estar mudando nos diferentes subconjuntos — nesse caso, o número de at-bats varia ao longo dos anos, já que Justice tem muitas rebatidas em 1995 (quando as médias de rebatidas eram baixas). Chamamos isso de *variável oculta* [lurking variable], sendo importante estar atento a essas variáveis sempre que examinarmos dados categóricos.

Leituras Sugeridas:

- "Simpson 's Paradox in Psychological Science: A Practical Guide," de R. A. Kievit *et al.* Artigo acadêmico, publicado na revista *Frontiers in Psychology em* 2013, que descreve as maneiras pelas quais o paradoxo de Simpson pode ocorrer em dados reais.

Problemas

1. Qual das afirmações a seguir melhor descreve o objetivo do teste de qui-quadrado?
    - Comparação de médias entre diversos grupos
    - Comparação de contagens observadas e esperadas
    - Comparação de uma variável contínua com a distribuição normal
    - Comparação de duas variáveis contínuas
2. Como a distribuição qui-quadrado é definida e como os graus de liberdade são determinados?
3. Uma pesquisa identifica 100 pessoas com filhos e 100 sem filhos, perguntando a cada uma delas se são a favor de uma proposta de plebiscito para a taxação de impostos mais altos a fim de ajudar financeiramente as escolas públicas. Constata-se que, das pessoas com filhos, 83 são a favor da proposta, enquanto que, das pessoas sem filhos, 67 são a favor.
    - Crie uma tabela de contingência com base nestes resultados.
    - Quais são os valores esperados para a tabela de contingência se o apoio à iniciativa for independente de a pessoa ter filhos?
    - Realize um teste de qui-quadrado para avaliar a hipótese nula de independência.
    - Como você interpreta o resultado desse teste?

4. Por que o teste de qui-quadrado para independência em uma tabela de contingência bidirecional tem apenas 1 grau de liberdade?
5. Como o resíduo padronizado é útil para interpretar o resultado de um teste de qui-quadrado?
6. Usando os números da questão 3, calcule os resíduos padronizados e explique como eles fundamentam sua interpretação do resultado.
7. Uma análise das admissões em uma universidade mostra que, no geral, mais mulheres foram admitidas do que homens, mas, quando cada departamento é examinado separadamente, mais homens foram admitidos do que mulheres. Trata-se de um exemplo de qual fenômeno?
   - Erro tipo II
   - Lei dos Pequenos Números
   - Reverter a relação de causa e efeito
   - Paradoxo de Simpson
8. Suponha que eu seja proprietário de uma cafeteria e gostaria de testar se o número de clientes que frequentam meu estabelecimento varia durante a semana. Conto o número de clientes por dia durante seis semanas e obtenho os seguintes valores:

   Segunda-feira: 127; terça-feira: 129; quarta-feira: 125; quinta-feira: 136; sexta-feira: 161
   - Calcule a estatística do qui-quadrado para testar a hipótese nula de que o número de clientes é igual em todos os dias.
   - Com base no resultado deste teste, existe uma diferença significativa entre os dias (em $p < 0,05$)?

13

Modelagem de Relações Contínuas

A maioria das pessoas conhece a ideia de *correlação* e, neste capítulo, apresentaremos uma compreensão mais formal desse conceito normalmente usado e incompreendido.

Objetivos de Aprendizagem

Após ler este capítulo, você deve ser capaz de:

- Descrever o conceito de coeficiente de correlação e sua interpretação.
- Calcular a correlação entre duas variáveis contínuas.
- Descrever o efeito de pontos de dados com outliers e como abordá-los.
- Descrever as possíveis influências causais que podem originar uma correlação observada.

Crimes de Ódio e Desigualdade de Renda: Um Exemplo

Em 2017, o site `fivethirtyeight.com` publicou uma matéria chamada "Higher Rates of Hate Crimes Are Tied to Income Inequality [Taxas Mais Altas de Crimes de Ódio Estão Relacionadas à Desigualdade de Renda]", que explorava a relação entre a prevalência de crimes de ódio e a desigualdade de renda após a eleição presidencial de 2016 nos Estados Unidos. A matéria apresentava uma análise de dados sobre crimes de ódio, feita pelo FBI e pelo Southern Poverty Law Center, a partir da qual relatava o seguinte:

> Constatamos que a desigualdade de renda foi o fator determinante mais significativo dos crimes e incidentes de ódio, ponderados pela população dos Estados Unidos. (Majumder, 2017)

Os dados para essa análise estão disponíveis como parte do pacote `fivethirtyeight` do software estatístico R, o que facilita o acesso. A análise apresentada na matéria focava a relação entre a desigualdade de renda (definida por uma medida chamada *índice de Gini* ou coeficiente de Gini — confira o apêndice deste capítulo para mais detalhes) e a prevalência de crimes de ódio em cada estado. Essa relação é mostrada na Figura 13.1. Analisando os dados, parece possível existir uma relação positiva entre as duas variáveis. Como podemos quantificá-la?

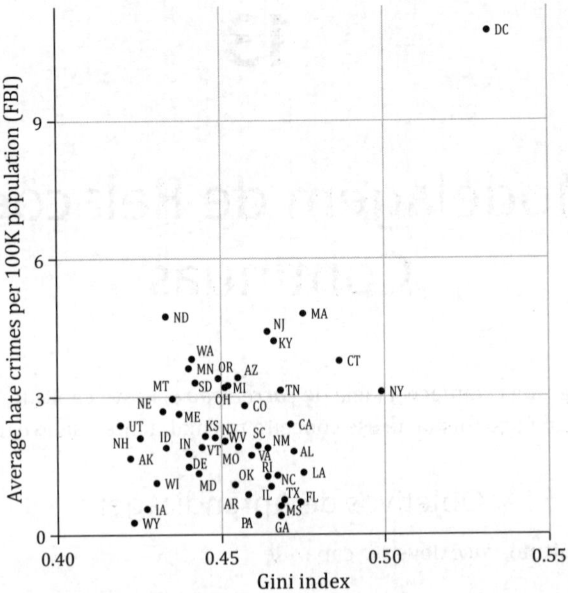

Figura 13.1. Gráfico do FBI das taxas médias de crimes de ódio por 100 mil habitantes [Average hate crimes per 100K population (FBI)] em relação ao índice de Gini [Gini index].

Covariância e Correlação

Uma maneira de quantificar a relação entre duas variáveis é a *covariância*. Lembre que a variância amostral para uma única variável é calculada como a diferença quadrática média entre cada ponto de dados e a média, dividida pelo tamanho da amostra menos 1:

$$s^2 = \frac{\sum_{i=1}^{n}(x_i - \bar{x})^2}{N - 1}$$

Isso nos informa, em unidades ao quadrado, o quanto cada observação está, em geral, distante da média. A covariância indica se existe uma relação entre os desvios de duas variáveis diferentes ao longo das observações. Ela é definida assim:

$$covariância = \frac{\sum_{i=1}^{n}(x_i - \bar{x})(y_i - \bar{y})}{N - 1}$$

Esse valor se afasta significativamente de 0 quando os pontos de dados individuais se desviam de maneira similar de suas respectivas médias nas duas variáveis; caso esses pontos se desviem na mesma direção, a covariância é positiva; caso se desviem em direções opostas, a covariância é negativa. Vejamos um exemplo ilustrativo primeiro. Os dados são mostrados na Tabela 13.1 com seus desvios individuais a partir da média e de seus produtos cruzados.

TABELA 13.1. Dados para o Exemplo Ilustrativo de Covariância

x	y	**desvio-y**	**desvio-x**	**Produto cruzado**
3	5	- 3.6	- 4.6	16.56
5	4	- 4.6	- 2.6	11.96
8	7	- 1.6	0.4	- 0.64
10	10	1.4	2.4	3.36
12	17	8.4	4.4	36.96

A covariância é simplesmente a média dos produtos cruzados, nesse caso é de 17,05. Normalmente, não a usamos para descrever as relações entre as variáveis, porque ela varia conforme o nível geral de variância nos dados. Ao contrário, em geral, usaríamos o *coeficiente de correlação*. A correlação é calculada escalando a covariância pelos desvios-padrão das duas variáveis:

$$r = \frac{covariância}{s_x s_y} = \frac{\sum_{i=1}^{n}(x_i - \bar{x})(y_i - \bar{y})}{(N-1)s_x s_y}$$

No exemplo ilustrativo da Tabela 13.1, o valor é de 0,89. O coeficiente de correlação é útil porque varia entre –1 e 1, independentemente da natureza dos dados, sendo facilmente interpretável — na verdade, já o tínhamos visto quando analisamos os tamanhos dos efeitos no Capítulo 10. Conforme analisado, uma correlação de 1 indica uma relação linear perfeita, uma correlação de –1 indica uma relação negativa perfeita e uma correlação de 0 indica nenhuma relação linear.

Teste de Hipótese para Correlações

Aparentemente, o valor de correlação de 0,42 entre crimes de ódio e desigualdade de renda indica uma relação razoavelmente forte entre ambos. Mas precisamos considerar que ela também pode ocorrer por coincidência, mesmo não existindo relação alguma. Podemos testar a hipótese nula de que a correlação é 0 usando uma equação simples que nos possibilita converter um valor de correlação em uma estatística t:

$$t_r = \frac{r\sqrt{N-2}}{\sqrt{1-r^2}}$$

Segundo a hipótese nula H_0: $r = 0$, essa estatística é distribuída como uma distribuição t com $N - 2$ graus de liberdade. Podemos calcular isso com nosso software estatístico (os comentários foram traduzidos):

```
##
## Correlação produto-momento de Pearson
##
## dados: avg_hatecrimes_per_100k_fbi e gini_index
```

```
## t = 3, df = 48, valor-p = 0.002
## hipótese alternativa: correlação verdadeira não é igual a 0
## Intervalo de confiança de 95%:
## 0.16 0.63
## estimativas de amostra:
## cor
## 0.42
```

O teste mostra que a verossimilhança de um valor *r* tão extremo ou mais é bastante baixa, considerando a hipótese nula. Então rejeitaríamos a hipótese nula de $r = 0$. É importante ressaltar que esse teste supõe que ambas as variáveis sejam normalmente distribuídas. É importante também observar que o intervalo de confiança para a correlação é bastante amplo (de 0,16 a 0,63), mostrando que os dados são consistentes com uma ampla faixa de possíveis valores de correlação.

Poderíamos também fazer um teste por meio de randomização, embaralhando repetidas vezes os valores de uma das variáveis e calculando o coeficiente de correlação; assim, poderíamos comparar nosso valor de correlação observado com essa distribuição nula a fim de determinar a probabilidade de nosso valor observado considerando a hipótese nula. Os resultados são mostrados na Figura 13.2. O valor-p calculado com randomização é razoavelmente semelhante à resposta fornecida pelo teste *t*. Além disso, poderíamos usar a inferência bayesiana para estimar a correlação; confira o apêndice deste capítulo para saber mais detalhes.

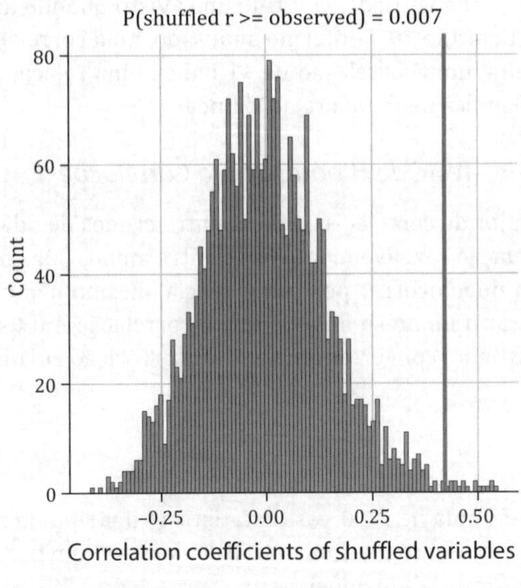

FIGURA 13.2. Histograma dos valores dos coeficientes de correlação, considerando a hipótese nula, obtidos por meio do embaralhamento dos valores [Correlation coefficients of shuffled variables]. O valor observado é denotado pela linha vertical.

Outliers e Correlações Robustas

Talvez você tenha percebido algo um pouco estranho na Figura 13.1 — um dos pontos de dados (o do Distrito de Columbia) parece ser bastante separado dos outros. Chamamos isso de *outliers*, e o coeficiente de correlação é muito sensível a eles. Por exemplo, na Figura 13.3, podemos ver como um único ponto outlier de dados pode causar um valor de correlação positiva muito alto, mesmo quando a relação real entre os outros pontos de dados é perfeitamente negativa.

Uma forma de lidar com os outliers é calcular a correlação com base no ranqueamento de dados após ordená-los, não a partir dos próprios valores; isso é conhecido como *correlação de Spearman*. Considerando que o coeficiente de correlação para o exemplo da Figura 13.3 é de 0,83, a correlação de Spearman é de −0.45. Isso demostra que a correlação com base no ranqueamento reduz o efeito do outlier e retrata a relação negativa entre a maioria dos pontos de dados.

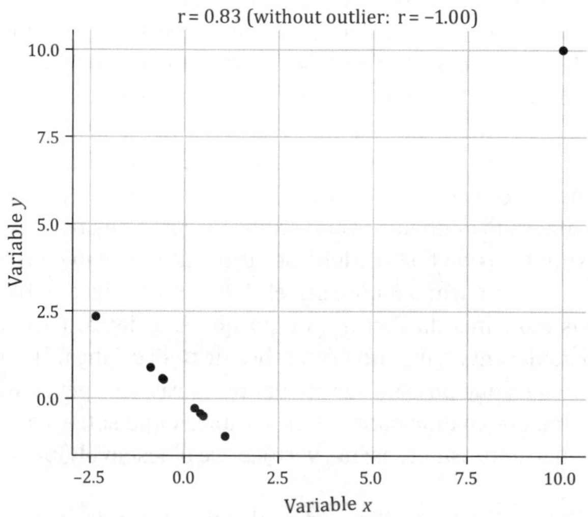

Figura 13.3. Um exemplo simulado dos efeitos de outliers na correlação. Sem eles, o restante dos pontos de dados tem uma correlação negativa perfeita, mas um único outlier altera o valor de correlação para altamente positivo. Aqui, Variable *x* significa Variável *x* e Variable *y* significa Variável *y*.

Também podemos calcular a correlação de ranqueamento nos dados de crimes de ódio da seguinte forma (os comentários foram traduzidos):

```
##
## O coeficiente de correlação de postos de Spearman (rho)
##
## dados: avg_hatecrimes_per_100k_fbi e gini_index
## S = 20146, valor-p = 0.8
## hipótese alternativa: o verdadeiro rho não é igual a 0
## estimativas de amostra:
##     rho
## 0.033
```

Agora, vemos que a correlação não é mais significativa (e, de fato, é muito próxima de 0), sugerindo que as afirmações da postagem original do blog poderiam estar incorretas devido ao efeito do outlier.

Correlação e Relação de Causa e Efeito

Quando falamos que uma coisa *causa* outra, o que queremos dizer? Existe uma longa história de discussões filosóficas sobre o significado de causalidade. Contudo, em estatística, uma das formas mais comuns de pensarmos sobre causalidade é por meio dos efeitos de uma manipulação experimental. Ou seja, se acreditarmos que o fator *X* causa o fator *Y*, manipular experimentalmente o valor de *X* também deve alterar o valor de *Y*.

Na medicina, existe um conjunto de ideias conhecidas como *postulados de Koch* os quais, historicamente, têm sido usados para determinar se um organismo específico causa uma doença. O conceito básico é que o organismo deve estar presente nas pessoas com a doença e ausente nos indivíduos saudáveis — assim, um tratamento que o elimine também deve eliminar a doença. Além do mais, infectar uma pessoa com o organismo deve fazer com que ela contraia a doença. Um exemplo disso foi confirmado pelo trabalho do Dr. Barry Marshall, o qual tinha a hipótese de que as úlceras estomacais eram causadas por uma bactéria (*Helicobacter pylori*). Para demonstrar isso, ele se infectou com a bactéria e logo depois desenvolveu uma inflamação grave no estômago. Em seguida, tratou-se com um antibiótico, e seu estômago logo se recuperou. Posteriormente, Marshall ganhou o Prêmio Nobel de Medicina por esse trabalho.

Às vezes, gostaríamos de testar hipóteses causais, mas não conseguimos realizar um experimento — seja porque é impossível ("Qual é a relação entre as emissões de carbono humanas e o clima da Terra?") ou porque é antiético ("Quais são os efeitos do abuso severo no desenvolvimento do cérebro de uma criança?"). No entanto, ainda podemos coletar dados que possam ser relevantes para essas perguntas. Por exemplo, podemos possivelmente coletar dados sobre crianças que sofreram abuso e também sobre outras que não sofreram e, assim, verificar se o desenvolvimento cerebral delas é diferente.

Suponha que fizemos essa análise e descobrimos que crianças as quais sofreram abuso tinham desenvolvimento cerebral deficiente em comparação àquelas que não sofreram. Isso evidenciaria que o abuso *causa* desenvolvimento cerebral deficiente? Não. Sempre que observamos uma associação estatística entre duas variáveis, é certamente possível que uma delas cause a outra. Contudo, também é possível que ambas as variáveis estejam sendo influenciadas por uma terceira variável; nesse exemplo, pode ser que o abuso infantil esteja associado ao estresse familiar, o qual também pode causar desenvolvimento cerebral deficiente devido ao menor engajamento intelectual ou social, à insegurança alimentar ou a diversos outros possíveis fatores. Em geral, o fato é que uma correlação entre duas variáveis nos informa que algo *provavelmente* está causando outra coisa, mas não nos informa o que está causando o quê.

Grafos de Causa-efeito

Uma forma útil de descrever relações causais entre variáveis é por meio de um *grafo de causa-efeito*, que representa as variáveis como círculos e as relações causais entre elas como setas. Por exemplo, a Figura 13.4 mostra as relações causais entre o tempo de estudo e duas variáveis que acreditamos serem afetadas por ele: notas de provas e tempo de conclusão de provas.

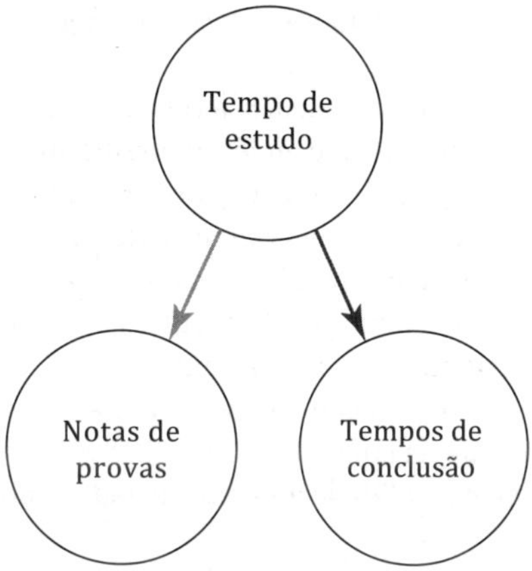

FIGURA 13.4. Um grafo que mostra relações causais entre três variáveis: tempo de estudo, notas de provas e tempos de conclusão da prova. Uma seta em cinza-claro representa uma relação positiva (ou seja, mais tempo de estudo faz com que as notas da prova aumentem) e uma seta em cinza-escuro representa uma relação negativa (ou seja, mais tempo de estudo faz com que a conclusão da prova seja mais rápida).

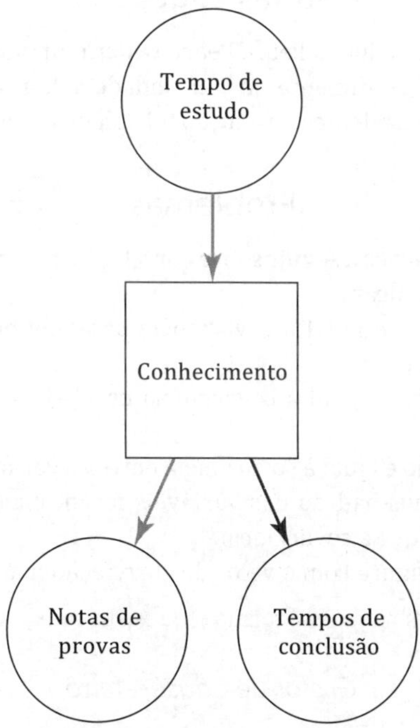

FIGURA 13.5. Um grafo que mostra as mesmas relações causais da Figura 13.4, porém também mostra a variável latente (conhecimento) representada por um quadrado.

No entanto, na realidade, os efeitos no tempo de conclusão e nas notas não se devem diretamente à quantidade de tempo que o aluno passa estudando, mas, sim, à quantidade de conhecimento que ele adquire ao estudar. Costumamos dizer que o conhecimento é uma variável *latente* — ou seja, não podemos medi-lo diretamente, todavia podemos vê-lo refletido em variáveis que podemos medir (como notas e tempos de conclusão). A Figura 13.5 ilustra isso.

Aqui, diríamos que o conhecimento *medeia* a relação entre tempo de estudo e notas/tempo de conclusão. Isso significa que, se pudéssemos manter o conhecimento constante (por exemplo, administrando um medicamento que causa esquecimento imediato), a quantidade de tempo de estudo não deveria mais afetar as notas e os tempos de conclusão. Repare que, se simplesmente medíssemos as notas das provas e os tempos de conclusão, geralmente teríamos uma relação negativa entre ambos, porque as pessoas que concluem as provas mais rápido normalmente obtêm notas mais altas. No entanto, se interpretássemos essa correlação como uma relação causal, isso indicaria que, para obter notas melhores, deveríamos terminar a prova mais rápido! Esse exemplo ilustra como a inferência de causalidade a partir de dados não experimentais pode ser complicada.

Atualmente, em estatística e em aprendizado de máquina, existe uma comunidade de pesquisa muito ativa que estuda a questão de quando e como podemos inferir relações causais a partir de dados não experimentais. No entanto, esses métodos normalmente exigem suposições fortes e, via de regra, devem ser usados com grande cautela.

Leituras Sugeridas:

- *The Book of Why*, de Judea Pearl. Pearl é líder mundial no desenvolvimento de ideias sobre o entendimento da causalidade sob a perspectiva estatística, e esse livro é uma excelente introdução não técnica a essas ideias.

Problemas

1. Qual das afirmações a seguir sobre correlação é verdadeira? Escolha todas as opções que se aplicam.
   - A correlação é igual à covariância escalada pelos desvios-padrão das duas variáveis.
   - A correlação é igual à covariância escalada pelas variâncias das duas variáveis.
   - A correlação é igual à covariância entre as variáveis com Z-score.
   - Se os desvios-padrão das variáveis forem maiores que 1, a correlação será maior que a covariância.
2. Combine cada figura com o valor de correlação mais adequado da lista a seguir: 0; .3; .9; −0.6.

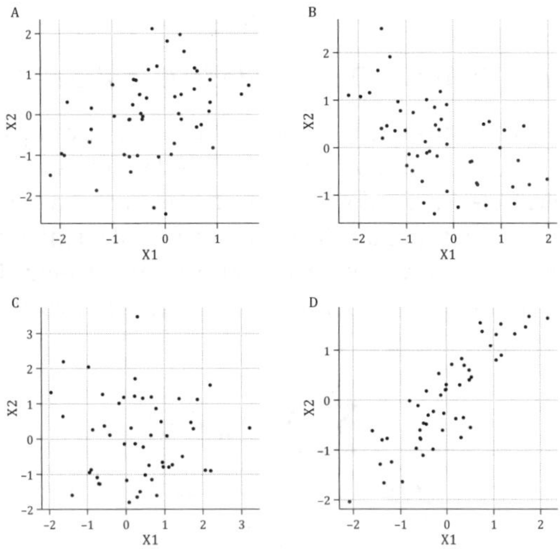

3. Um médico-pesquisador observa uma correlação negativa entre o consumo de couve e a incidência de câncer de fígado. O que isso informa sobre a existência ou não de uma relação causal entre consumir couve e desenvolver câncer de fígado? Descreva as diferentes relações causais possíveis que poderiam originar este resultado.
4. Um pesquisador coleta um conjunto de medições relacionadas a abelhas para determinar se existe uma relação entre o tamanho da colônia e a qualidade percebida do mel que produzem. Vejamos os dados obtidos para cinco colônias:

Tamanho	Qualidade
5	37
12	44
16	61
28	77
41	82

- Usando esses valores, calcule a covariância e a correlação entre tamanho e qualidade.
- Faça um teste para determinar se a correlação entre tamanho e qualidade é significativamente diferente de 0.

Apêndice

Quantificando a Desigualdade: O Índice de Gini

Antes de examinarmos a análise da matéria do `fivethirtyeight.com` no início do capítulo, primeiro, é útil entendermos como o índice de Gini é usado para quantificar a desigualdade. Em geral, ele é definido em termos de uma curva que descreve a relação entre a renda e a proporção da população com renda igual ou inferior a esse nível. Essa curva é conhecida como *curva de Lorenz*. No entanto, existe outra forma mais intuitiva de calcular isso: a diferença média absoluta relativa entre as rendas dividida por 2 (acessado em `https://en.wikipedia.org/wiki/Gini _ coefficient`):

$$G = \frac{\sum_{i=1}^{n}\sum_{j=1}^{n} \left| x_i - x_j \right|}{2n \sum_{i\ 1}^{n} x_i}$$

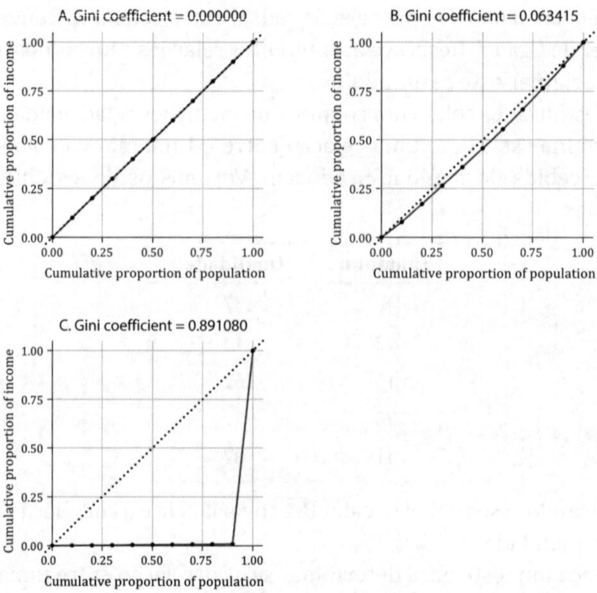

Figura 13.6. Curvas de Lorenz para (A) igualdade perfeita (B) renda normalmente distribuída e (C) alta desigualdade (renda igual, exceto para um indivíduo super-rico). Aqui, [Cumulative proportion of population] significa Proporção acumulada da população e [Cumulative proportion of income] significa Proporção cumulativa da renda.

A Figura 13.6 mostra as curvas de Lorenz para várias distribuições distintas de renda. O painel A ilustra um exemplo de 10 pessoas que têm exatamente a mesma renda. A duração dos intervalos entre os pontos é igual, indicando que cada indivíduo ganha uma parcela idêntica da renda total da população. O painel B mostra um exemplo em que a renda é normalmente distribuída. O painel C ilustra um exemplo com alta desigualdade; todos têm renda igual (US$ 40.000), exceto uma pessoa, a qual tem renda de US$ 40.000.000. Segundo o Censo dos EUA, o país tinha um índice de Gini de 0,469 em 2010, situando-se aproximadamente no meio-termo entre nossos exemplos de distribuição normal e de máxima desigualdade.

Análise de Correlação Bayesiana

Podemos também analisar os dados relacionados aos crimes de ódio da matéria do `fivethirtyeight.com` usando a análise bayesiana, a qual tem duas vantagens. A primeira é que ela nos fornece uma probabilidade a posteriori — nesse caso, a probabilidade de que o valor da correlação exceda 0. A segunda é que a estimativa bayesiana combina a evidência observada com uma distribuição a *priori* cujo efeito é *regularizar* a estimativa de correlação, efetivamente aproximando a estimativa de 0. Aqui, podemos calculá-la usando o pacote BayesFactor do R (os comentários foram traduzidos):

```
## Análise do fator de Bayes
## ------------
## [1] Alt., r=0.333 : 21 ±0%
##
## Em relação ao denominador:
##    Null, rho = 0
## ---
## Tipo do fator de Bayes: correlação FB, Jeffreys-beta*

## Resumo da Distribuição A Posteriori
##
## Parâmetro | Mediana |      IC 95%    |   FB   | A Priori
## ----------------------------------------------------------
## rho       | 0.38    | [0.13, 0.59] | 20.85 | Beta (3 +3)
```

Observe que a correlação estimada com o método bayesiano (0,38) é ligeiramente menor do que a estimada com o coeficiente de correlação padrão (0,42), pois a estimativa bayesiana é baseada em uma combinação da evidência e da distribuição a priori, o que efetivamente reduz a estimativa em 0. No entanto, repare que a análise bayesiana não é robusta para o outlier e ainda sinaliza que há evidências bastante fortes de que a correlação é maior do que 0 (com um fator de Bayes de mais de 20).

14

O Modelo Linear Geral

Objetivos de Aprendizagem

Após ler este capítulo, você deve ser capaz de:

- Descrever o conceito de regressão linear e aplicá-lo a um conjunto de dados.
- Descrever o conceito de modelo linear geral e fornecer exemplos de seu uso prático.
- Descrever como a validação cruzada possibilita estimar o desempenho preditivo de um modelo em dados novos.

O Modelo Linear Geral

Lembre que, no início deste livro, descrevemos o modelo básico de estatística:

$$dados = modelo + erro$$

Em que nosso objetivo geral é encontrar o modelo que minimiza o erro, busca sujeita a algumas outras restrições (como manter o modelo relativamente simples para que possamos generalizar além de nosso conjunto específico de dados). Neste capítulo, focamos uma implementação específica dessa abordagem, conhecida como *modelo linear geral* (ou GLM). Já o vimos no Capítulo 5, quando modelamos a altura no conjunto de dados do NHANES como uma função da idade; neste capítulo, estudaremos uma introdução mais geral do conceito de GLM e seus diversos usos. Quase todos os modelos usados em estatística podem ser expressos em termos de modelo linear geral ou uma extensão dele.

Antes de examinarmos o modelo linear geral, primeiro, definiremos dois termos que serão importantes para nossa análise:

- *Variável dependente*: é a variável de resultado que nosso modelo objetiva explicar (normalmente chamada *de Y*).
- *Variável independente*: é uma variável ou as variáveis que queremos usar para explicar a variável dependente (geralmente chamada de *X*).

Não raro, existem múltiplas variáveis independentes, embora o foco deste capítulo seja principalmente as situações em que existe apenas uma variável independente em nossa análise; no Capítulo 17, veremos exemplos de outras com múltiplas variáveis independentes.

Em um modelo linear geral, a variável dependente é descrita por uma *combinação linear* de variáveis independentes que são, cada uma, multiplicadas por um peso (em geral, denominado com a letra grega beta — β) o qual determina a contribuição relativa dessa variável independente para a predição do modelo. Como exemplo, geraremos alguns dados simulados para a relação entre o tempo de estudo e as notas de provas (Figura 14.1). Considerando esses dados, talvez queiramos nos engajar em cada uma das três atividades fundamentais da estatística:

- *Descrever*: qual é a intensidade da ligação entre notas e tempo de estudo?
- *Decidir*: existe uma relação estatisticamente significativa entre notas e tempo de estudo?
- *Predizer*: considerando determinada quantidade de tempo de estudo, qual é a expectativa da nota?

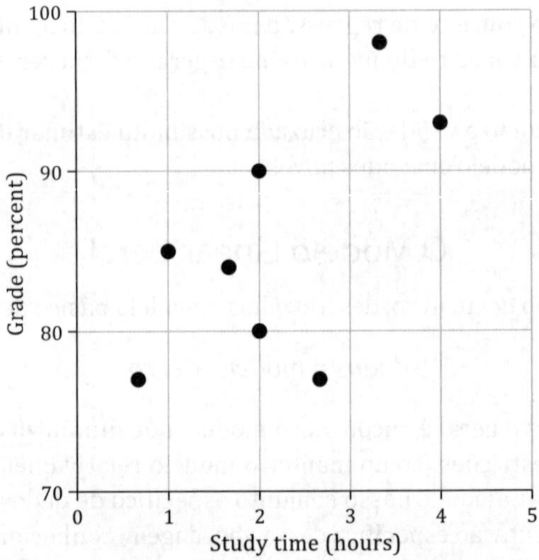

Figura 14.1. Relação entre o tempo de estudo [Study time] e as notas [Grade].

No capítulo anterior, aprendemos como descrever a relação entre duas variáveis usando o coeficiente de correlação. Usaremos nosso software estatístico a fim de calculá-la para os dados e testaremos se a correlação é significativamente diferente de 0 (os comentários foram traduzidos):

```
##
## Correlação produto-momento de Pearson
##
## dados: grade e studyTime
## t = 2, df = 6, valor-p = 0.09
## hipótese alternativa: correlação verdadeira não é igual a 0
## Intervalo de confiança de 95%:
##  -0.13 0.93
## estimativas de amostra:
```

```
## cor
## 0.63
```

A correlação é bastante alta, mas observe que o intervalo de confiança em torno da estimativa é muito amplo, abrangendo quase toda a faixa de 0 a 1. Isso se deve sobretudo ao tamanho pequeno da amostra, fazendo com que nossas estimativas estatísticas sejam muito incertas.

Regressão Linear

É possível usar o modelo linear geral para descrever a relação entre duas variáveis e decidir se ela é estatisticamente significativa; além do mais, o modelo nos possibilita predizer o valor da variável dependente, considerando algum(ns) valor(es) novo(s) da(s) variável(is) independente(s). E o mais importante, ele nos possibilita criar modelos que incorporam múltiplas variáveis independentes, ao passo que o coeficiente de correlação só pode descrever a relação entre duas variáveis individuais.

Aqui, a versão específica do GLM que usamos se chama *regressão linear*. O termo *regressão* foi inventado por Francis Galton, o qual observou que, ao comparar algumas características de pais e filhos (como altura), os filhos de pais com características extremas (ou seja, pais muito altos ou muito baixos) geralmente se aproximavam mais da média do que seus pais. (Veja o Box 14.1 para saber mais detalhes sobre o legado conturbado de Galton e de outros estatísticos precursores.) Trata-se de um ponto de suma importância que retomaremos mais adiante.

A versão mais simples do modelo de regressão linear (com uma única variável independente) pode ser expressa da seguinte forma:

$$y = x * \beta_x + \beta_0 + \epsilon$$

O valor de β_x indica o quanto esperaríamos que y mudasse, considerando uma mudança de uma unidade em x. O intercepto β_0 é um offset geral, que nos informa qual valor esperamos que y tenha quando $x = 0$; talvez você se recorde de nossa análise anterior de modelagem: de que é importante modelar a magnitude geral dos dados, mesmo que x nunca atinja um valor de 0. O termo de erro ϵ se refere a tudo o que resta após o modelo ser ajustado; muitas vezes, chamamos esses resquícios de *resíduos* do modelo, já que o termo de *erro* pode ser confuso devido aos seus inúmeros significados. Se quisermos saber como predizer y (que chamamos de $\hat{y}$) depois de estimarmos os valores β, podemos descartar o termo residual:

$$\hat{y} = x * \hat{\beta}_x + \hat{\beta}_0$$

Observe que se trata simplesmente da equação para uma linha, em que $\hat{\beta}_x$ é nossa estimativa da inclinação e $\hat{\beta}_0$ é o intercepto. A Figura 14.2 mostra um exemplo desse modelo aplicado aos dados sobre tempo de estudo.

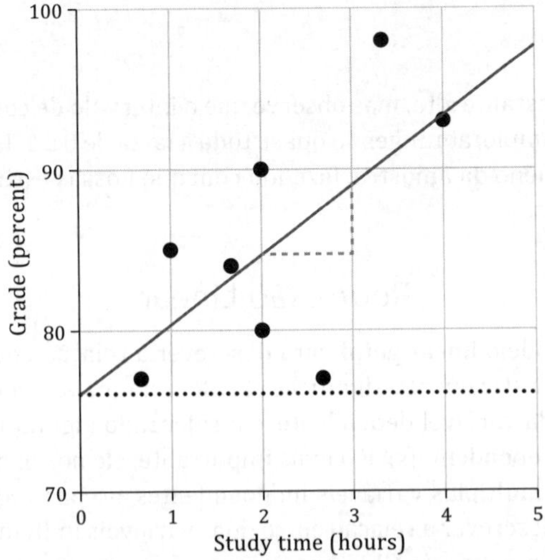

FIGURA 14.2. A solução de regressão linear para os dados sobre tempo de estudo [Study time] é representada pela linha contínua. O valor do intercepto é equivalente ao valor predito da variável *y* quando a variável *x* é igual a 0; ele é representado pela linha pontilhada. O valor de beta é igual à inclinação da linha — ou seja, o quanto *y* muda devido a uma alteração de unidade em *x*. Em termos esquemáticos, o valor é representado pelas linhas tracejadas, que mostram o grau de aumento da nota [Grade] para um aumento de uma única unidade do tempo de estudo.

Não detalharemos como estimar a partir dos dados a inclinação e o intercepto que melhor se ajustam; caso esteja interessado nisso, confira os detalhes disponibilizados no apêndice deste capítulo.

BOX 14.1. O LEGADO CONTURBADO DOS ESTATÍSTICOS PRECURSORES

> A estatística, como as lentes através das quais os cientistas investigam questões do mundo em que vivemos, sempre foi deturpada pelas impressões digitais das pessoas que seguram a lente.[1]

No decorrer desta obra, mencionamos o trabalho importante de inúmeros indivíduos que idealizaram conceitos fundamentais da estatística, como Francis Galton, Ronald Fisher e Karl Pearson. Apesar de suas contribuições serem essenciais para a estatística, também é importante reconhecer que cada um desses indivíduos sustentava opiniões que hoje seriam consideradas repugnantes e abomináveis. Especificamente, todos eles estiveram envolvidos no desenvolvimento e na promoção do conceito de *eugenia*, definido por Galton (1883, p. 25) como:

> a ciência de aprimorar a hereditariedade, que não necessariamente se restringe às questões de reprodução criteriosa, mas considera, sobretudo no caso dos seres humanos, todas as influências que podem, em qualquer grau,

[1] https://nautil.us/how-eugenics-shaped-statistics-9365/.

> aumentar a probabilidade de que as raças ou linhagens mais adequadas prevaleçam rapidamente sobre as menos adequadas.

A princípio, as iniciativas dos eugenistas focavam a eugenia "positiva", que preconizava o aumento da taxa reprodutiva de indivíduos brancos do alto escalão social. No entanto, com o tempo, o movimento eugênico se concentrou principalmente na eugenia "negativa", que promovia limitações à fertilidade de indivíduos considerados "inferiores". No início do século XX, nos Estados Unidos, seus defensores foram responsáveis por leis de esterilização involuntária que resultaram na esterilização forçada de mais de 60.000 pessoas (desproporcionalmente aplicada a pessoas não brancas), bem como em restrições à imigração. As ideias eugênicas culminaram em políticas nazistas que acabaram resultando no assassinato de mais de seis milhões de pessoas, principalmente judeus, mas que também incluíam pessoas não brancas, pessoas com deficiência e homossexuais. Fisher e Pearson manifestavam certa afinidade com o projeto nazista. Em 1934, em seu jantar de aposentadoria, Karl Pearson disse o seguinte:

> Na Alemanha, um experimento de grande magnitude está sendo realizado, e alguns de vocês talvez vivam para testemunhar os resultados. Se fracassar, não será por falta de entusiasmo, mas, sim, porque os alemães ainda estão começando a estudar a estatística matemática no sentido moderno![2]

Como podemos interpretar isso? As ferramentas e conceitos desenvolvidos por Galton, Fisher e Pearson são fundamentais para a estatística, e não podemos simplesmente desconsiderar essas contribuições porque foram idealizadas por indivíduos que sustentavam crenças repugnantes. O que podemos fazer é não esquecermos que, ao usar as ferramentas da estatística, estamos necessariamente expressando nossos valores além de nosso conhecimento. Assim como os filósofos da ciência concordam que toda pesquisa científica é "carregada de teoria" (Godfrey-Smith, 2021), precisamos nos dar conta de que necessariamente incorporamos nossos valores e preconcepções em qualquer análise por meio dos dados que usamos (ou não usamos) e das perguntas que escolhemos fazer (ou não fazer). Estatísticos e pessoas que usam a estatística devem se conscientizar do potencial impacto oriundo de suas iniciativas, sobretudo no que diz respeito a populações que têm menos poder para se defender.

Regressão à Média

O conceito de *regressão à média* foi uma das contribuições fundamentais de Galton para a ciência e continua sendo ponto essencial a ser compreendido quando interpretamos os resultados de análises de dados experimentais. Suponha que queremos estudar os efeitos de uma intervenção de leitura em relação ao desempenho de leitores com baixo nível de leitura. Para testar nossa hipótese, podemos selecionar uma escola, recrutar os indivíduos que estão entre os 25% com pior desempenho para um teste de leitura, aplicar a intervenção e, em seguida, examinar a desempenho deles no teste após a intervenção. Suponha que a ela, na verdade, não tenha efeito algum, de modo que os escores

[2] `https://profjoecain.net/karl-pearson-praised-hitler-nazi-race-hygiene/`.

de leitura para cada indivíduo sejam simplesmente amostras independentes de uma distribuição normal. A Tabela 14.1 apresenta os resultados da simulação computacional deste experimento hipotético.

Tabela 14.1. Escores de Leitura para o Teste 1 e Teste 2

Teste	Score
Teste 1	88
Teste 2	101

Observação: Os escores do Teste 1 são menores porque são a base para a seleção dos alunos. Os escores do Teste 2 são maiores porque são independentes do Teste 1.

Analisando a diferença entre a média do desempenho no primeiro e no segundo testes, parece que a intervenção ajudou substancialmente os alunos, já que seus escores subiram mais de 10 pontos! No entanto, sabemos que, de fato, os estudantes não melhoraram em nada, uma vez que, em ambos os casos, os escores foram simplesmente selecionados a partir de uma distribuição normal aleatória. Acontece que alguns alunos tiveram baixo desempenho no primeiro teste simplesmente devido ao acaso. Se selecionarmos apenas esses sujeitos de pesquisa com base em seus escores no primeiro teste, é garantido que voltem à média de todo o grupo no segundo teste, mesmo que não haja efeito relacionado ao treinamento.

Essa é a razão pela qual qualquer estudo de intervenção precisa de um *grupo de controle* não tratado a fim de interpretar as mudanças no desempenho devido a uma intervenção; caso contrário, corremos o risco de sermos enganados pela regressão à média. Além disso, os participantes precisam ser atribuídos aleatoriamente ao grupo de controle ou de tratamento para que não existam diferenças sistemáticas entre os grupos (em média).

Relação entre Correlação e Regressão

Os coeficientes de correlação e os coeficientes de regressão têm uma estreita relação. Lembre que o coeficiente de correlação é calculado como a razão entre a covariância e o produto dos desvios-padrão de x e y:

$$\hat{r} = \frac{covariância_{xy}}{s_x * s_y}$$

Sendo que a regressão beta para x é calculada assim:

$$\hat{\beta}_x = \frac{covariância_{xy}}{s_x * s_x}$$

Com base nessas duas equações, podemos deduzir a relação entre $\hat{r}$ e $\hat{\beta}$:

$$covariância_{xy} = \hat{r} * s_x * s_y$$

$$\hat{\beta}_x = \frac{\hat{r} * s_x * s_y}{s_x * s_x} = r * \frac{s_y}{s_x}$$

Ou seja, a inclinação da regressão é igual ao valor de correlação multiplicado pela razão dos desvios-padrão de y e de x. Isso nos informa que, quando os desvios-padrão de x e y são os mesmos (por exemplo, quando os dados foram convertidos em Z-scores), a estimativa de correlação é igual à estimativa de inclinação de regressão.

Erros Padrão para Modelos de Regressão

Se quisermos fazer inferências sobre as estimativas dos parâmetros de regressão, precisamos também de uma estimativa de sua variabilidade. Para calcular esse valor, primeiro, precisamos calcular a *variância residual* ou a *variância do erro* para o modelo — ou seja, o quanto a variabilidade na variável dependente não é explicada pelo modelo. Podemos calcular os resíduos do modelo da seguinte forma:

$$residual = y - \hat{y} = y - (x * \hat{\beta}_x + \hat{\beta}_0)$$

Em seguida, calculamos a soma dos erros quadráticos (SS_{erro}):

$$SS_{erro} = \sum_{i=1}^{n} (y_i - \hat{y}_i)^2 = \sum_{i=1}^{n} residual^2$$

E, a partir disso, calculamos o erro quadrático médio (MS_{erro}):

$$MS_{erro} = \frac{SS_{erro}}{df} = \frac{\sum_{i=1}^{n} (y_i - \hat{y}_i)^2}{N - p}$$

Em que os graus de liberdade (df) são determinados subtraindo o número de parâmetros estimados (dois, nesse caso: $\hat{\beta}_x$ e $\hat{\beta}_0$) a partir do número de observações (N). Assim que tivermos o erro quadrático médio, podemos calcular o erro padrão para o modelo da seguinte forma:

$$SE_{modelo} = \sqrt{MS_{erro}}$$

A fim de obter o erro padrão para uma estimativa específica de parâmetro de regressão, $SE_{\beta x}$, precisamos reescalar o erro padrão do modelo pela raiz quadrada a partir da soma dos quadrados da variável x:

$$SE_{\hat{\beta}_x} = \frac{SE_{modelo}}{\sqrt{\sum (x_i - \bar{x})^2}}$$

Testes Estatísticos para Parâmetros de Regressão

Assim que tivermos as estimativas dos parâmetros e seus erros padrão, podemos calcular uma estatística *t* para nos informar a verossimilhança das estimativas dos parâmetros observados em comparação com algum valor esperado, considerando a hipótese nula. Nesse caso, testamos em relação à hipótese nula com nenhum efeito (ou seja, $\beta = 0$):

$$t_{N-p} = \frac{\hat{\beta} - \beta_{esperado}}{SE_{\hat{\beta}}}$$

$$t_{N-p} = \frac{\hat{\beta} - 0}{SE_{\hat{\beta}}}$$

$$t_{N-p} = \frac{\hat{\beta}}{SE_{\hat{\beta}}}$$

Em geral, usaríamos um software estatístico para calculá-los, em vez de fazermos o cálculo à mão. Vejamos os resultados da função do modelo linear em R (os comentários foram traduzidos):

```
##
## Chamada:
## lm(fórmula = grade ~ studyTime, dados = df)
##
## Coeficientes:
##                     Estimativa   Erro   Valor t  Pr(>|t|)
                          padrão
## (Intercepto)             76.16   5.16     14.76  6.1e-06  ***
## studyTime                 4.31   2.14      2.01    0.091  .
## ---
## Signif. códigos: 0 '***' 0.001 '**' 0.01 '*' 0.05 '.' 0.1 ' ' 1
##
## Erro padrão residual: 6.4 em 6 graus de liberdade
## R-quadrado múltiplo: 0.403, R-quadrado ajustado: 0.304
## Estatística-F: 4.05 em 1 e 6 DF, valor-p: 0.0907
```

Nesse caso, observamos que o intercepto é significativamente diferente de 0 (o que não é muito interessante) e que o efeito do tempo de estudo nas notas é marginalmente significativo (p = 0,09) — o mesmo valor-p do teste de correlação que fizemos anteriormente.

Quantificando a Qualidade de Ajuste do Modelo

Às vezes, é útil quantificar como o modelo se ajusta aos dados como um todo. Uma maneira de fazer isso é perguntar quanto da variabilidade nos dados é contabilizado por ele. Essa quantidade é quantificada por um valor chamado de R^2 (também conhecido como *coeficiente de determinação*). Se existir apenas uma variável x, fica fácil de calcular, basta elevar o coeficiente de correlação ao quadrado:

$$R^2 = r^2$$

No caso de nosso exemplo de tempo de estudo, $R^2 = 0{,}4$, o que significa que contabilizamos cerca de 40% da variância nas notas. De forma mais geral, podemos considerar R^2 como uma medida da fração de variância nos dados, contabilizada pelo modelo, que pode ser calculada dividindo a variância em múltiplos componentes:

$$SS_{total} = SS_{modelo} + SS_{erro}$$

Sendo SS_{total} a variância dos dados (y), e SS_{modelo} e SS_{erro} calculados conforme mostrado anteriormente neste capítulo. Usando essas informações, podemos então calcular o coeficiente de determinação da seguinte forma:

$$R^2 = \frac{SS_{modelo}}{SS_{total}} = 1 - \frac{SS_{erro}}{SS_{total}}$$

Um valor baixo de R^2 indica que, mesmo que o ajuste do modelo seja estatisticamente significativo, ele pode explicar somente uma pequena quantidade de informações nos dados.

Ajustando Modelos Mais Complexos

Normalmente, gostaríamos de entender os efeitos de múltiplas variáveis em algum resultado específico e como elas se relacionam. No contexto de nosso exemplo de tempo de estudo [studyTime], suponha que descobrimos que alguns dos alunos já haviam feito um curso sobre o assunto [priorClass]. Se plotarmos as notas deles (Figura 14.3), podemos observar que os alunos que fizeram o curso tiveram um desempenho bem melhor do que aqueles que não fizeram, considerando a mesma quantidade de tempo de estudo. Gostaríamos de criar um modelo estatístico que leve isso em consideração. Podemos fazer isso incrementando o modelo que criamos anteriormente:

$$\hat{y} = \hat{\beta}_1 * studyTime + \hat{\beta}_2 * priorClass + \hat{\beta}_0$$

Para modelar se cada indivíduo já fez um curso ou não, usamos o que chamamos de *codificação dummy* [dummy coding]. Com essa técnica, criamos uma variável nova com valor 1 para representar aqueles que já fizeram o curso e valor 0 para representar aqueles que não fizeram. Isso significa que, para as pessoas que já fizeram o curso, simplesmente somamos o valor de $\hat{\beta}_2$ ao nosso valor predito para elas. Ou seja, usando a codificação dummy, $\hat{\beta}_2$ simplesmente retrata a diferença de médias entre os dois grupos. Nossa estimativa de $\hat{\beta}_1$ reflete a inclinação da regressão em todos os pontos de dados — estamos supondo que a inclinação da regressão é a mesma, independentemente de alguém já ter feito o curso ou não (Figura 14.3).

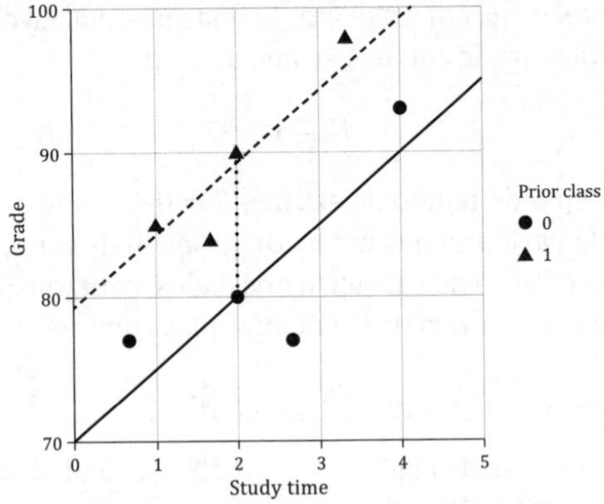

FIGURA 14.3. A relação entre o tempo de estudo e as notas, incluindo a experiência prévia como um componente adicional no modelo. A linha contínua relaciona o tempo de estudo [Study time] às notas [Grade] para alunos sem experiência prévia, e a linha tracejada relaciona as notas ao tempo de estudo para alunos com experiência prévia. A linha pontilhada corresponde à diferença de médias entre os dois grupos, que é equivalente ao parâmetro de regressão para a variável de experiência prévia [Prior class].

(Os comentários foram traduzidos.)

```
##
## Chamada:
## lm(fórmula = grade ~ studyTime + priorClass, dados = df)
##
## Coeficientes:
##                    Estimativa   Erro   Valor t  Pr(>|t|)
##                            Padrão
## (Intercepto)            70.08   3.77     18.60  8.3e-06 ***
## studyTime                5.00   1.37      3.66    0.015 *
## priorClass1              9.17   2.88      3.18    0.024 *
## ---
## Signif. códigos: 0 '***' 0.001 '**' 0.01 '*' 0.05 '.' 0.1 ' ' 1
##
## Erro padrão residual: 4 em 5 graus de liberdade
## R-quadrado múltiplo: 0.803, R-quadrado ajustado: 0.724
## Estatística-F: 10.2 em 2 e 5 DF, valor-p: 0.0173
```

Interações entre Variáveis

No modelo anterior, supomos que o efeito do tempo de estudo nas notas (ou seja, a inclinação da regressão) foi o mesmo para ambos os grupos. No entanto, em alguns casos, podemos imaginar que o efeito de uma variável pode diferir dependendo do valor de outra, o que chamamos de *interação* entre variáveis. Recorreremos a um exemplo novo que pergunta o seguinte: qual é o efeito da cafeína quando alguém fala em público? Primeiro, vamos gerar alguns dados e plotá-los. Analisando o painel A da Figura 14.4, não parece haver uma relação, e podemos confirmar isso realizando uma regressão linear nos dados (os comentários foram traduzidos):

```
##
## Chamada:
## lm(fórmula = speaking ~ caffeine, dados = df)
##
## Coeficientes:
##                          Estimativa   Erro   Valor t  Pr(>|t|)
##                              Padrão
## (Intercepto)                 -7.413  9.165     -0.81      0.43
## caffeine                      0.168  0.151      1.11      0.28
##
## Erro padrão residual: 19 em 18 graus de liberdade
## R-quadrado múltiplo: 0.0642, R-quadrado ajustado: 0.0122
## Estatística-F: 1.23 em 1 e 18 DF, valor-p: 0.281
```

Mas agora, imagine que encontramos pesquisas sugerindo que pessoas ansiosas e não ansiosas reagem de forma diferente à cafeína. Primeiro, plotaremos os dados separadamente para pessoas ansiosas e não ansiosas.

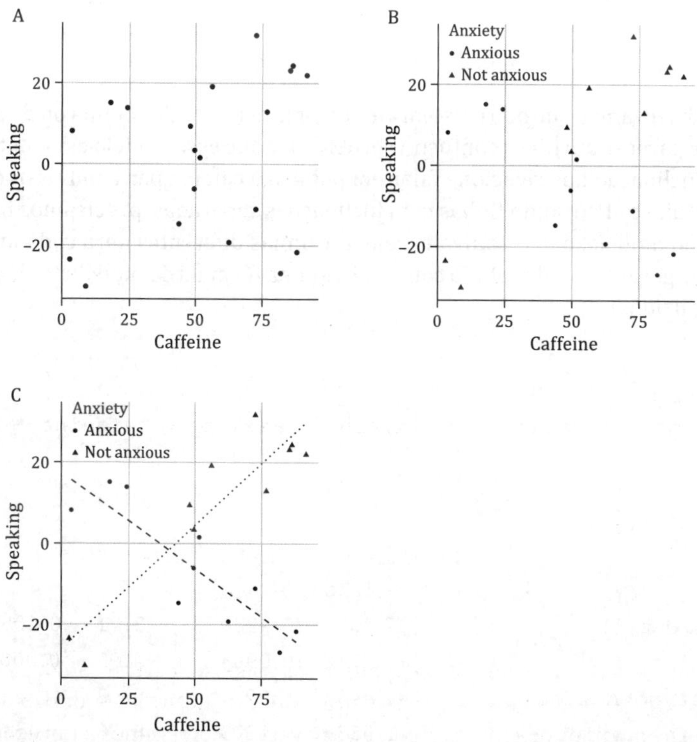

Figura 14.4. (A) A relação entre cafeína [nos gráficos, Caffeine] e falar em público [nos gráficos, Speaking]. (B) A relação entre cafeína e falar em público. A ansiedade [Anxiety] é representada pela forma dos pontos de dados. (C) A relação entre falar em público e cafeína, incluindo uma interação com ansiedade. Isso resulta em duas linhas que modelam separadamente a inclinação para cada grupo: linha tracejada para representar as pessoas ansiosas [Anxious], e linha pontilhada para representar as pessoas não ansiosas [Not anxious].

Como vemos no painel B da Figura 14.4, aparentemente, a relação entre falar em público e cafeína é diferente para os dois grupos; a cafeína melhora o desempenho das pessoas sem ansiedade e piora o desempenho daquelas com ansiedade. Gostaríamos de criar um modelo estatístico que aborde essa questão. Primeiro, vejamos o que acontece se incluirmos apenas a ansiedade no modelo (os comentários foram traduzidos).

```
##
## Chamada:
## lm(fórmula = speaking ~ caffeine + anxiety, dados = df)
##
## Coeficientes:
##                          Estimativa   Erro   Valor t  Pr(>|t|)
                                Padrão
## (Intercepto)               -12.581   9.197     -1.37      0.19
## caffeine                     0.131   0.145      0.91      0.38
## anxietynotAnxious           14.233   8.232      1.73      0.10
##
## Erro padrão residual: 18 em 17 graus de liberdade
## R-quadrado múltiplo: 0.204, R-quadrado ajustado: 0.11
## Estatística-F: 2.18 em 2 e 17 DF, valor-p: 0.144
```

Aqui, observamos que não existem efeitos significativos da cafeína ou da ansiedade, o que pode parecer um tanto confuso. O problema é que esse modelo está tentando usar a mesma inclinação que relaciona falar em público à cafeína para ambos os grupos. Se quisermos ajustá-lo usando linhas com inclinações separadas, precisamos incluir uma *interação* no modelo, o que equivale a ajustar linhas diferentes para cada um dos dois grupos; em, geral, isso é denotado com símbolo $*$ na fórmula do modelo (os comentários foram traduzidos).

```
##
## Chamada:
## lm(fórmula = speaking ~ caffeine + anxiety + caffeine * anxiety,
## dados = df)
##
## Coeficientes:
##                        Estimativa   Erro  Valor t  Pr(>|t|)
                              Padrão
## (Intercepto)              17.4308  5.4301     3.21  0.00546  **
## caffeine                  -0.4742  0.0966    -4.91  0.00016  ***
## anxietynotAnxious        -43.4487  7.7914    -5.58  4.2e-05  ***
## caffeine:anxiety-          1.0839  0.1293     8.38  3.0e-07  ***
notAnxious
## ---
## Signif. códigos: 0 '***' 0.001 '**' 0.01 '*' 0.05 '.' 0.1 ' ' 1
##
```

```
## Erro padrão residual: 8.1 em 16 graus de liberdade
## R-quadrado múltiplo: 0.852, R-quadrado ajustado: 0.825
## Estatística-F: 30.8 em 3 e 16 DF, valor-p: 7.01e-07
```

A partir desses resultados, observamos que existem efeitos significativos da cafeína e da ansiedade (que chamamos de *efeitos principais*), bem como uma interação entre as duas. O painel C da Figura 14.4 mostra as linhas de regressão separadas para cada grupo; o parâmetro de regressão negativa para a cafeína reflete a relação negativa entre ela e o desempenho para o grupo de ansiedade, que é tratado como baseline no modelo simplesmente por vir primeiro e em ordem alfabética. O parâmetro de regressão positivo para o efeito de interação (rotulado anteriormente como `caffeine:anxietynotAnxious`) reflete a diferença na inclinação da regressão para o grupo sem ansiedade em comparação àquele com ansiedade. Um aspecto importante a ser observado é que devemos tomar muito cuidado ao interpretar um efeito principal caso uma interação significativa também esteja presente, visto que a interação sugere que o efeito difere de acordo com os valores de outra variável, portanto o efeito geral não é facilmente interpretável.

Às vezes, queremos comparar o ajuste relativo de dois modelos diferentes a fim de determinar qual é o melhor; chamamos isso de *comparação de modelos*. Para os modelos anteriores, podemos comparar a qualidade de ajuste do modelo com e sem a interação, usando o que chamamos de *análise de variância* (ANOVA), (os comentários foram traduzidos):

```
## Tabela de Análise de Variância
##
## Modelo 1: speaking ~ caffeine + anxiety
## Modelo 2: speaking ~ caffeine + anxiety + caffeine * anxiety
##       Res.Df     RSS     Df  Soma de Sq     F     Pr(>F)
## 1         17    5639
## 2         16    1046      1        4593  70.3     3e-07 ***
## ---
## Signif. códigos: 0 '***' 0.001 '**' 0.01 '*' 0.05 '.' 0.1 ' ' 1
```

Essa análise indica que há boas evidências para preferirmos o modelo com interação àquele sem interação. No caso, a comparação de modelos é relativamente simples, já que os dois são *aninhados* — um dos modelos é uma versão simplificada do outro, de modo que todas as variáveis do mais simples estão contidas no mais complexo. A comparação de modelos usando modelos não aninhados pode ser bem mais complicada.

Além dos Preditores e Resultados Lineares

É importante ressaltar que, apesar do nome modelo *linear* geral, podemos, na verdade, utilizar o mesmo método para modelar efeitos que não seguem uma linha reta (como curvas). No GLM, o termo "linear" não se refere à forma da resposta; ao contrário, refere-se ao fato de que o modelo é linear em seus parâmetros. Ou seja, nele, os preditores são multiplicados somente pelos parâmetros, em vez de terem uma relação não linear, como serem elevados à potência de um parâmetro. Também é comum analisar dados cujos resultados são binários e não contínuos, como vimos no Capítulo 12. Existem formas de adaptar GLMs (conhecidos como modelos lineares *generalizados*) que viabilizam esse tipo de análise. No Capítulo 17, exploraremos esses modelos com mais detalhes.

Verificando Suposições

O ditado "entra lixo, sai lixo" é tão válido em estatística quanto em qualquer outra área. No caso de modelos estatísticos, precisamos assegurar que nosso modelo esteja devidamente especificado e que nossos dados sejam adequados para ele. Apresentaremos e aprofundaremos a ideia de *diagnóstico de modelo* no Capítulo 17.

Quando dizemos que o modelo está "devidamente especificado", significa que lhe incluímos o conjunto adequado de variáveis independentes. Já vimos exemplos de modelos indevidamente especificados (veja a Figura 5.3). Além disso, lembre que vimos diversos casos em que o modelo não contabilizou adequadamente os dados, como ao não incluir um intercepto. Quando criamos um modelo, precisamos garantir que ele inclua todas as variáveis adequadas.

Precisamos também nos preocupar se nosso modelo satisfaz as suposições de nossos métodos estatísticos. Uma das suposições mais importantes que fazemos ao usar o modelo linear geral é que os resíduos (ou seja, a diferença entre as predições do modelo e os dados reais) são normalmente distribuídos. Isso pode não funcionar por vários motivos, seja porque o modelo não está devidamente especificado ou porque os dados que estamos modelando são inadequados.

Podemos utilizar o chamado gráfico *Q-Q* (quantil-quantil) para verificar se nossos resíduos são normalmente distribuídos. Talvez você já esteja familiarizado com os quantis: são os valores que dividem uma determinada proporção de uma distribuição cumulativa. O gráfico Q-Q apresenta os quantis de duas distribuições comparados uns com os outros; aqui, apresentamos os quantis dos dados reais em relação aos quantis de uma distribuição normal, ajustados aos mesmos dados.

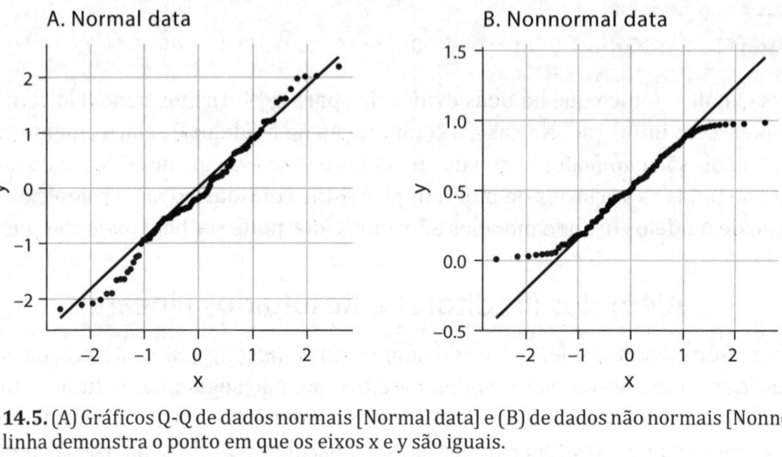

Figura 14.5. (A) Gráficos Q-Q de dados normais [Normal data] e (B) de dados não normais [Nonnormal data]. A linha demonstra o ponto em que os eixos x e y são iguais.

A Figura 14.5 ilustra exemplos de dois gráficos Q-Q. O painel A mostra um gráfico Q-Q para dados de uma distribuição normal, enquanto o painel B mostra um gráfico Q-Q a partir de dados não normais. No painel B, os pontos de dados divergem substancialmente da linha, retratando o fato de que não são normalmente distribuídos. No Capítulo 17, usaremos exaustivamente gráficos Q-Q para verificar nossas suposições de modelagem.

O que Efetivamente Significa "Predizer"?

No dia a dia, quando falamos de "predição", geralmente nos referimos à capacidade de estimar o valor de alguma variável antes de observar os dados. Contudo, o termo é usado com frequência no contexto de regressão linear para se referir ao ajuste de um modelo aos dados; os valores estimados ($\hat{y}$) são, por vezes, chamados de "predições", e as variáveis independentes são chamadas de "preditoras". Isso tem uma conotação negativa, pois sugere que nosso modelo também deve ser capaz de predizer os valores de novos pontos de dados no futuro. Na prática, o ajuste de um modelo ao conjunto de dados usado para obter os parâmetros será quase sempre melhor do que o ajuste do modelo a um novo conjunto de dados (Copas, 1983).

Como exemplo, usaremos uma amostra de 48 crianças do conjunto de dados do NHANES e ajustaremos um modelo de regressão para o peso que inclui diversos regressores (idade, altura, horas assistindo TV e usando o computador e renda familiar) com suas respectivas interações. Os valores do erro médio quadrático para esse modelo são mostrados na Tabela 14.2.

Aqui, observamos que, enquanto o modelo nos dados originais mostra um ajuste efetivo (somente alguns kg por indivíduo), o mesmo modelo não prediz tão adequadamente os valores de peso para novas crianças amostradas a partir da mesma população (estimando uma diferença de mais de 25 kg por indivíduo). Isso ocorre porque o modelo que especificamos é bastante complexo, já que inclui não apenas cada uma das variáveis individuais, como também todas as combinações possíveis delas (ou seja, suas *interações*), resultando em um modelo com 32 parâmetros. Como a quantidade de coeficientes é quase tão grande quanto a de pontos de dados (ou seja, as alturas de 48 crianças), o modelo se *sobreajusta* aos dados, assim como a curva polinomial complexa em nosso exemplo inicial de sobreajuste no Capítulo 5.

Outra forma de verificar os efeitos do sobreajuste é analisar o que acontece se embaralharmos aleatoriamente os valores da variável *Weight* (mostrada na segunda linha da tabela). O embaralhamento aleatório do valor deve impossibilitar a predição do peso a partir das demais variáveis, pois elas não devem ter relação sistemática. Os resultados na tabela demonstram que, mesmo quando não existe uma relação verdadeira a ser modelada (porque o embaralhamento a deveria ter eliminado), o modelo complexo ainda mostra um erro muito baixo em suas predições relacionadas aos dados ajustados, visto que se ajusta ao ruído no conjunto específico de dados. No entanto, quando ele é aplicado a um conjunto novo de dados, observamos que o erro é bem maior, como deveria ser.

Tabela 14.2. Raiz Média do Erro Quadrático para Modelo Aplicado a Dados Originais e a Dados Novos, Antes e Depois do Embaralhamento

Tipo de dados	RMSE (dados originais)	RMSE (dados novos)
Dados verdadeiros	3.0	25
Dados embaralhados	7.8	59

Observação: embaralhar a ordem da variável *y* basicamente torna a hipótese nula verdadeira.

Validação Cruzada

Para ajudar a resolver o problema de sobreajuste, um método foi desenvolvido: *validação cruzada*. Essa técnica é comumente usada na área de *aprendizado de máquina*, cujo foco é a criação de modelos que generalizam bem para dados novos, mesmo quando não temos um novo conjunto de dados para testar o modelo. A ideia que fundamenta a validação cruzada é ajustar o modelo repetidamente, desconsiderando um subconjunto de dados em cada ajuste e, em seguida, testar a capacidade do modelo de predizer os valores em cada subconjunto reservado (Figura 14.6).

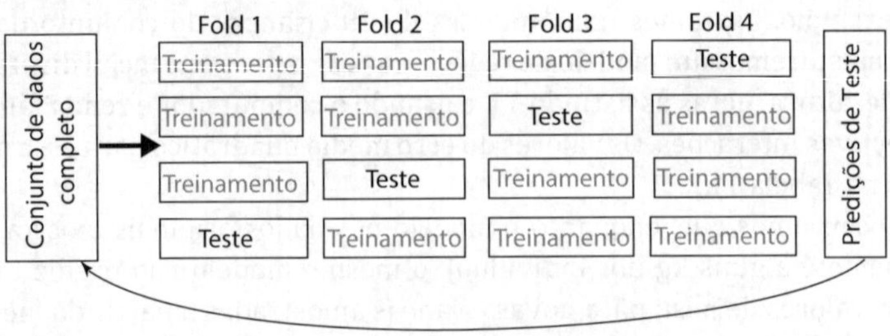

Figura 14.6. Um esquema do procedimento de validação cruzada.

Vejamos como isso funcionaria em nosso exemplo de predição de peso. Realizaremos uma validação cruzada com seis folds: significa que dividiremos os dados em seis subconjuntos e, em seguida, ajustaremos o modelo seis vezes; em cada caso, deixaremos de fora um dos subconjuntos e testaremos a capacidade do modelo de predizer com acurácia o valor da variável dependente para os pontos de dados reservados. A maioria dos softwares estatísticos fornece ferramentas para aplicar validação cruzada aos dados. Com essa função, podemos executar a validação cruzada em 100 amostras do conjunto de dados do NHANES e calcular o R^2 para validação cruzada, bem como o R^2 para os dados originais e para um conjunto novo de dados, conforme ilustrado na Tabela 14.3. Nesse caso, R^2 quantifica a parcela de variância nos dados reais que é contabilizada pelas predições do modelo.

Aqui, observamos que a validação cruzada nos fornece uma estimativa da acurácia preditiva que está mais próxima do que vemos em um conjunto de dados completamente novos do que da acurácia exagerada observada no conjunto original de dados. Repare: usar a validação cruzada adequadamente é complicado, e é recomendável que você consulte um especialista antes de usá-la na prática. Em particular, é essencial que as informações sobre os dados de teste não "vazem" para o procedimento de treinamento do modelo.

TABELA 14.3. R^2 a Partir da Validação Cruzada e Dados Novos

Type of data	Valor-R^2
Dados originais	0.95
Dados novos	0.33
Validação cruzada	0.35

Podemos aprender três lições a partir dessa análise:

- "Predição" nem sempre significa o que você acredita que significa.
- Modelos complexos podem se sobreajustar de forma prejudicial aos dados, de modo que podemos observar uma predição aparentemente boa mesmo quando não existe nenhum indicativo relevante para predizer.
- Afirmações sobre a acurácia da predição devem ser encaradas com muito ceticismo, a menos que a predição tenha sido feita com o uso de métodos adequados.

Leituras Sugeridas:

- *The Truth about Linear Regression*, de Cosma Shalizi. Livro didático disponível gratuitamente escrito pelo polímata genial Cosma Shalizi, que fornece uma introdução profunda com uma perspectiva particular sobre o uso da regressão linear e suas muitas extensões.
- *The Elements of Statistical Learning: Data Mining, Inference, and Prediction* (2ª edição.), de Trevor Hastie, Robert Tibshirani e Jerome Friedmann. Esse livro é amplamente aclamado como a bíblia dos métodos de aprendizado de máquina, sendo disponibilizado online e gratuitamente. Apesar de envolver um bocado de matemática, os autores se empenham para explicar conceitos em linguagem simples e acessível.

Problemas

1. Uma pesquisadora quer saber se um medicamento melhora a hipertensão. Ela seleciona um grupo de pessoas com hipertensão e lhes fornece o medicamento. Em seguida, testa a pressão arterial dos participantes após tomarem o medicamento por um mês. Ela descobriu que a pressão arterial diminuiu em comparação com a primeira medição. Qual conceito é relevante para interpretar esse resultado?
2. Se o desvio-padrão de y for maior do que o desvio-padrão de x, o coeficiente de regressão (beta) será (maior/menor) do que o coeficiente de correlação (r)?
3. A correlação é estimada dividindo o __________ por __________, enquanto a inclinação da regressão é estimada dividindo __________ por __________.
4. Um pesquisador testa se um medicamento é eficaz na prevenção da infecção gripal, recorrendo a um ensaio controlado randomizado, em que é atribuída aleatoriamente aos participantes a ingestão de um medicamento ou de um

placebo. Ele então os acompanha por 1 ano a fim de determinar quais indivíduos foram infectados com a gripe.

- ▷ Quais são as variáveis independentes e dependentes nesse estudo?
- ▷ A regressão à média é uma preocupação nesse estudo?
- ▷ Suponha que o pesquisador encontre uma redução positiva significativa nos casos de gripe para os grupos de medicamento em relação ao de placebo. Ele pode concluir que o medicamento causou a diferença nos casos de gripe?

5. Qual suposição pode ser infringida se usarmos análise de regressão linear comum quando estivermos trabalhando com dados que fazem parte de uma série temporal?
   - ▷ Independência
   - ▷ Distribuição normal
   - ▷ Variâncias iguais
   - ▷ Falta de sobreajuste
6. Com suas palavras, explique o conceito de interação em um modelo linear e forneça um exemplo do mundo cotidiano (não use nenhum dos exemplos do livro).
7. Escolha a técnica de análise mais adequada para cada um dos seguintes problemas a partir destas opções: teste t pareado; teste t de amostras independentes; teste t de uma amostra; análise de variância.
   - ▷ Aplicar uma medida de habilidades linguísticas a um grupo de alunos antes e depois de um curso de linguística e fazer um teste a fim de verificar se as suas habilidades melhoraram após o curso em comparação a antes do curso.
   - ▷ Medir os níveis de glicose de um grupo de pessoas e verificar se a média delas é maior do que o nível saudável de 100 mg/dL.
   - ▷ Comparar o desempenho de estudantes de psicologia, economia e matemática em um teste de conhecimento de história mundial.
   - ▷ Comparar a renda média de uma amostra de texanos e de uma amostra de californianos.
8. Qual das afirmações a seguir é quantificada por R^2 em um modelo de regressão linear? Escolha todas as opções que se aplicam.
   - ▷ Os quadrados residuais do modelo
   - ▷ A quantidade de variância contabilizada pelo modelo
   - ▷ A correlação quadrática entre a variável independente e dependente
   - ▷ Os erros quadráticos da média da variável independente
9. Qual é o objetivo da validação cruzada?
   - ▷ Estimar a variabilidade das estimativas de parâmetros no modelo
   - ▷ Estimar a verossimilhança de outliers nos dados
   - ▷ Estimar a capacidade do modelo de generalizar para dados novos
   - ▷ Estimar a potência estatística do modelo

Apêndice

Estimando Parâmetros de Regressão Linear

Em geral, estimamos os parâmetros de um modelo linear a partir de dados usando *álgebra linear*, que é a forma de álgebra aplicada a vetores e matrizes. Caso não esteja familiarizado com álgebra linear, não se preocupe — você não precisará usá-la aqui, pois nosso software se encarrega de todo o trabalho. No entanto, um breve estudo sobre ela pode fornecer algumas informações quanto à estimação dos parâmetros do modelo na prática.

Primeiro, apresentaremos a ideia de vetores e matrizes. Uma matriz é um conjunto de números organizados em um formato de quadrado ou de retângulo, de modo que haja uma ou mais *dimensões* ao longo das quais ela varia. Costumamos inserir diferentes unidades de observação (como pessoas) nas linhas e diferentes variáveis nas colunas. Vejamos nossos dados de tempo de estudo do início do capítulo. Poderíamos organizar esses números em uma matriz, que teria 8 linhas (uma para cada aluno) e 2 colunas (uma para o tempo de estudo e outra para a nota). Quando uma matriz como essa é representada em um software, geralmente é chamada de *data frame*; isso é mostrado na Tabela 14.4.

TABELA 14.4. Dados Sobre o Tempo de Estudo Reformatados como uma Matriz

Tempo de estudo	Notas
0.67	76
1.00	84
1.67	76
2.00	83
2.00	96
2.67	79
3.33	92
4.00	98

Podemos escrever o modelo linear geral em álgebra linear da seguinte forma:

$$Y = X * \beta + E$$

Isso lembra muito a equação anterior que usamos, exceto que as letras são todas maiúsculas, o que expressa o fato de serem matrizes.

Sabemos que os dados da nota são inseridos na matriz Y, mas o que é inserido na matriz X? Recorde-se de nossa análise inicial sobre regressão linear: precisamos adicionar uma constante além de nossa variável independente de interesse. Desse modo, nossa matriz X (que chamamos de *matriz de design*) precisa ter duas colunas: uma representando a variável de tempo de estudo e outra com o mesmo valor para cada indivíduo (que geralmente preenchemos com números 1). Podemos visualizar graficamente a matriz de design (Figura 14.7).

Independente Variável		Matriz de design		
0.67		77	1	
1.0		85	1	
1.67		84	1	
2.0	=	80	1	$* \beta$ +E
2.0		90	1	

(continua)

(continuação)

Independente Variável	Matriz de design	
2.67	77	1
3.33	98	1
4.0	93	1

FIGURA 14.7. Uma representação do modelo linear para os dados sobre tempo de estudo em termos de álgebra matricial.

As regras de multiplicação de matrizes informam que as dimensões das matrizes devem corresponder umas às outras; neste caso, a matriz de design tem dimensões de 8 (linhas) × 2 (colunas), e a variável Y tem dimensões de 8 × 1. Portanto, é necessário que a matriz β tenha dimensões de 2 × 1, já que uma matriz 8 × 2 multiplicada por uma matriz 2 × 1 resulta em uma matriz 8 × 1 (visto que as dimensões intermediárias correspondentes são eliminadas). A interpretação dos dois valores na matriz β devem multiplicados pelo tempo de estudo e 1, respectivamente, a fim de obter a nota estimada para cada indivíduo. Também é possível visualizar o modelo linear como um conjunto de equações, uma para cada indivíduo, tempo de estudo aqui é studyTime:

$$\hat{y}_1 = studyTime_1 * \beta_1 + 1 * \beta_2$$

$$\hat{y}_2 = studyTime_2 * \beta_1 + 1 * \beta_2$$

$$\dots$$

$$\hat{y}_8 = studyTime_8 * \beta_1 + 1 * \beta_2$$

Lembre que nosso objetivo é determinar os valores melhores ajustados de β, considerando os valores conhecidos de X e Y. Uma forma simplista de fazer isso seria resolver β usando álgebra simples — aqui, descartamos o termo de erro E porque está fora de nosso controle:

$$\hat{\beta} = \frac{Y}{X}$$

O desafio é que agora X e β são matrizes, não números únicos — mas as regras da álgebra linear determinam como dividir uma matriz, que é o mesmo que multiplicar pela *inversa* da matriz (conhecido com X^{-1}). Com nosso software estatístico, podemos aplicar isso aos dados, resultando nos parâmetros de regressão estimados e mostrados na Tabela 14.5.

TABELA 14.5. Parâmetros de Regressão Estimados Usando Álgebra Linear

Parâmetro	Estimativa
Beta 1	5.2
Beta 2	74.1

Incentivo qualquer pessoa interessada no uso sério dos métodos estatísticos a investir um pouco de tempo para aprender álgebra linear, pois ela constitui a base para quase todas as ferramentas utilizadas na estatística convencional. No Capítulo 16, falaremos a respeito dela mais uma vez, quando abordarmos a estatística multivariada.

15

Comparação de Médias

Já nos deparamos com uma série de casos em que queríamos fazer perguntas sobre a média de uma amostra. Neste capítulo, detalharemos as diversas maneiras pelas quais podemos comparar médias entre grupos.

Objetivos de Aprendizagem

Após ler este capítulo, você deve ser capaz de:

- Descrever a lógica que embasa um teste de sinal.
- Descrever como o teste *t* pode ser usado para comparar uma média única com um valor hipotético.
- Comparar as médias para dois grupos pareados ou não pareados com um teste *t* de duas amostras.
- Descrever como a análise de variância pode ser utilizada a fim de testar as diferenças entre mais de duas médias.

Testando o Valor de Uma Média Única

A pergunta mais simples que podemos fazer sobre uma média é se ela tem um valor específico. Suponha que queremos testar se a média da pressão arterial diastólica em adultos do conjunto de dados do NHANES está acima de 80, o cutoff para a hipertensão segundo a American College of Cardiology [Associação Médica de Cardiologia dos Estados Unidos Sem Fins Lucrativos]. Usamos uma amostra com 200 adultos para fazer essa pergunta; a pressão arterial de cada um dos participantes é medida três vezes, e usamos a média desses valores para o nosso teste.

Uma forma simples de testar essa diferença é usar o *teste de sinal*, que verifica se a proporção de diferenças positivas entre o valor real e o valor hipotetizado diverge do que esperaríamos por acaso. Para isso, recorremos às diferenças entre cada ponto de dados e o valor médio hipotetizado, bem como calculamos seu sinal. Se os dados forem normalmente distribuídos, e a média real for igual à média hipotetizada, a proporção de valores acima (ou abaixo) da média hipotetizada deve ser 0,5; desse modo, a proporção de diferenças positivas também deve ser 0,5. Em nossa amostra, observamos que 19,0% dos indivíduos apresentam pressão arterial diastólica acima de 80. Em seguida, podemos usar um *teste binomial* para perguntar se essa proporção de diferenças positivas é maior que 0,5; esse teste simplesmente usa a distribuição binomial (que já vimos) para determinar a probabilidade de um valor tão extremo quanto o que observamos, considerando uma hipótese nula específica (nesse caso, $p \le 0{,}5$). (Os comentários foram traduzidos.)

```
##
## Teste binomial exato
##
## dados: npos e nrow(NHANES_sample)
## número de sucessos = 38, número de tentativas = 200, valor-p = 1
## hipótese alternativa: a verdadeira probabilidade de sucesso é
## maior que 0.5
## estimativas de amostra:
## probabilidade de sucesso
##                     0.19
```

Aqui, observamos que a proporção de indivíduos com sinais positivos não é muito surpreendente quando consideramos a hipótese nula de $p \le 0{,}5$, algo esperado, já que a proporção observada de pessoas com pressão arterial acima de 80 é, na verdade, inferior a 0,5. Podemos também fazer essa pergunta usando o teste *t* de Student, o qual estudamos no Capítulo 9. Referenciamos a média como $\bar{X}$ e a média da população hipotetizada como μ. Em seguida, o teste t para uma única média é:

$$t = \frac{\bar{X} - \mu}{SEM}$$

Em que o *SEM* (como você deve se lembrar do Capítulo 7) é definido como:

$$SEM = \frac{\hat{\sigma}}{\sqrt{n}}$$

Basicamente, a estatística *t* pergunta o tamanho do desvio da média amostral a partir da quantidade hipotetizada em relação à variabilidade de amostragem da média. Podemos calcular isso para o conjunto de dados do NHANES com nosso software estatístico (os comentários foram traduzidos):

```
##
## Teste t de uma amostra
##
## dados: BPDiaAve
## t = -55, df = 4593, valor-p = 1
## hipótese alternativa: a verdadeira média é maior que 80
## estimativas de amostra:
## média de x
##         70
```

Isso demonstra que a média da pressão arterial diastólica no conjunto de dados (69,5) é bem menor que 80. Logo, nosso teste para saber se ela passa de 80 está longe de ser significativo. Lembre que um grande valor-p não nos fornece evidências a favor da hipótese nula, uma vez que já havíamos assumido que ela era verdadeira. No entanto, como analisamos no Capítulo 11, podemos usar o fator de Bayes para quantificar evidências a favor ou contra a hipótese nula (os comentários foram traduzidos):

```
## Análise do fator de Bayes
## --------------
## [1] Alt., r=0.707 -Inf<d<80 : 2.7 e+16 ±NA%
## [2] Alt., r=0.707 !(-Inf<d<80) : NaNe-Inf ±NA%
##
## Em relação ao denominador:
##     Null, mu = 80
## ---
## Tipo do fator de Bayes: BFoneSample, JZS
```

O primeiro fator de Bayes listado aqui ($2.73 * 10^{16}$) denota o fato de que há evidências extremamente fortes a favor da hipótese nula, superando aquelas a favor da hipótese alternativa.

Comparando Duas Médias

Não raro, uma das perguntas mais comuns da estatística é se existe uma diferença entre as médias de dois grupos distintos. Imagine que gostaríamos de saber se as pessoas que fumam regularmente marijuana assistem mais televisão, o que também podemos perguntar usando o conjunto de dados do NHANES. Utilizamos uma amostra de 200 indivíduos a partir do conjunto de dados e testamos se o número de horas diárias assistindo televisão está relacionado ao uso regular de marijuana. O painel A da Figura 15.1 mostra esses dados em um gráfico de violino.

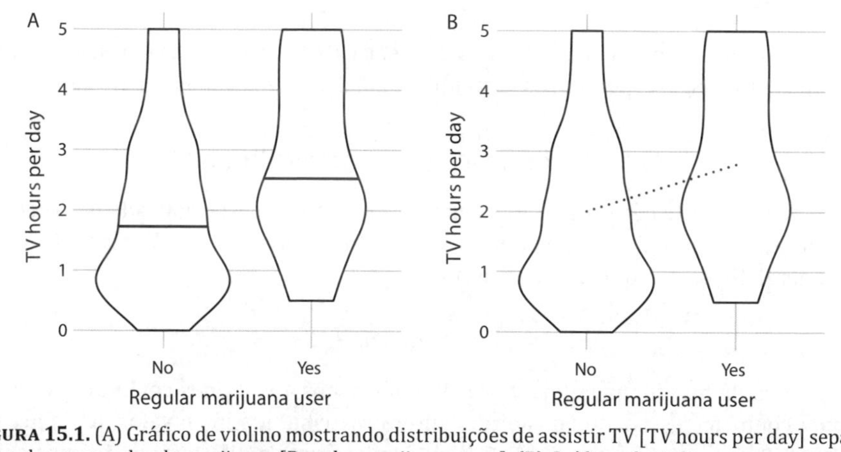

FIGURA 15.1. (A) Gráfico de violino mostrando distribuições de assistir TV [TV hours per day] separadas pelo uso regular de marijuana [Regular marijuana user]. (B) Gráficos de violino mostrando dados para cada grupo. A linha pontilhada conecta os valores preditos para cada grupo, calculados com base nos resultados do modelo linear.

Podemos também usar o teste t de Student a fim de testar as diferenças entre dois grupos de observações independentes (como vimos no Capítulo 9); mais adiante neste capítulo, focaremos os casos em que as observações não são independentes. Como lembrete, a estatística *t* para comparação de dois grupos independentes é calculada assim:

$$t = \frac{\bar{X}_1 - \bar{X}_2}{\sqrt{\frac{S_1^2}{n_1} + \frac{S_2^2}{n_2}}}$$

Sendo $\bar{X}_1$ e $\bar{X}_2$ as médias dos dois grupos; S_1^2 e S_2^2, as variâncias de cada grupo e n_1 e n_2, os tamanhos dos dois grupos. Considerando a hipótese nula de não existir diferença entre médias, essa estatística é distribuída de acordo com uma distribuição *t*, em que os graus de liberdade calculados utilizam o teste de Welch (conforme analisado anteriormente), uma vez que o número de indivíduos difere entre os dois grupos. Nesse caso, começamos com a hipótese específica de que fumar marijuana está associado a mais tempo assistindo TV; portanto, usaremos um teste unicaudal. Vejamos os resultados do nosso software estatístico (os comentários foram traduzidos):

```
##
## Teste t de duas amostras de Welch
##
## dados: TVHrsNum por RegularMarij
## t = -3, df = 85, valor-p = 6e-04
## hipótese alternativa: verdadeira diferença de médias entre
## grupo No e grupo Yes é menor que 0
## estimativas de amostra:
##     média no grupo No                média no grupo Yes
##     2.0                              2.8
```

No caso, observamos que existe uma diferença estatisticamente significativa entre os grupos na direção esperada: os fumantes regulares de marijuana assistem mais TV.

O teste *t* como um modelo linear

Muitas vezes, o teste *t* é apresentado como uma ferramenta especializada para comparar médias. Contudo, ele também pode ser considerado como uma aplicação do modelo linear geral. No caso, o modelo seria assim:

$$\hat{y} = \hat{\beta}_1 * marijuana + \hat{\beta}_0$$

Como o uso de marijuana é uma variável binária, nós a tratamos como uma *variável dummy*, conforme estudado no capítulo anterior, atribuindo-lhe o valor de 1 para fumantes e 0 para não fumantes. Aqui, $\hat{\beta}_1$ é simplesmente a diferença de médias entre os dois grupos, e $\hat{\beta}_0$ é a média para o grupo que é codificado como 0. É possível ajustar esse modelo com a função de modelo linear geral em nosso software estatístico. Assim, verificamos que ele fornece a mesma estatística *t* que o teste *t* anterior, mas aqui ele é positivo devido à maneira como nosso software organiza os grupos (os comentários foram traduzidos):

```
##
## Chamada:
## lm(fórmula = TVHrsNum ~ RegularMarij, dados = NHANES _ sample)
##
## Coeficientes:
##                         Estimativa   Erro   valor t  Pr(>|t|)
##                              Padrão
## (Intercepto)               2.007    0.116    17.27   < 2e-16 ***
## RegularMarijYes            0.778    0.230     3.38   0.00087 ***
## ---
## Signif. códigos: 0 '***' 0.001 '**' 0.01 '*' 0.05 '.' 0.1 ' ' 1
##
## Erro padrão residual: 1.4 em 198 graus de liberdade
## R-quadrado múltiplo: 0.0546, R-quadrado ajustado: 0.0498
## Estatística-F: 11.4 em 1 e 198 DF, valor-p: 0.000872
```

É possível também visualizar graficamente os resultados do modelo linear (painel B da Figura 15.1). Nesse caso, o valor predito para não fumantes é $\hat{\beta}_0$ (2,0), e o valor predito para fumantes é $\hat{\beta}_0 + \hat{\beta}_1$ (2,8).

A fim de calcular os erros padrão para essa análise, podemos usar exatamente as mesmas equações utilizadas para regressão linear — já que se trata de apenas mais um exemplo de regressão linear. Na verdade, se compararmos o valor-p do teste *t* anterior com aquele da análise de regressão linear para a variável de uso de marijuana, veremos que esse último é exatamente o dobro do valor do teste *t*, porque a análise de regressão linear está executando um teste bicaudal.

Tamanhos do Efeito para Comparar Duas Médias

O tamanho do efeito mais comum usado para uma comparação entre duas médias é o d de Cohen, que (como você deve se lembrar do Capítulo 10) é uma expressão do tamanho do efeito em termos de unidades de desvio-padrão. Para o teste *t* estimado com o modelo linear geral descrito na seção anterior (ou seja, com uma única variável codificada como dummy), isso é expresso da seguinte forma:

$$d = \frac{\hat{\beta}_1}{\sigma_{residual}}$$

Podemos obter esses valores a partir da saída da análise do modelo linear anterior, resultando em $d = 0{,}55$, que geralmente interpretaríamos como um efeito do tamanho médio.

É possível também calcular o R^2 para essa análise, que nos indica como a proporção da variância no tempo que os participantes passam assistindo TV é contabilizada pelo uso de marijuana. Esse valor (apresentado no final do resumo da análise do modelo linear anterior) é de 0,05, informando-nos que, embora possa ser estatisticamente significativo, o efeito representa pouco da variância no tempo em frente à TV.

Fator de Bayes para Diferenças de Médias

Conforme analisamos no Capítulo 11, os fatores de Bayes fornecem um modo de quantificar melhor as evidências a favor ou contra a hipótese nula de não existir diferença. É possível fazer essa análise usando os mesmos dados (os comentários foram traduzidos):

```
## Análise do fator de Bayes
## --------------
## [1] Alt., r=0.707 0<d<Inf         : 0.041         ±0%
## [2] Alt., r=0.707 !(0<d<Inf)      : 61            ±0%
##
## Em relação ao denominador:
##     Null, mu1-mu2 = 0
## ---
## Tipo do fator de Bayes: BFindepSample, JZS
```

A segunda linha nos mostra o fator de Bayes relevante para essa análise, que é 61,4 devido à forma como os dados estão organizados. Isso demonstra que as evidências contra a hipótese nula são bastante fortes.

Comparando Observações Pareadas

Em pesquisas experimentais, utilizamos com frequência *delineamentos intrassujeitos*: quando comparamos a mesma pessoa em múltiplas medições. As medidas provenientes desse tipo de delineamento são comumente chamadas de *medidas repetidas*. Por exemplo, no conjunto de dados do NHANES, a pressão arterial foi aferida três vezes. Imagine que estamos interessados em testar se existe diferença na média da pressão arterial sistólica, entre os indivíduos de nossa amostra, comparando a primeira e a segunda medições (Figura 15.2).

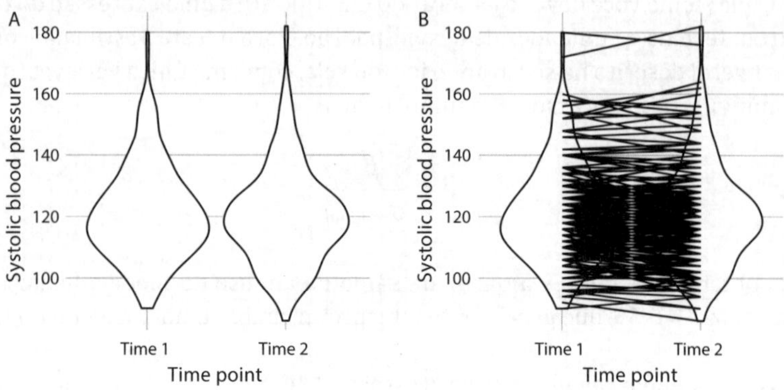

Figura 15.2. (A) Gráfico de violino da pressão arterial sistólica [Systolic blood pressure] entre a primeira e segunda medição. (B) O mesmo gráfico de violino com linhas conectando os dois pontos de dados [Time 1 e Time 2] para cada indivíduo.

Aparentemente, não existe tanta diferença na média da pressão arterial (cerca de um ponto) entre a primeira e a segunda medição. Primeiro, testaremos se existe diferença. Usaremos um teste *t* de amostras independentes, o qual ignora o fato de que os pares de pontos de dados se originam dos mesmos indivíduos (os comentários foram traduzidos):

```
##
## Teste t de duas amostras
##
## dados: BPsys por ponto no tempo
## t = 0.6, df = 398, valor-p = 0.5
## hipótese alternativa: verdadeira diferença de médias entre
## o grupo BPsys1 e o grupo BPsys2 não são iguais a 0
## estimativas de amostra:
## média no grupo BPsys1   média no grupo BPsys2
## 121                     120
```

A análise não mostra diferença significativa. Contudo, ela é inadequada, já que parte da suposição de que as duas amostras são independentes, quando, na verdade, elas não são, uma vez que os dados provêm dos mesmos indivíduos. Podemos plotar os dados com uma linha para cada participante (painel B na Figura 15.2). a fim de ilustrar isso.

Nessa análise, é necessário nos preocuparmos se a pressão arterial de cada pessoa mudou de forma sistemática entre as duas medições. Assim sendo, outra maneira de representar os dados é calcular a diferença entre os dois pontos no tempo para cada indivíduo e, em seguida, analisar os escores de diferença em vez de analisar as medições individuais. Na Figura 15.3, mostramos um histograma desses escores de diferença. A linha vertical denota a média da diferença.

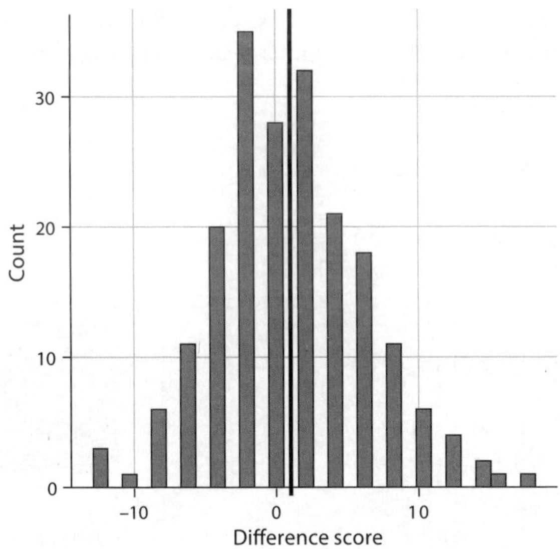

FIGURA 15.3. Histograma dos scores de diferença [Difference score] entre a primeira e a segunda medição da pressão arterial. A linha vertical representa a média da diferença na amostra.

Teste de Sinais

Como analisamos no início do capítulo, uma maneira simples de testar as diferenças é recorrer ao *teste de sinal*. Para isso, usamos as diferenças e calculamos seu sinal. Depois, fazemos um teste binomial a fim de verificar se a proporção de sinais positivos difere de 0,5 (os comentários foram traduzidos):

```
##
## Teste binomial exato
##
## dados: npos e nrow(NHANES _ sample)
## número de sucessos = 96, número de tentativas = 200, valor-p =
## 0.6
## hipótese alternativa: a verdadeira probabilidade de sucesso não
## é igual a 0.5
## estimativas de amostra:
## probabilidade de sucesso
##                     0.48
```

Aqui, observamos que a proporção de indivíduos com sinais positivos (0,48) não é grande o bastante para surpreender quando consideramos a hipótese nula de $p = 0,5$. No entanto, um problema com o teste de sinal é que ele descarta informações sobre a magnitude das diferenças e, portanto, pode ignorar aspectos importantes.

Teste t Pareado

Uma estratégia mais comum para comparar duas observações é usar um *teste t pareado,* que é equivalente a um teste *t* de uma amostra, a fim de determinar se a média da diferença entre as medições em cada pessoa é 0. É possível calculá-lo com nosso software estatístico, indicando que os pontos de dados estão pareados (os comentários foram traduzidos):

```
##
## Teste t pareado
##
## dados: BPsys por ponto de tempo
## t = 3, df = 199, valor-p = 0.007
## hipótese alternativa: a verdadeira diferença de média não é
igual a 0
## intervalo de confiança de 95%
##  0.29 1.75
## estimativas de amostra:
## diferença da média
##                  1
```

Com essa análise, observamos que existe, de fato, uma diferença significativa entre as duas medições. Agora, calcularemos o fator de Bayes para ver quanta evidência o resultado fornece (os comentários foram traduzidos):

```
## Análise do fator de Bayes
## ----------------
## [1] Alt., r=0.707 : 3 ±0.01%
##
## Em relação ao denominador:
##     Null, mu = 0
## ---
## Tipo do fator de Bayes: BFoneSample, JZS
```

O fator de Bayes observado de 3 indica que, embora tenha sido significativo no teste *t* pareado, na realidade, o efeito fornece evidências muito fracas em favor da hipótese alternativa. O teste *t* pareado também pode ser definido em termos de um modelo linear, usando o chamado *modelo de efeitos mistos*, que examinaremos com mais detalhes no Capítulo 17.

Comparando Mais de Duas Médias

Não raro, queremos comparar mais de duas médias para determinar se alguma delas é diferente das outras. Suponha que estamos analisando dados de um ensaio clínico para o tratamento de pressão alta. No estudo, os voluntários foram atribuídos aleatoriamente para uma das três condições: medicamento 1, medicamento 2 ou placebo. Vamos gerar alguns dados e plotá-los (Figura 15.4).

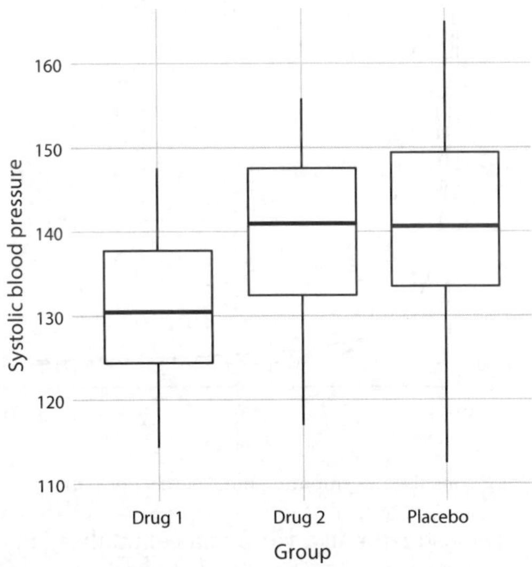

FIGURA 15.4. Gráficos de caixa ilustrando a pressão arterial sistólica [Systolic blood pressure] para os três grupos diferentes do nosso ensaio clínico: medicamento 1, medicamento 2 e placebo [no gráfico, Drug 1, Drug 2, Placebo, respectivamente].

Análise de Variância

Primeiro, gostaríamos de testar a hipótese nula de que as médias de todos os grupos são iguais — ou seja, de que nenhum dos tratamentos teve qualquer efeito em comparação com o placebo. Podemos fazer isso com um método chamado *análise de variância* (ANOVA). Ele é um dos mais usados na estatística aplicada à psicologia; aqui, apresentaremos apenas uma visão superficial do conceito. A ideia básica que fundamenta a ANOVA já foi examinada no Capítulo 14 sobre o modelo linear geral. Na verdade, ela é somente um rótulo para uma versão específica desse modelo, em que existem múltiplas variáveis dummy.

Recorde-se do capítulo anterior, quando vimos que podemos dividir a variância total nos dados (SS_{total}) em duas: a explicada (SS_{modelo}) e a não explicada (SS_{erro}) pelo modelo. Podemos então calcular um *quadrático médio* para cada uma delas, dividindo-as pelos seus graus de liberdade. Para o erro, isso é $N - p$ (em que p é o número de médias que calculamos), e para o modelo é $p - 1$:

$$MS_{modelo} = \frac{SS_{modelo}}{df_{modelo}} = \frac{SS_{modelo}}{p-1}$$

$$MS_{erro} = \frac{SS_{erro}}{df_{erro}} = \frac{SS_{erro}}{N-p}$$

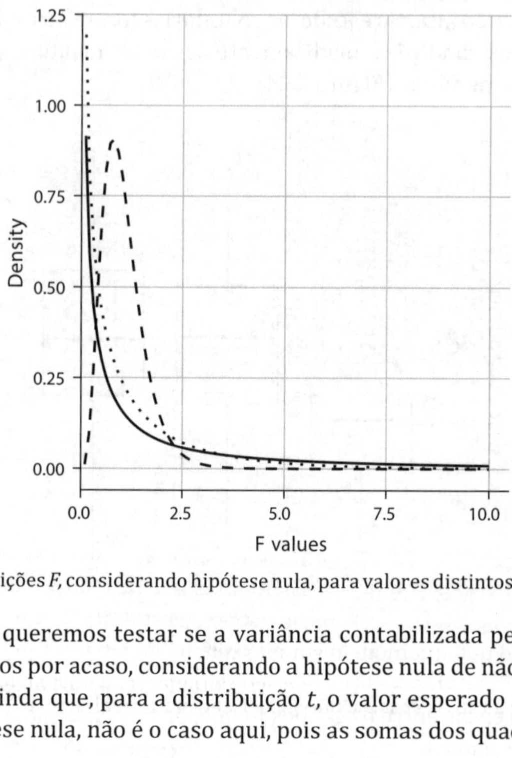

FIGURA 15.5. Distribuições *F*, considerando hipótese nula, para valores distintos de graus de liberdade.

Com a ANOVA, queremos testar se a variância contabilizada pelo modelo é maior do que esperaríamos por acaso, considerando a hipótese nula de não existir diferenças entre as médias. Ainda que, para a distribuição *t*, o valor esperado seja 0 quando consideramos a hipótese nula, não é o caso aqui, pois as somas dos quadrados são sempre números positivos. Felizmente, existe outra distribuição teórica que descreve como as proporções das somas dos quadrados são distribuídas, considerando a hipótese nula: a distribuição *F* (Figura 15.5). Ela tem dois graus de liberdade, que correspondem aos graus de liberdade para o numerador (que, nesse caso, é o modelo) e o para denominador (que, nesse caso, é o erro).

Para criar um modelo ANOVA, incrementamos o conceito de codificação dummy visto anteriormente neste capítulo. Lembre que, para o teste *t* comparando duas médias, criamos uma única variável dummy que assumia o valor de 1 para uma das condições e 0 para as outras. Aqui, incrementamos isso ao criar duas variáveis dummy — uma que codifica a condição do medicamento 1 e outra que codifica a condição do medicamento 2. Assim como no teste *t*, teremos uma condição (o placebo) sem uma variável dummy, representando o baseline com o qual as outras são comparadas; sua média define o intercepto do modelo. Com a codificação dummy para os medicamentos 1 e 2, podemos ajustar um modelo recorrendo à mesma abordagem que usamos anteriormente:

```
##
## Chamada:
## lm(fórmula = sysBP ~ d1 + d2, dados = df)
##
## Coeficientes
##                    Estimativa    Erro   valor t  Pr(>|t|)
##                                  Padrão
## (Intercepto)           141.60    1.66     85.50  < 2e-16  **
## d1                     -10.24    2.34     -4.37  2.9e-05  ***
## d2                      -2.03    2.34     -0.87     0.39
## ---
## Signif. códigos: 0 '***' 0.001 '**' 0.01 '*' 0.05 '.' 0.1 ' ' 1
##
## Erro padrão residual: 9.9 em 105 graus de liberdade
## R-quadrado múltiplo: 0.169, R-quadrado ajustado:   0.154
## Estatística-F: 10.7 em 2 e 105 DF, valor-p: 5.83e-05
```

A saída desse comando nos fornece duas informações. Primeiro, mostra o resultado de um teste *t* para cada uma das variáveis dummy, indicando basicamente se cada condição difere separadamente do placebo. Ao que parece, o medicamento 1 difere, enquanto o medicamento 2, não. No entanto, se quisermos interpretar esses resultados de forma conclusiva, precisaríamos corrigir os valores-p a fim de considerar o fato de termos realizado múltiplos testes de hipóteses. Veremos um exemplo de como fazer isso no Capítulo 17.

Lembre que a hipótese inicial a qual queríamos testar era se existia alguma diferença entre quaisquer das condições. Chamamos isso de teste *omnibus* de hipótese, e é o teste fornecido pela estatística *F*. Basicamente, a estatística *F* nos informa se o nosso modelo é melhor do que um modelo simples que inclui apenas um intercepto. No caso, vemos que o teste *F* é altamente significativo, compatível com a nossa impressão de que parece existir diferenças entre os grupos (o que, de fato, sabemos que existe, pois nós mesmos criamos os dados).

Problemas

1. A polícia local gostaria de saber se a velocidade média dos motoristas em uma estrada perto da escola primária é superior ao limite oficial de velocidade de 40km/hora. Um teste é realizado, medindo a velocidade de 20 carros com velocidade média de 50km/hora e desvio-padrão de 5. Com esses valores, faça um teste *t* de uma amostra para determinar se a velocidade média é maior que 40km/hora.
2. Para comparar as médias de dois grupos usando um modelo linear, precisamos criar qual tipo de variável?
   - ▷ Variável dummy
   - ▷ Variável de interação
   - ▷ Variável polinomial
   - ▷ Variável padronizada
3. O teste *t* pareado é equivalente a:
   - ▷ Um teste *t* de uma amostra para a média das observações pareadas.
   - ▷ Um teste *t* de uma amostra para a diferença entre as observações pareadas.
   - ▷ Um teste *t* de duas amostras para observações independentes.
   - ▷ Uma análise de variância para dois grupos independentes.
4. A análise de variância é um método adequado para:
   - ▷ Determinar a relação linear entre duas variáveis contínuas.
   - ▷ Testar a média de um único grupo versus 0.
   - ▷ Identificar diferenças de variância entre os grupos.
   - ▷ Testar as diferenças entre três ou mais médias.

16

Estatística Multivariada

A palavra *multivariada* se refere a análises que envolvem mais de uma variável aleatória. Apesar de termos visto exemplos em que o modelo incluía múltiplas variáveis (como na regressão linear), estávamos especificamente interessados em explicar a variação de uma *variável dependente* em termos de uma ou mais *variáveis independentes*, as quais, em geral, são especificadas pelo responsável do experimento em vez de serem especificadas por medidas. Em uma análise multivariada, tratamos normalmente todas as variáveis como iguais e procuramos entender como se relacionam entre si como um grupo.

Objetivos de Aprendizagem

Após ler este capítulo, você deve ser capaz de:

- Descrever a diferença entre aprendizado supervisionado e não supervisionado.
- Usar técnicas de visualização, incluindo mapas de calor [heatmaps] a fim de visualizar a estrutura de dados multivariados.
- Entender o conceito de clusterização e como ele pode ser usado para identificar a estrutura nos dados.
- Entender o conceito de redução de dimensionalidade.
- Descrever como a análise de componentes principais e a análise fatorial podem ser usadas para executar a redução de dimensionalidade.

Variedades de Análise Multivariada

Existem inúmeros tipos diferentes de análise multivariada, mas, neste capítulo, nós nos concentraremos em duas abordagens principais. Na primeira, podemos simplesmente querer compreender e visualizar a estrutura que existe nos dados, ou seja, quais variáveis ou observações estão relacionadas. Em geral, definimos *relacionadas* em termos de alguma medida que indexa a distância entre os valores de diferentes variáveis. Um método importante que se encaixa nessa categoria é conhecido como *clusterização*, cujo intuito é encontrar clusters de variáveis ou observações semelhantes entre variáveis.

Na segunda, podemos querer usar um grande número de variáveis e reduzi-lo, de modo que retenhamos o máximo de informações possíveis. Chamamos isso de *redução de dimensionalidade*, em que a *dimensionalidade* se refere ao número de variáveis no conjunto de dados. Analisaremos duas técnicas comumente usadas para redução de dimensionalidade: *análise* de *componentes principais* e *análise fatorial*.

Com frequência, a clusterização e a redução de dimensionalidade são consideradas modalidades de *aprendizado não supervisionado*, diferentemente do *aprendizado supervisionado*, que caracteriza modelos como a regressão linear, sobre a qual você já aprendeu. A razão para considerarmos a regressão linear como "supervisionada" é que sabemos o valor daquilo que estamos tentando predizer (ou seja, a variável dependente) e estamos tentando encontrar o modelo que melhor prediz esses valores. No aprendizado não supervisionado, não estamos tentando predizer um valor específico; pelo contrário, estamos tentando descobrir estruturas nos dados as quais possam ser úteis para entendermos o que está acontecendo; isso, em geral, exige algumas suposições sobre o tipo de estrutura que queremos encontrar.

Uma informação que você descobrirá neste capítulo é que, no aprendizado supervisionado, apesar de geralmente existir uma resposta "correta" (uma vez que chegamos a um consenso para determinar o "melhor" modelo, como a soma dos erros quadráticos), não raro, no aprendizado não supervisionado, não existe uma resposta "correta" consensual. Diferentes métodos de aprendizado não supervisionado podem fornecer respostas totalmente distintas sobre os mesmos dados. Em geral, não é possível, a princípio, determinar qual delas é "correta", pois isso depende dos objetivos da análise e das suposições que estamos dispostos a fazer sobre os processos ou sistemas os quais originam os dados. Algumas pessoas ficam frustradas com isso, enquanto outras ficam entusiasmadas; caberá a você descobrir em qual desses grupos se encaixa.

Dados Multivariados: Um Exemplo

Para exemplificar a análise multivariada, examinaremos um conjunto de dados coletado pela minha equipe e publicado em Eisenberg *et al.*, 2019. Ele é valioso por dois motivos: tem um grande número de variáveis interessantes, coletadas a partir de uma quantidade relativamente alta de indivíduos, e está disponível gratuitamente e online, possibilitando que você possa explorá-lo ainda mais.

Realizamos este estudo porque estávamos interessados em compreender como diversos aspectos diferentes da função psicológica estão relacionados, com foco específico em medidas relacionadas à psicologia de autocontrole e conceitos correlatos. Os participantes realizaram uma bateria de testes cognitivos e questionários ao longo de uma semana, totalizando dez horas de experimentos. Nesse primeiro exemplo, focaremos as variáveis relacionadas a dois aspectos específicos do autocontrole; no Capítulo 17, veremos outra análise desses dados.

A inibição de resposta é definida como a habilidade de interromper rapidamente uma ação e, nesse estudo, foi medida por meio de um conjunto de tarefas conhecidas como *tarefas de sinal de parada* [stop-signal tasks]. A variável de interesse para elas é uma estimativa de quanto tempo os indivíduos levam para se pararem, conhecida como o *tempo de reação do sinal de parada* (SSRT [stop-signal reaction time]). No conjunto de dados, existem quatro medidas diferentes de SSRT. A *impulsividade* é definida como a tendência de tomar decisões por impulso, sem considerar as consequências potenciais e os objetivos de longo prazo. O estudo inclui uma série de questionários diferentes que medem a impulsividade, mas nosso foco será o questionário UPPS-P que avalia cinco facetas diferentes da impulsividade.

Após o cálculo dos escores para cada um dos 522 participantes do estudo de Eisenberg, obtemos 9 números para cada indivíduo. Tratamos cada uma dessas variáveis como uma *dimensão* do conjunto de dados; embora os dados multivariados possam, às vezes, ter milhares ou até milhões de dimensões, é útil observar primeiro como os métodos funcionam com um número reduzido de dimensões.

Visualizando Dados Multivariados

Um dos principais desafios dos dados multivariados é que o olho e o cérebro humanos simplesmente não têm os recursos necessários para visualizar dados com mais de três dimensões. Podemos usar diversas ferramentas para tentar visualizar dados multivariados, porém todas elas perdem a eficiência à medida que o número de variáveis aumenta. Quando ele se torna muito grande para ser visualizado diretamente, em geral, a abordagem mais produtiva é reduzir primeiro o número de dimensões (conforme analisaremos mais adiante) e, em seguida, visualizar esse conjunto reduzido de dados.

Gráfico de Dispersão de Matrizes

Uma forma útil de visualizar um pequeno número de variáveis é plotar cada par de variáveis entre si, às vezes conhecido como *gráfico de dispersão de matrizes*; um exemplo é mostrado na Figura 16.1. Cada linha/coluna na figura se refere a uma única variável — nesse caso, é uma de nossas variáveis sobre psicologia do exemplo de conjunto de dados de autocontrole visto anteriormente. Os elementos diagonais do gráfico mostram a distribuição de cada variável como um histograma. Os elementos abaixo da diagonal mostram um gráfico de dispersão para cada par de matrizes, sobreposto com uma linha de regressão que descreve a relação entre as variáveis. Os elementos acima da diagonal mostram o coeficiente de correlação para cada par de variáveis. Quando o número de variáveis é relativamente pequeno (cerca de 10 ou menos), essa pode ser uma forma útil de obter bons insights a partir de um conjunto de dados multivariados. De imediato, podemos observar que as correlações são altas entre cada uma das variáveis do SSRT e entre cada uma das variáveis de impulsividade do UPPS. No entanto, as correlações entre as duas são todas muito baixas. Essa é nossa primeira suspeita de que existem dois conjuntos de variáveis relacionadas nesse conjunto de dados.

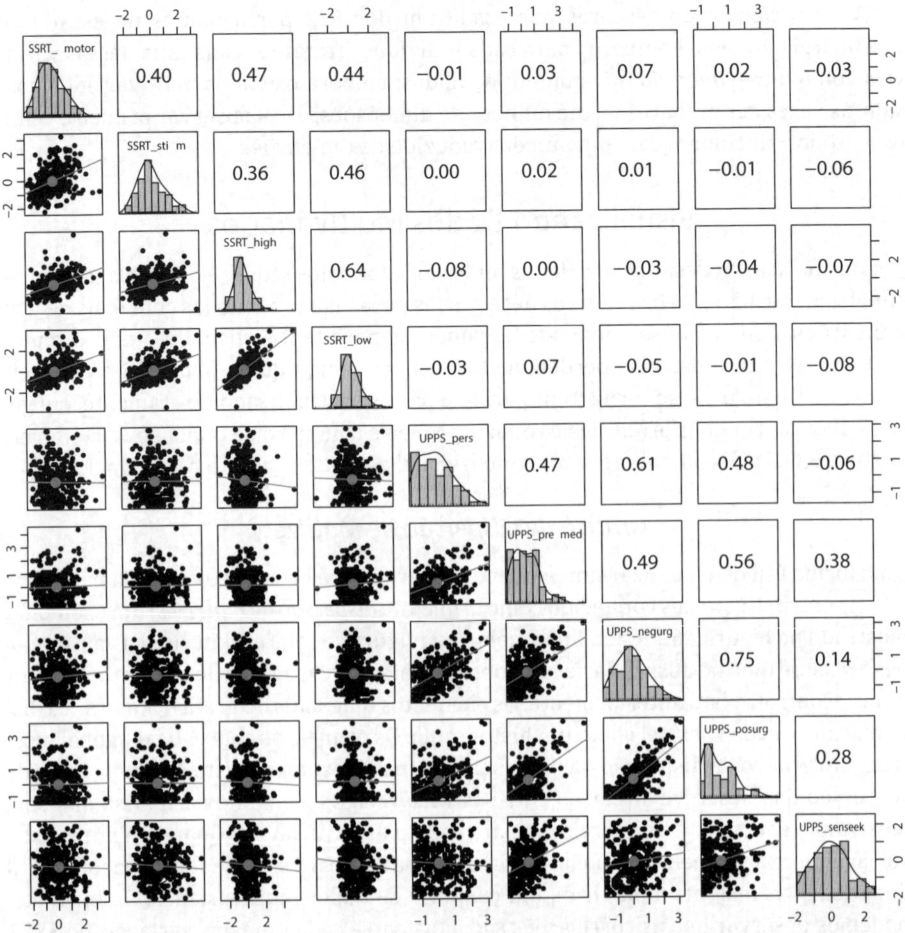

Figura 16.1. Gráfico de dispersão de matrizes para as nove variáveis no conjunto de dados de autocontrole. Na matriz, os elementos diagonais mostram o histograma para cada uma das variáveis individuais. Na parte inferior esquerda, as imagens mostram gráficos de dispersão da relação entre cada par de variáveis, e, na parte superior direita, os números mostram os coeficientes de correlação para cada par de variáveis.

Mapa de Calor

Em alguns casos, queremos visualizar as relações entre um grande número de variáveis de uma só vez, geralmente com foco no coeficiente de correlação. Uma forma útil de fazer isso pode ser plotar os valores de correlação como um *mapa de calor*, no qual a cor se relaciona ao valor da correlação. A Figura 16.2 ilustra um exemplo com um número relativamente pequeno de variáveis, usando nossos dados de autocontrole anteriores. Aqui, observamos que existem fortes intercorrelações dentro das variáveis do SSRT e dentro das variáveis do UPPS, e há relativamente pouca correlação entre as duas.

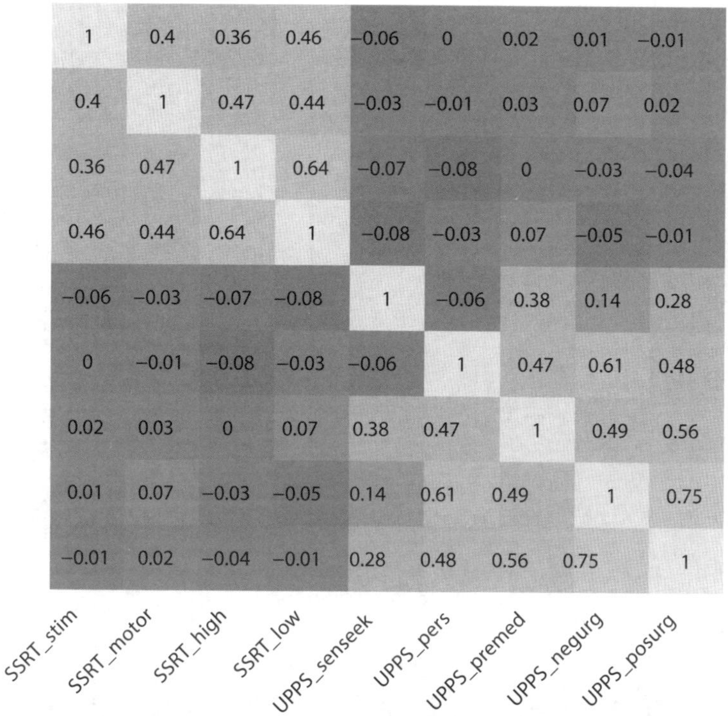

Figura 16.2. Mapa de calor da matriz de correlação para as nove variáveis de autocontrole. Os blocos em cinza-claro ao longo da diagonal (da esquerda para a direita) destacam as correlações maiores dentro dos dois subconjuntos de variáveis.

Mapas de calor se tornam extremamente úteis para visualizar correlações entre um grande número de variáveis. Para exemplificar, podemos usar dados de imagens cerebrais. É comum que os pesquisadores de neurociência coletem dados sobre a função cerebral a partir de um grande número de regiões cerebrais usando imagens por ressonância magnética funcional (fMRI) e, em seguida, avaliem a correlação entre essas regiões a fim de mensurar a "conectividade funcional" entre elas. Por exemplo, a Figura 16.3 mostra um mapa de calor para uma grande matriz de correlação, com base na atividade de mais de 300 regiões cerebrais de um único indivíduo (este que vos escreve, eu mesmo). Basta olhar para o mapa de calor que a presença de uma estrutura clara nos dados salta aos olhos. Em termos específicos, vemos grandes conjuntos de regiões cerebrais cujas atividades estão altamente correlacionadas (visíveis nos blocos em cinza-claro ao longo da diagonal da matriz de correlação), enquanto os blocos também estão forte e negativamente correlacionados com outros (visíveis nos blocos em cinza-escuro fora da diagonal). Os mapas de calor são uma ferramenta poderosa para visualizar facilmente grandes matrizes de dados.

FIGURA 16.3. Um mapa de calor que mostra o coeficiente de correlação da atividade cerebral entre 316 regiões no hemisfério esquerdo de um único indivíduo. As células em cinza-claro retratam uma forte correlação positiva, enquanto aquelas em cinza-escuro representam uma forte correlação negativa. Os grandes blocos de correlação positiva ao longo da diagonal da matriz correspondem às principais redes conectadas no cérebro.

Clusterização

Clusterização se refere a um conjunto de métodos para identificar grupos de observações ou variáveis relacionados dentro de um conjunto de dados com base na similaridade dos valores das observações. Em geral, essa similaridade é quantificada em termos de alguma medida da *distância* entre valores multivariados. Em seguida, o método de clusterização encontra o conjunto de grupos que têm a menor distância entre seus membros.

Uma medida de distância comumente usada para clusterização é a *distância euclidiana*, a qual basicamente corresponde ao comprimento da linha que conecta dois pontos de dados. A Figura 16.4 mostra um exemplo de um conjunto de dados com dois pontos de dados e duas dimensões (x e y). A distância euclidiana entre esses dois pontos é o comprimento da linha pontilhada que os conecta no espaço. Essa medida é calculada elevando ao quadrado as diferenças nas localizações dos pontos em cada dimensão.

Depois, soma-se essas diferenças ao quadrado e, em seguida, extrai-se a raiz quadrada delas. Quando existem duas dimensões x e y, o cálculo é feito da seguinte forma:

$$d(x,y) = \sqrt{(x_1 - x_2)^2 + (y_1 - y_2)^2}$$

Ao inserir os valores de nossos dados de exemplo, temos:

$$d(x,y) = \sqrt{(1-4)^2 + (2-3)^2} = 3.16$$

Se a fórmula para a distância euclidiana em duas dimensões parece um pouco familiar, é porque ela é idêntica ao *teorema de Pitágoras* que a maioria de nós aprendeu nas aulas de geometria, o qual calcula o comprimento da hipotenusa de um triângulo retângulo com base nos comprimentos de seus dois lados. Nesse caso, o comprimento dos lados do triângulo corresponde à distância entre os pontos ao longo de cada uma das duas dimensões. Por mais que esse exemplo esteja em duas dimensões, a mesma ideia se estende a números de dimensões arbitrários.

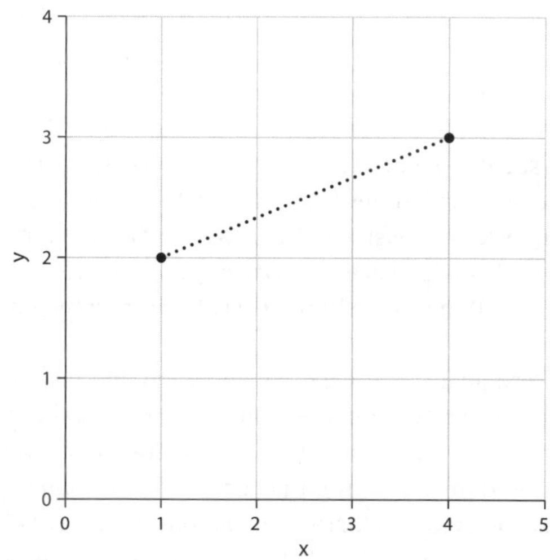

FIGURA 16.4. Uma representação da distância euclidiana entre dois pontos, (1,2) e (4,3). Eles diferem em 3 ao longo do eixo x e em 1 ao longo do eixo y.

Uma característica importante da distância euclidiana é sua sensibilidade à média geral e à variabilidade dos dados. Nesse aspecto, ela é diferente do coeficiente de correlação, o qual mede a relação linear entre as variáveis de forma insensível à média geral ou à variabilidade de cada variável. Por isso, é comum *escalar* os dados antes de calcular a distância euclidiana, o que equivale a converter cada variável em sua versão de *Z*-score.

Clusterização Com K-means

Um método comumente utilizado para clusterizar dados é a *clusterização com K-means* [K-média]. Essa técnica identifica um conjunto de centros de cluster e, em seguida, atribui cada ponto de dados ao cluster cujo centro é o mais próximo (ou seja, àquele de menor distância euclidiana) em relação ao ponto de dados. Como exemplo, usaremos a latitude e a longitude de vários países ao redor do mundo como nossos pontos de dados e observaremos se a clusterização com K-means consegue identificar efetivamente os continentes do mundo.

A maioria dos pacotes de software estatístico tem uma função built-in para executar o clusterização com K-means usando um único comando. Porém, é útil entender como ela funciona passo a passo. Primeiro, devemos decidir um valor específico para *K*, o número de clusters a serem encontrados nos dados. Vale ressaltar que não existe um valor único e "correto" para essa quantidade; o que existem são diversas técnicas que podemos usar a fim de tentar determinar qual solução é "a melhor", mas, em geral, elas fornecem respostas diferentes, pois incorporam diferentes suposições ou trade-offs. No entanto, técnicas de clusterização como o K-means são uma ferramenta importante para entender a estrutura dos dados, ainda mais à medida que se tornam multidimensionais.

Após selecionarmos o número de clusters (*K*) que queremos encontrar, devemos definir as *K*-localizações, que serão nossos palpites iniciais (já que inicialmente não sabemos onde estão) para os centros de nossos clusters. Uma forma simples de começar é escolher aleatoriamente *K*-pontos de dados reais e usá-los como nossos pontos de partida, que são chamados de *centroides*. Em seguida, calculamos a distância euclidiana de cada ponto de dados para cada um dos centroides e atribuímos cada ponto a um cluster com base em seu centroide mais próximo. Com essas atribuições, recalculamos o centroide de cada cluster calculando a média da localização de todos os pontos atribuídos a esse cluster. Esse processo é então repetido até que uma solução estável seja encontrada; chamamos isso de processo *iterativo*, pois ele itera até que a resposta não mude ou até que algum outro tipo de limite seja atingido, como um número máximo de iterações permitidas.

Aplicando a clusterização com K-means aos dados de latitude/longitude (Figura 16.5), observamos que existe uma correspondência razoável entre os clusters resultantes e os continentes, apesar de nenhum continente corresponder perfeitamente a nenhum dos clusters. Podemos examinar isso com mais detalhes plotando uma tabela que compara a associação de cada cluster com os continentes reais de cada país, conforme mostrado na Tabela 16.1; esse tipo de tabela é frequentemente chamada de *matriz de confusão*, e aqui ela foi traduzida, mas lembre que está em inglês no GitHub.

Tabela 16.1. Comparação do Resultado de Clusterização Com K-means aos Continentes Reais

Cluster	África	Ásia	Europa	América do Norte	Oceania	América do Sul
1	5	1	36	0	0	0
2	3	24	0	0	0	0
3	0	0	0	0	0	7
4	0	0	0	15	0	4
5	0	10	0	0	6	0
6	35	0	0	0	0	0

- O cluster 1 contém todos os países europeus, assim como aqueles do norte da África e da Ásia.
- O cluster 2 contém países da Ásia, assim como vários da África.
- O cluster 3 contém países da parte sul da América do Sul.
- O cluster 4 contém todos os países da América do Norte, assim como os do norte da América do Sul.
- O cluster 5 contém a Oceania, assim como vários países asiáticos.
- O cluster 6 contém todos os países africanos restantes.

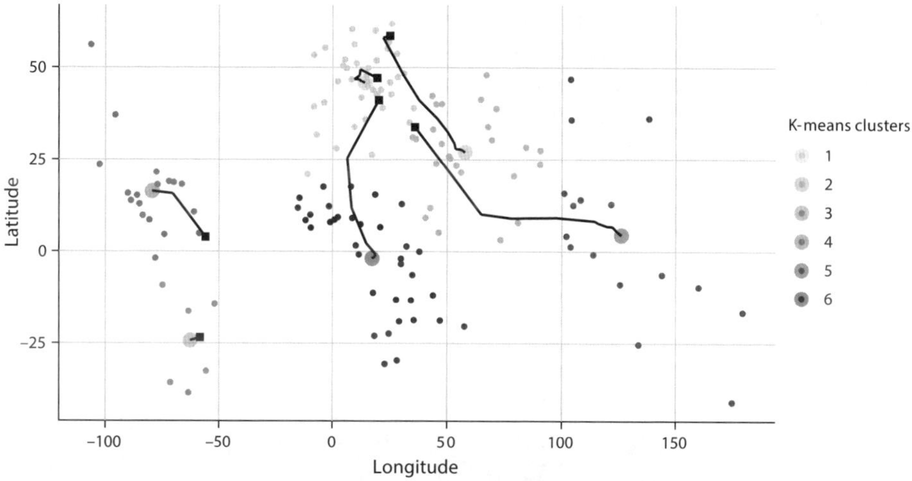

Figura 16.5. Uma representação bidimensional da clusterização na latitude e longitude de países em todo o mundo. Os símbolos quadrados demonstram os centroides iniciais para cada cluster, e as linhas mostram o movimento do centroide para esse cluster por meio das iterações do algoritmo, apresentadas com pontos maiores.

Nesse exemplo, embora conheçamos os clusters reais (ou seja, os continentes do mundo), em geral, como não sabemos a verdade fundamental [ground truth] para problemas de aprendizado não supervisionado, simplesmente precisamos confiar que o método de clusterização encontrou uma estrutura útil nos dados. No entanto, um ponto importante sobre a clusterização com K-means e procedimentos iterativos em geral é que não existe nenhuma garantia de que eles forneçam a mesma resposta sempre que são executados. O uso de números aleatórios a fim de determinar os pontos de partida significa que esses podem diferir a cada vez; e, dependendo dos dados, isso às vezes pode resultar em diferentes soluções. Nesse exemplo, a clusterização com K-means às vezes encontrará um único cluster abrangendo a América do Norte e do Sul e, outras vezes, encontrará dois (como aconteceu para a escolha específica das random seeds usadas aqui). Sempre que utilizar um método que envolva uma solução iterativa, é importante executá-lo novamente e diversas vezes com diferentes random seeds a fim de garantir que as respostas não divirjam muito entre as execuções. Se elas divergirem, deve-se evitar tirar conclusões definitivas com base em resultados instáveis. Na verdade, provavelmente é uma boa ideia evitar conclusões definitivas com base em resultados de clusterização de forma mais geral; eles são úteis especialmente para termos uma ideia quanto à estrutura que pode estar presente em um conjunto de dados.

É possível aplicar a clusterização com K-means às variáveis de autocontrole a fim de determinar quais delas estão mais estritamente relacionadas. Para $K = 2$, o algoritmo K-means seleciona consistentemente um cluster contendo as variáveis do SSRT e outro abrangendo as variáveis de impulsividade. Com valores maiores de K, os resultados são menos consistentes; por exemplo, com $K = 3$, o algoritmo às vezes identifica um terceiro cluster contendo somente a variável de busca por sensação UPPS, enquanto em outros casos divide as variáveis do SSRT em dois clusters separados (como visto na Figura 16.6). A estabilidade dos clusters com $K = 2$ sugere que essa é provavelmente a clusterização mais robusta para esses dados, mas os resultados também evidenciam a importância de executar o algoritmo diversas vezes para determinar se um resultado de clusterização específico é estável.

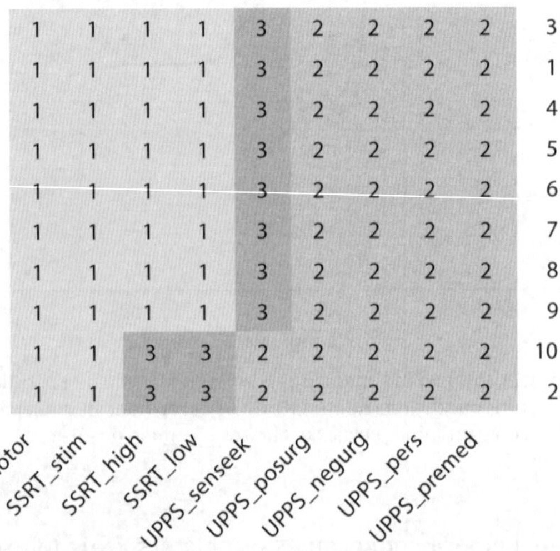

Figura 16.6. Uma visualização da clusterização resultante a partir de 10 execuções do algoritmo de clusterização com K-means e com K-3. Na figura, cada linha representa uma execução diferente do algoritmo de clusterização (com diferentes pontos de partida aleatórios), e as variáveis que compartilham o mesmo tom de cinza são membros do mesmo cluster. À direita, os números representam os números de execução para cada resultado.

Clusterização Hierárquica

Outro método útil para examinar a estrutura de um conjunto de dados multivariados é conhecido como *clusterização hierárquica*. Essa técnica também usa as distâncias entre pontos de dados para determinar clusters, mas, além disso, fornece uma maneira de visualizar as relações entre pontos de dados em termos de uma estrutura semelhante a uma árvore, conhecida como *dendograma*.

O procedimento de clusterização hierárquica mais comumente usado é conhecido como *clusterização aglomerativa*. Ela começa tratando cada ponto de dados como o próprio cluster e, em seguida, cria de forma progressiva clusters novos, combinando os dois com a menor distância entre si e continuando esse processo até que haja apenas um único cluster. Isso exige o cálculo da distância entre clusters, e existem inúmeras formas de calculá-la; nesse exemplo, utilizamos o método da *média das distâncias [average linkage]*, que simplesmente calcula a média de todas as distâncias entre cada ponto de dados em cada um dos dois clusters. O exemplo examina a relação entre as variáveis de autocontrole que foram descritas anteriormente. A Figura 16.7 mostra o dendograma gerado a partir do conjunto de dados de autorregulação. Aqui, observamos que existe uma estrutura nas relações entre variáveis a qual pode ser entendida em diversos níveis, "cortando" a árvore em diferentes valores de distância a fim de criar diferentes números de clusters: se a cortarmos em 25, obtemos 2 clusters; se a cortamos em 20, obtemos 3 clusters e, se a cortamos em 19, obtemos 4 clusters. Curiosamente, a solução encontrada pela análise de clusterização hierárquica dos dados de autocontrole é idêntica à solução encontrada na maioria das execuções de clusterização com K-means, o que é reconfortante.

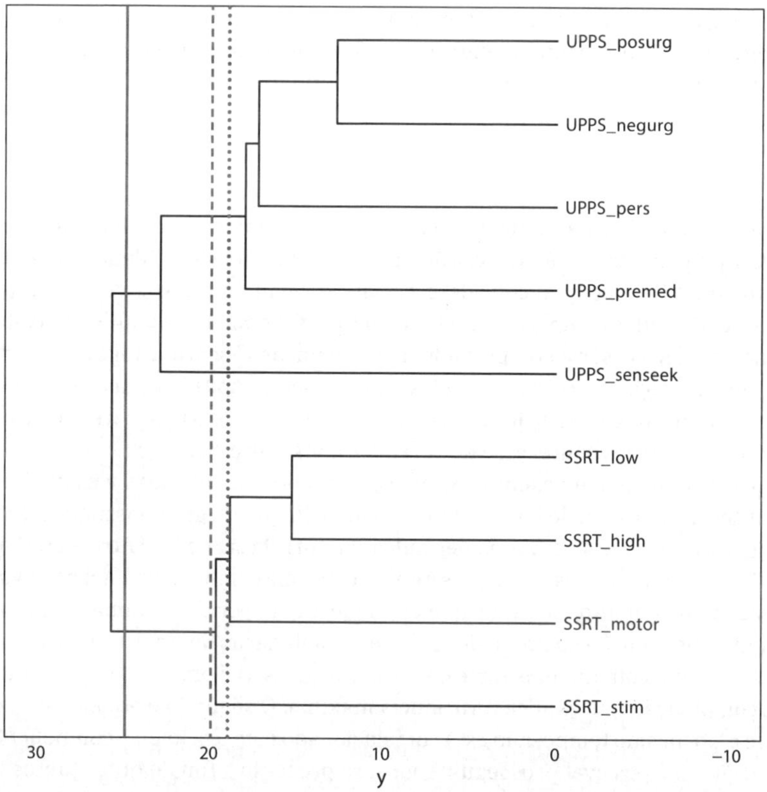

Figura 16.7. Um dendograma que representa a semelhança relativa das nove variáveis de autocontrole. As três linhas verticais representam três cutoffs diferentes, resultando em dois (linha contínua), três (linha tracejada) ou quatro (linha pontilhada) clusters.

Nossa interpretação dessa análise é que existe um maior grau de semelhança dentro de cada um dos conjuntos de variáveis (SSRT e UPPS) do que entre os conjuntos. Dentro das variáveis do UPPS, aparentemente a variável de busca por sensação se destaca das demais, as quais são mais semelhantes entre si. Dentro daquelas do SSRT, aparentemente a variável SSRT seletiva por estímulo é distinta das outras três, que são mais semelhantes. Podemos extrair estes tipo de conclusões de uma análise de clusterização. Mais uma vez, vale ressaltar que não existe um único número "correto" de clusters; diferentes métodos dependem de suposições ou heurísticas distintas, bem como podem fornecer interpretações e resultados divergentes. Em geral, recomenda-se apresentar os dados clusterizados em vários níveis diferentes e garantir que não mudem radicalmente as conclusões científicas.

Redução de Dimensionalidade

Em dados multivariados, é comum que muitas variáveis sejam altamente semelhantes entre si, medindo basicamente a mesma coisa. Podemos pensar da seguinte forma: embora os dados tenham um número específico de variáveis (que chamamos de *dimensionalidade*), na realidade, não existem tantas fontes subjacentes de informação quanto variáveis. O conceito que fundamenta a *redução de dimensionalidade* é reduzir o número de variáveis a fim de criar variáveis compostas as quais retratem sinais subjacentes nos dados.

Análise de Componentes Principais

O conceito que embasa a análise de componentes principais (comumente abreviada como ACP) é encontrar uma descrição com menor dimensionalidade referente a um conjunto de variáveis o qual considere a quantidade máxima possível de informações no conjunto de dados completo. Para entender profundamente a análise de componentes principais é necessário compreender álgebra linear, tópico que foge ao escopo deste livro; confira a seção Leituras Sugeridas no final deste capítulo para orientações úteis sobre esse assunto. Nesta seção, descrevo o conceito de forma não matemática e espero despertar nos leitores o interesse de aprender mais sobre ele.

Começaremos com um exemplo simples, tomando somente duas variáveis no intuito de fornecer uma ideia de como a ACP funciona. Primeiro, geramos alguns dados sintéticos para as variáveis x e y, considerando uma correlação de 0,7 entre elas. O objetivo da análise de componentes principais é encontrar uma combinação linear das variáveis observadas no conjunto de dados que explique a quantidade máxima de variância; a ideia aqui é que a variância nos dados seja uma combinação de sinal e ruído, e queremos encontrar o sinal comum mais forte entre as variáveis. O primeiro componente principal é a combinação que explica a variância máxima. O segundo é aquele que explica a restante e, ao mesmo tempo, não está correlacionado com o primeiro componente. Com mais variáveis, é possível prosseguir com esse processo a fim de obter tantos componentes quanto variáveis (supondo que haja mais observações do que variáveis), embora, na prática, esperemos encontrar um pequeno número de componentes que possam explicar grande parte da variância.

No caso de nosso exemplo bidimensional, é possível calcular os componentes principais e plotá-los em relação aos dados (Figura 16.8). Podemos ver que o primeiro componente principal (mostrado em cinza-claro aqui no livro e em verde no GitHub) segue a direção da maior variância. Essa linha é semelhante, embora não idêntica, àquela de regressão linear; enquanto a solução de regressão linear minimiza a distância entre cada ponto de dados e a linha de regressão no mesmo valor x (ou seja, a distância vertical), o componente principal minimiza a distância euclidiana entre os pontos de dados e a linha que representa o componente (ou seja, a distância perpendicular ao componente). O segundo componente indica uma direção perpendicular ao primeiro (o que, em geometria, equivale a dizer que os valores não estão correlacionados).

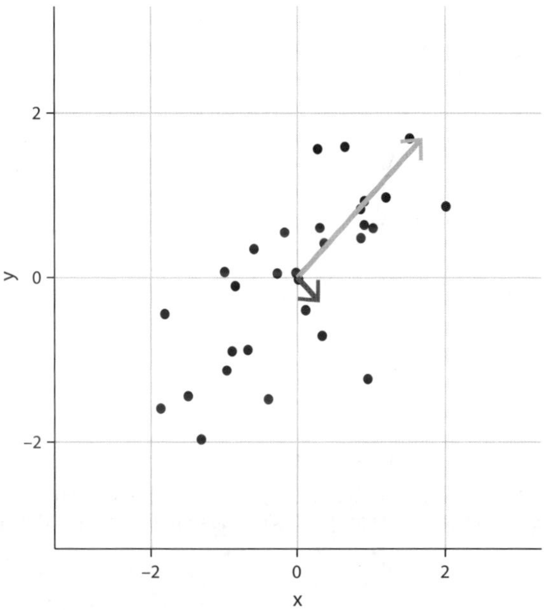

Figura 16.8. Um gráfico de dados sintéticos. O primeiro componente principal foi plotado em cinza-claro e o segundo, em cinza-escuro.

É comum usar ACP para reduzir a dimensionalidade de um conjunto de dados mais complexo. Por exemplo, imagine que gostaríamos de saber se o desempenho em todas as quatro variáveis relacionadas à tarefa de sinal de parada no conjunto de dados de autocontrole está ligado às cinco variáveis do questionário de impulsividade. É possível realizar a ACP em cada um desses conjuntos de dados separadamente e examinar quanto da variância nos dados é contabilizada pelo primeiro componente principal, o qual servirá como nosso resumo dos dados.

Na Figura 16.9 observamos que, para as variáveis relacionadas à tarefa de sinal de parada, o primeiro componente principal considera cerca de 60% da variância nos dados, enquanto para as variáveis do UPPS considera cerca de 55% dela. Isso sugere que o primeiro componente é um resumo razoável para cada conjunto de variáveis. Em seguida, podemos calcular a correlação entre os escores obtidos usando o primeiro componente principal de cada conjunto de variáveis a fim de verificar se existe uma relação entre os dois conjuntos. A correlação de −0,014 entre as duas variáveis resumidas sugere que não existe uma relação geral entre a inibição da resposta e a impulsividade neste conjunto de dados. O fato de o intervalo de confiança para a correlação ser bastante estreito também sugere que os dados são consistentes com uma correlação verdadeira próxima de 0.

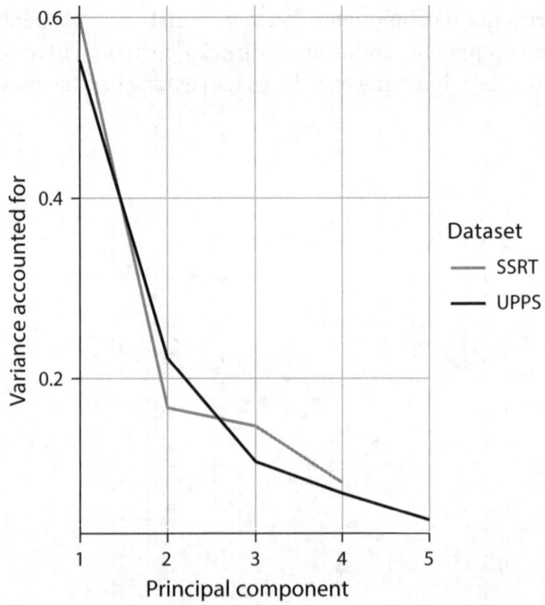

Figura 16.9. Um gráfico da variância contabilizada [Variance accounted] com ACP, aplicado separadamente às variáveis de inibição de resposta [SSRT] e de impulsividade [UPPS] do conjunto de dados de autocontrole.

```
##
## Correlação produto-momento de Pearson
##
## dados: SSRT e UPPS
## t = -0.3, df = 327, valor-p = 0.8
## hipótese alternativa: correlação verdadeira não é igual a 0
## Intervalo de confiança de 95%:
## -0.123 0.093
## estimativas de amostra:
##     cor
## -0.015
```

Poderíamos também realizar a ACP em todas as variáveis de uma só vez. Observando o gráfico de variância contabilizada (também conhecido como *scree plot*) na Figura 16.10, podemos verificar que os dois primeiros componentes representam uma quantidade substancial da variância nos dados. Em seguida, podemos analisar as cargas de cada uma das variáveis individuais nesses dois componentes a fim de entendermos como cada variável específica está associada aos diferentes componentes.

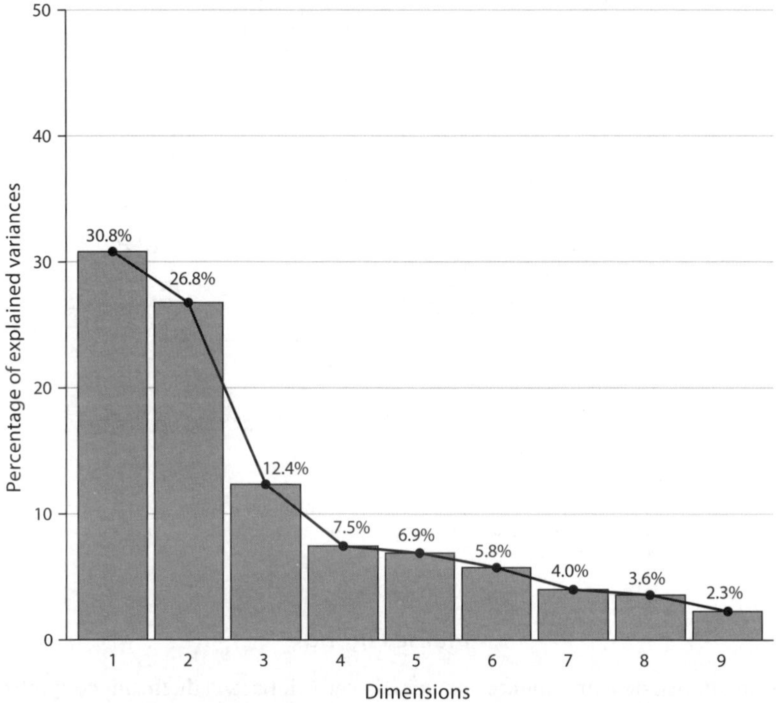

Figura 16.10. Gráfico de variância contabilizada pelos componentes [Percentage of explained variances] da ACP, calculados no conjunto completo de variáveis de autocontrole. "Dimensions" aqui são as dimensões.

Quando analisamos isso no caso do conjunto de dados de autocontrole (Figura 16.11), observamos que o primeiro componente (na primeira linha da figura) tem cargas diferentes de 0 para a maioria das variáveis do UPPS e cargas próximas de 0 para cada uma das variáveis do SSRT, enquanto o contrário ocorre com o segundo componente principal, cujas cargas estão principalmente nas variáveis do SSRT. Isso indica que o primeiro componente principal capturou grande parte da variância relacionada às medidas de impulsividade, ao passo que o segundo capturou grande parte da variância relacionada às medidas de inibição de resposta. Talvez você tenha percebido que as cargas são efetivamente negativas para a maioria dessas variáveis; o sinal é arbitrário, ou seja, devemos observar grandes cargas positivas e negativas.

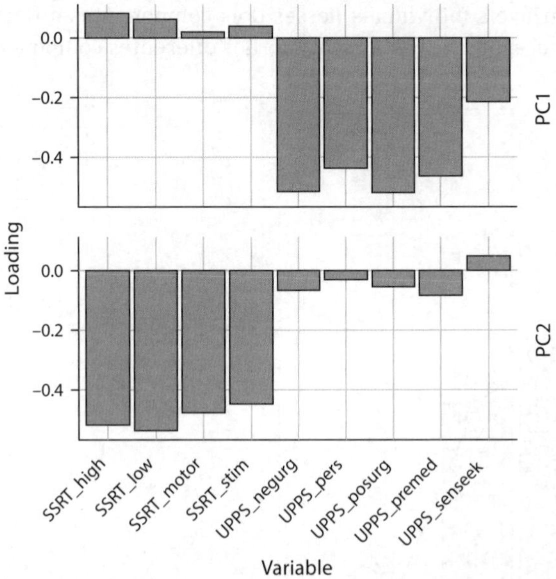

FIGURA 16.11. Gráfico de cargas [Loading] das variáveis [Variable] na solução de PCA, incluindo todas as variáveis de autocontrole. Cada variável é mostrada em termos de suas cargas em cada um dos dois componentes (mostrados à direita).

Análise Fatorial

Apesar da análise de componentes principais ser útil para reduzir um conjunto de dados a um número menor de variáveis compostas, o método padrão para ACP tem algumas limitações. A primeira, e mais importante, é que ele garante que os componentes não estejam correlacionados. Embora isso às vezes possa ser útil, é frequente querermos extrair dimensões as quais podem estar correlacionadas. A segunda é que a ACP não considera o erro de medição nas variáveis que estão sendo analisadas, e isso pode dificultar a interpretação das cargas resultantes nos componentes. Ainda que existam adaptações da ACP as quais podem abordar esses problemas, em algumas áreas é mais comum usar uma técnica chamada *análise fatorial exploratória* (ou AFE) para reduzir a dimensionalidade de um conjunto de dados.[1]

O conceito subjacente da AFE diz que cada variável observada é criada por meio de uma combinação de contribuições de um conjunto de *variáveis latentes* — ou seja, variáveis que não podem ser observadas diretamente — com uma determinada quantidade de erro de medição para cada variável. Por isso, os modelos de AFE são frequentemente tratados como membros de uma classe de modelos estatísticos conhecidos como *modelos de variáveis latentes*.

[1] A análise fatorial tem outra aplicação conhecida como *análise fatorial confirmatória* (ou AFC) que não estudamos aqui. Na prática, sua aplicação pode ser difícil. Pesquisas recentes começaram a progredir no sentido de modificações da AFE que possam responder às perguntas frequentemente abordadas por meio da AFC (Marsh *et al.*, 2014).

Por exemplo, suponha que nós queiramos entender como as medidas de diversas variáveis diferentes se relacionam com os fatores subjacentes que originam essas medições. Primeiro, geraremos um conjunto de dados sintéticos para ilustrar como isso pode funcionar. Ele contém um conjunto de indivíduos para os quais fingiremos conhecer os valores de diversas variáveis latentes relacionadas à psicologia: impulsividade, capacidade de memória de trabalho e raciocínio fluido. Suporemos que a capacidade de memória de trabalho e o raciocínio fluido estejam correlacionados, mas que nenhum deles esteja correlacionado com a impulsividade. A partir dessas variáveis latentes, geraremos um conjunto de oito variáveis observadas para cada indivíduo, as quais são simplesmente combinações lineares das variáveis latentes somadas a ruído aleatório para simular o erro de medida.

Podemos examinar com mais atenção os dados plotando um mapa de calor da matriz de correlação que relaciona todas essas variáveis (Figura 16.12). Nesse gráfico, observamos que existem três clusters de variáveis correspondentes às nossas três variáveis latentes, o que é esperado.

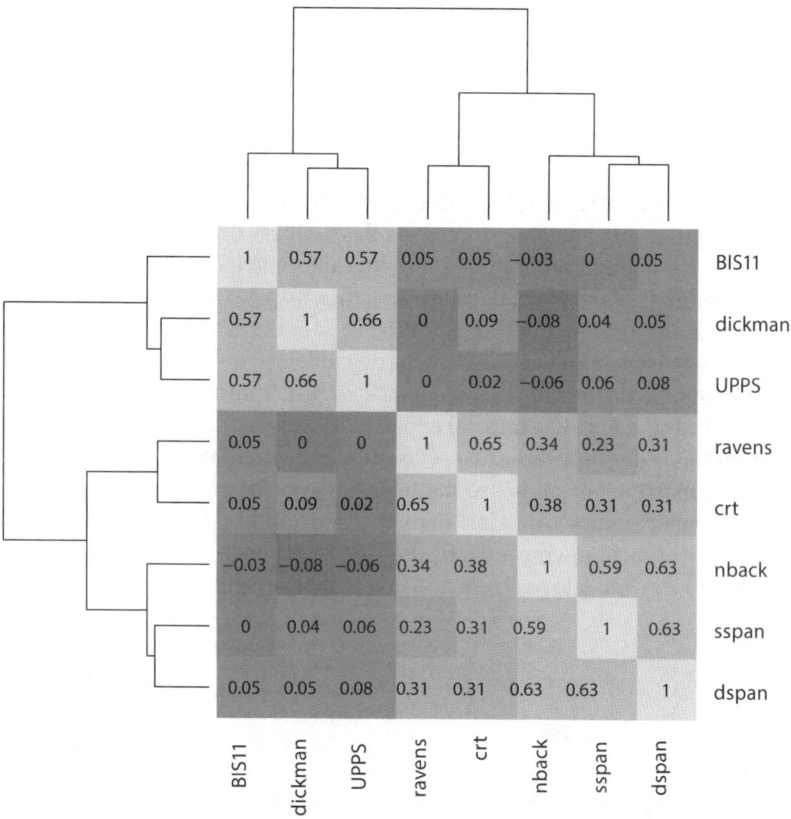

FIGURA 16.12. Um mapa de calor que mostra as correlações entre as variáveis geradas a partir das três variáveis latentes subjacentes. As variáveis foram ordenadas com base em seu cluster. Os dendrogramas (mostrados na parte superior e à esquerda) descrevem a clusterização das variáveis.

Podemos considerar a AFE como a estimativa simultânea dos parâmetros de um conjunto de modelos lineares, em que cada modelo relaciona uma das variáveis observadas a todas as variáveis latentes. Para exemplificar, as equações seriam semelhantes às mostradas a seguir. Nelas, os caracteres β têm dois subscritos — um que se refere à tarefa e o outro que se refere à variável latente — e uma variável ϵ que se refere ao erro. Aqui, partimos da suposição de que tudo tem uma média de 0, de modo que não precisamos incluir um termo de interceptação extra para cada equação.

$$
\begin{aligned}
nback &= beta_{[1,1]} * WM + \beta_{[1,2]} * FR + \beta_{[1,3]} * IMP + \epsilon \\
dspan &= beta_{[2,1]} * WM + \beta_{[2,2]} * FR + \beta_{[2,3]} * IMP + \epsilon \\
ospan &= beta_{[3,1]} * WM + \beta_{[3,2]} * FR + \beta_{[3,3]} * IMP + \epsilon \\
ravens &= beta_{[4,1]} * WM + \beta_{[4,2]} * FR + \beta_{[4,3]} * IMP + \epsilon \\
crt &= beta_{[5,1]} * WM + \beta_{[5,2]} * FR + \beta_{[5,3]} * IMP + \epsilon \\
UPPS &= beta_{[6,1]} * WM + \beta_{[6,2]} * FR + \beta_{[6,3]} * IMP + \epsilon \\
BIS11 &= beta_{[7,1]} * WM + \beta_{[7,2]} * FR + \beta_{[7,3]} * IMP + \epsilon \\
dickman &= beta_{[8,1]} * WM + \beta_{[8,2]} * FR + \beta_{[8,3]} * IMP + \epsilon
\end{aligned}
$$

Na verdade, o que queremos fazer com a AFE é estimar a *matriz* de coeficientes (betas) que mapeia as variáveis latentes nas variáveis observadas. Para os dados que estamos gerando, sabemos que a maioria dos betas nessa matriz é 0, pois os criamos dessa forma; para cada tarefa, apenas um dos pesos é definido como 1, significando que cada tarefa é uma medida do ruído de uma única variável latente.

É possível aplicar a AFE ao nosso conjunto de dados sintéticos para estimar esses parâmetros. Não entraremos em detalhes sobre como a AFE é realizada, exceto para mencionar um ponto importante. A maioria das análises anteriores deste livro se baseou em métodos que tentam minimizar a diferença entre os valores de dados observados e os preditos pelo modelo. Em contrapartida, os métodos usados para estimar os parâmetros da AFE tentam minimizar a diferença entre as *covariâncias* das variáveis observadas e as sugeridas pelos parâmetros do modelo. Por esse motivo, esses métodos são frequentemente tratados como *modelos de estrutura de covariância*.

Vamos aplicar uma análise fatorial exploratória aos nossos dados sintéticos. Assim como nos métodos de clusterização, precisamos primeiro determinar quantos fatores latentes queremos incluir em nosso modelo. Nesse caso, como sabemos que existem três fatores, começaremos com eles; mais tarde, examinaremos formas de estimar o número de fatores diretamente a partir dos dados. Vejamos a saída do nosso software estatístico para este modelo (os comentários foram traduzidos):

```
##
## Análise fatorial com Call: fa(r = observed_df, nfactors = 3)
##
## Índice RMSEA = 0.026
## BIC = -29
## Com correlações de fatores de
##            MR1       MR2       MR3
## MR1        1.00      0.03      0.47
## MR2        0.03      1.00      0.03
## MR3        0.47      0.03      1.00
```

Uma pergunta que gostaríamos de fazer é sobre a qualidade efetiva do ajuste do modelo aos dados. Não existe uma resposta única para ela; ao contrário, os pesquisadores desenvolveram diversos métodos diferentes que fornecem alguns insights sobre a qualidade de ajuste do modelo aos dados. Por exemplo, um critério comumente usado toma como base o *erro quadrático médio de aproximação* (RMSEA), que quantifica a discrepância entre as covariâncias preditas e as observadas; geralmente, um valor de RMSEA inferior a 0,08 é considerado com um modelo bem ajustado. No nosso exemplo, o valor de RMSEA é 0,026, sugerindo um excelente ajuste do modelo.

Além disso, podemos examinar as estimativas de parâmetros para verificar se o modelo identificou adequadamente a estrutura nos dados. Uma técnica comum é representá-las como um gráfico, por meio de um diagrama de setas em que as elipses ilustram as variáveis latentes, e os retângulos representam as observadas. Uma seta aponta de uma variável latente para uma observada quando há uma carga substancial entre elas; esse tipo de gráfico é conhecido como *diagrama de caminhos* [path diagram], pois retrata os caminhos que relacionam as variáveis. Esse diagrama é ilustrado na Figura 16.13. Nesse caso, o procedimento da AFE identificou corretamente a estrutura presente nos dados, tanto em termos de quais variáveis observadas estão relacionadas a cada variável latente quanto em termos das correlações entre variáveis latentes.

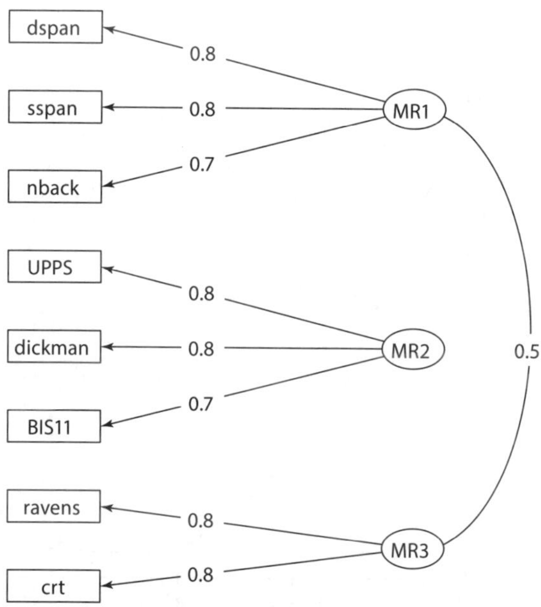

Figura 16.13. Diagrama de caminho para o modelo de análise fatorial exploratória.

Determinando o Número de Fatores

Um dos principais desafios de uso da AFE é determinar o número de fatores. Uma determinação comum é examinar o ajuste do modelo enquanto ele varia o número de fatores e, em seguida, selecionar o modelo que apresenta o melhor ajuste. Não é uma abordagem infalível, pois existem múltiplas formas de quantificar o ajuste do modelo, que às vezes podem fornecer respostas diferentes.

Poderíamos pensar que basta observar a qualidade do ajuste do modelo e escolher o número de fatores com o melhor ajuste, mas isso não funcionaria. Modelos mais complexos sempre se ajustarão melhor aos dados (como vimos anteriormente quando abordamos o sobreajuste). Por isso, precisamos usar uma métrica de ajuste que inclua uma penalidade para o número de parâmetros no modelo. Para esse exemplo, escolhemos um dos métodos comuns para quantificar o ajuste do modelo, conhecido como *critério de informação bayesiano ajustado pelo tamanho da amostra* (ou SABIC). Essa medida quantifica a qualidade do ajuste do modelo aos dados (perguntando qual a probabilidade dos dados ocorrerem considerando o modelo) e, ao mesmo tempo, considera o seu número de parâmetros (que, nesse caso, está relacionado ao número de fatores) e ao tamanho da amostra. Apesar de seu valor absoluto não ser interpretável, podemos comparar modelos usando o SABIC ao utilizar os mesmos dados e o mesmo tipo de modelo a fim de determinar qual é o mais adequado para os dados. É importante saber que, no SABIC e em outras medidas como essa (conhecidas como *critérios de informação*), valores menores representam um melhor ajuste do modelo. Logo, nesse caso, queremos encontrar o número de fatores com o menor SABIC. Na Figura 16.14, vemos que o modelo com o menor SABIC tem três, demonstrando que essa abordagem foi capaz de determinar com acurácia o número de fatores usados para gerar os dados.

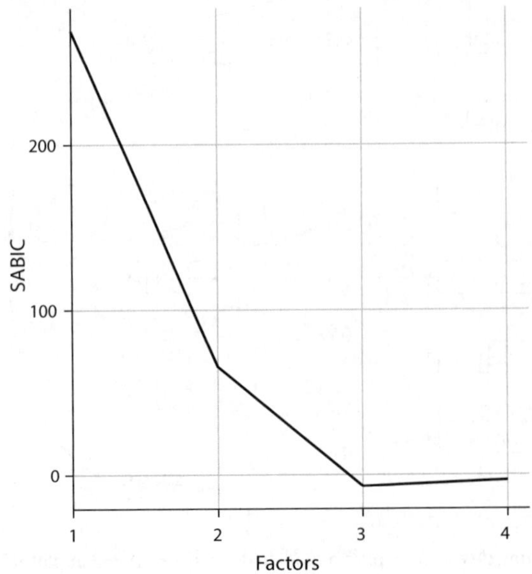

Figura 16.14. Gráfico do SABIC para números variáveis de fatores [Factors].

Agora, vejamos o que acontece quando aplicamos esse modelo aos dados reais do conjunto de dados de autocontrole, que contém medições de todas as oito variáveis simuladas no exemplo anterior. O modelo com três fatores também tem o menor SABIC para os dados reais. Ao plotarmos o diagrama de caminho (Figura 16.15), verificamos que eles demonstram uma estrutura fatorial muito semelhante à que observamos com os dados simulados.

Isso não deve ser surpresa, já que os dados simulados foram gerados com base no conhecimento dessas diferentes tarefas; mas é reconfortante saber que o comportamento humano é sistemático o bastante para que possamos identificar de forma confiável os tipos de relações. A principal diferença é que a correlação entre o fator de memória de trabalho (MR3) e o fator de raciocínio fluido (MR1) é ainda maior do que nos dados simulados. Em termos científicos, o resultado é útil porque nos mostra que, embora a memória de trabalho e o raciocínio fluido estejam intimamente relacionados, é prático modelá-los separadamente.

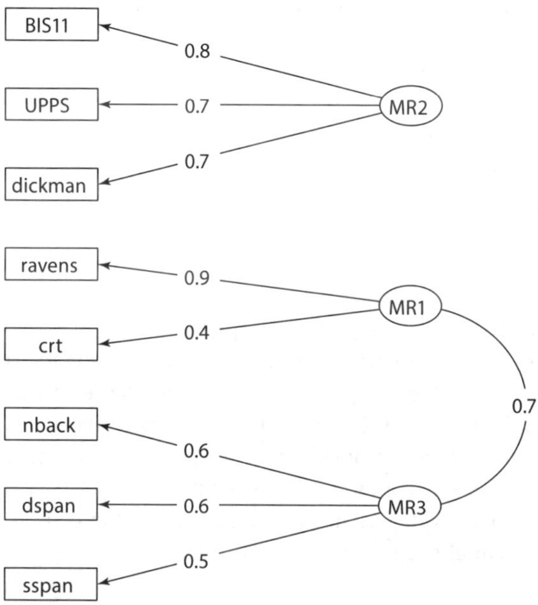

FIGURA 16.15. Diagrama de caminho para o modelo de três fatores no conjunto de dados de autocontrole.

Leituras Sugeridas:

- *The Geometry of Multivariate Statistics*, de Thomas Wickens. Essa obra clássica do falecido Tom Wickens mostra como pensar em estatística multivariada a partir da ótica geométrica.
- *No Bullshit Guide to Linear Algebra*, de Ivan Savov. Esse livro honra seu título ao fornecer uma visão geral fácil de entender, ainda que detalhada, da álgebra linear, abrangendo todos os conceitos necessários para compreender os métodos analisados neste capítulo.
- "Clustering: Science or Art?", de Ulrike von Luxburg, Robert Williamson e Isabelle Guyon. Esse artigo (disponível gratuitamente online) apresenta exatamente por que em geral não existe uma resposta "correta" quando se trata de clusterização de dados.

Problemas

1. Descreva a justificativa para usar um gráfico de dispersão de matrizes ou um mapa de calor a fim de visualizar dados multivariados. Em que situações o primeiro seria mais adequado que o segundo?
2. O que é um método de análise iterativa e por que executá-lo múltiplas vezes e comparar os resultados pode ser importante? Quais métodos analisados neste capítulo foram descritos como iterativos?
3. Descreva o algoritmo de clusterização com K-means.
4. Como podemos determinar o número correto de clusters para um problema de clusterização?
   - ▷ Ao determinar qual solução de clusterização considera maior variância nos dados.
   - ▷ Ao inspecionar visualmente as soluções e encontrar a que parece mais satisfatória.
   - ▷ Ao calcular a similaridade dos clusters e encontrar o número que maximiza essa similaridade.
   - ▷ Não existe uma forma única de determinar o número correto de clusters.
5. Quais das seguintes afirmações são verdadeiras em relação aos resultados da análise de componentes principais? Escolha todas as opções que se aplicam.
   - ▷ O primeiro componente principal considera uma maior quantidade de variância do que o segundo componente.
   - ▷ Os componentes principais não estão correlacionados uns com os outros.
   - ▷ O componente principal é idêntico à linha de regressão.
   - ▷ O sinal dos valores dos componentes é arbitrário.
6. Descreva uma forma importante pela qual a análise fatorial exploratória diverge da análise de componentes principais.
7. Descreva um método que pode ser usado para determinar o número de fatores em uma análise fatorial exploratória.

17

Modelagem Estatística Prática

Neste capítulo, exploraremos diversos exemplos de análises estatísticas aplicadas a dados reais. Mesmo que os capítulos anteriores tenham apresentado aos leitores os fundamentos para entender como analisar dados, quando trabalhamos com aqueles reais do dia a dia, costumamos nos deparar com situações confusas. Agora, apresentaremos uma estratégia geral para realizar análises estatísticas e forneceremos diversos exemplos. Eles provêm de uma grande variedade de áreas a fim de ilustrar os muitos tipos de problemas que podem ser abordados com a modelagem estatística. Apresentaremos também alguns métodos e conceitos de análise mais avançados, incluindo regressão logística e modelos de efeitos mistos, necessários para analisar adequadamente alguns dos conjuntos de dados, e detalharemos como realizar diagnósticos a partir de resultados de análises estatísticas, além de formas de abordar problemas encontrados com frequência.

Objetivos de Aprendizagem

Após ler este capítulo, você deve ser capaz de:

- Determinar o modelo estatístico adequado a fim de testar uma hipótese científica específica.
- Identificar outliers e descrever por que eles podem ser problemáticos para uma análise.
- Determinar se um modelo de efeitos mistos é necessário em uma situação específica.
- Verificar as suposições do modelo estatístico para garantir que não sejam infringidas.

O Processo de Modelagem Estatística

Em geral, adotamos um conjunto de etapas quando queremos usar nosso modelo estatístico para testar uma hipótese científica:

1. Especificar a pergunta de interesse.
2. Identificar ou coletar os dados adequados.
3. Preparar e visualizar os dados.
4. Determinar o modelo adequado.
5. Ajustar o modelo aos dados.
6. Diagnosticar o modelo a fim de verificar suposições.
7. Testar hipóteses e quantificar o tamanho do efeito.

Para cada um dos exemplos subsequentes, adotaremos essas etapas a fim de realizar a análise. Observe que, não raro, pode ser necessário retroceder e executar algumas delas múltiplas vezes; por exemplo, em geral, começamos ajustando um modelo inicial relativamente simples e, em seguida, descobrimos que certas suposições importantes do modelo foram infringidas, caso em que talvez precisemos modificá-lo e/ou transformar os dados e, em seguida, reajustar o modelo.

Data Wrangling

Para cada uma das análises descritas a seguir, os dados brutos exigem algum grau de manipulação (muitas vezes chamado de "data wrangling") com o intuito de formatá-los de modo a prepará-los para a análise de dados. Dependendo da linguagem e dos pacotes de software específicos a serem usados, a forma como realizamos o data wrangling pode diferir. Normalmente, ela envolve etapas como mudar os nomes das variáveis, combinar os dados de múltiplos arquivos ou fontes de dados e modificar o formato das variáveis. Nos exemplos a seguir, não nos aprofundamos nos detalhes desse processo, mas os leitores interessados podem conferi-lo em sua totalidade no código disponível em `https://press.princeton.edu/isbn/9780691218441`, em Resources.

Familiarizar-se com o data wrangling é aspecto importante da prática estatística no mundo cotidiano, e a melhor maneira de fazer isso é usar uma linguagem de programação como R ou Python. Não raro, é fácil executar um simples data wrangling usando um programa de planilhas como o Microsoft Excel, porém os resultados podem ser impossíveis de reproduzir ou de verificar, o que geralmente leva a erros. Um exemplo flagrante ocorreu em uma publicação econômica bem conhecida (Reinhart; Rogoff, 2010), a qual argumentava que a dívida norte-americana estava associada à diminuição do crescimento econômico; esse artigo foi fundamental para os programas de austeridade, resultando em dificuldades substanciais em todo o mundo no início da década de 2010. Acontece que a conclusão do artigo estava equivocada devido a um erro cometido no trabalho com os dados em uma planilha do Excel.[1]

Especificando o Modelo Estatístico

Talvez o aspecto mais desafiador da análise estatística seja determinar o modelo adequado e, em seguida, especificar as variáveis que devem aparecer nele. Aqui, descrevemos alguns dos fatores importantes para determinar e especificá-lo.

Como a Variável Dependente É Distribuída?

A distribuição da variável dependente é imprescindível para determinar o modelo estatístico a ser utilizado, pois ela tem grande impacto na distribuição dos resíduos. Como a maioria dos métodos estatísticos exige que façamos suposições sobre a distribuição de resíduos para realizar inferências estatísticas com acurácia, é fundamental garantir que as suposições necessárias sejam atendidas.

---

1 `https://theconversation.com/the-reinhart-rogoff-error-or-how-not-to-excel-at-economics-13646`.

Quando os dados são distribuídos continuamente, em geral, usamos o modelo de regressão linear como ponto de partida. Nesse caso, os resíduos a partir do modelo devem ser (pelo menos, a grosso modo) normalmente distribuídos, de modo que seus valores-p sejam confiáveis. Vale ressaltar que essa suposição é essencial, sobretudo quando os tamanhos da amostra são relativamente pequenos; uma vez que eles chegam a centenas ou a milhares, o teorema central do limite garante que as distribuições amostrais de nossas estatísticas sejam normais, mesmo que os resíduos não o sejam. Para todas as análises a seguir que usam modelos de regressão linear, verificaremos os resíduos com os gráficos quantil-quantil (Q-Q) a fim de procurar desvios óbvios de normalidade. Não existe cutoff rigoroso a partir do qual desvios de normalidade se tornam problemáticos, mas, se forem óbvios, eles devem ser abordados, principalmente se o tamanho da amostra for relativamente pequeno.

Para cada uma das análises a seguir, examinaremos a distribuição dos dados antes de especificar o modelo. Embora nossa suposição de normalidade se aplique aos resíduos do modelo, e não aos dados brutos, é comum que os desvios de normalidade surjam da não normalidade nos dados. No exemplo 1, veremos um conjunto em que a variável dependente é binária (ou seja, com valores de 0 ou 1). Se ajustarmos um modelo de regressão linear a esses dados, será basicamente impossível obter resíduos normalmente distribuídos. É provável também que isso ocorra se eles forem muito assimétricos ou tiverem uma distribuição de cauda longa.

Quando os dados têm uma estrutura que faz com que os resíduos não sejam normais, temos duas opções. Primeiro, podemos aplicar a transformação matemática aos dados para alterar a forma da distribuição. Quando eles são assimétricos, uma transformação, como um logaritmo ou raiz quadrada, costuma ser suficiente para tornar a distribuição mais ou menos normal, como veremos no exemplo 4. Em outros casos, podemos decidir transformar fundamentalmente os dados de modo que um tipo diferente de modelo seja adequado. No exemplo 1, nós os transformamos a partir de uma variável altamente assimétrica, com um grande número de 0s, em uma variável binária. Segundo, podemos usar um tipo diferente de modelo estatístico. No exemplo 1, apresentamos o modelo de *regressão logística*, que é uma extensão da regressão linear adequada para dados binários. Existem modelos muito mais sofisticados os quais podem ser usados com outros tipos de dados, mas fogem ao escopo deste livro e geralmente exigem a consulta de um especialista em estatística.

Por último, é importante ressaltar que a não normalidade de resíduos pode ocorrer com frequência quando o modelo estatístico não inclui variáveis importantes de interesse, o que chamamos de *especificação incorreta* do modelo. Por exemplo, imagine que estivéssemos analisando um conjunto de dados envolvendo a comparação de escores em um teste de escrita criativa entre dois programas universitários diferentes. Sem o nosso conhecimento, os dados incluem os escores de dois grupos de estudantes: graduandos de inglês e graduandos de matemática. Se o modelo estatístico não incluir uma variável que considere as diferenças entre os cursos de graduação, isso pode resultar na não normalidade de resíduos, caso os escores dos testes de escrita dos dois grupos sejam muito diferentes. Desse modo, quando resíduos não normais forem encontrados, deve-se sempre considerar se o modelo está devidamente especificado e se há alguma variável importante que possa estar faltando.

Além da normalidade, em geral, é necessário também supor que os resíduos são independentes e têm a mesma variância entre as observações; não raro, essa suposição é considerada como *independente e identicamente distribuída*, ou IID. Muitas vezes, a estrutura oculta nos dados pode resultar em violações dessa suposição, as quais podem causar estimativas enviesadas de efeito, assim como inferências equivocadas. Por exemplo, imagine que estamos analisando o desempenho de alunos de uma escola de ensino fundamental em um teste de leitura. Se alguns professores forem melhores do que outros, e não incluirmos essa informação no modelo, os alunos cujos professores são melhores geralmente terão desempenho superior (e, como consequência, resíduos positivos) enquanto aqueles cujos professores deixam a desejar terão resíduos negativos devido ao desempenho inferior.

Pode ocorrer algo parecido quando o mesmo indivíduo é testado repetidamente com a mesma medida visto que, provavelmente, as observações serão mais semelhantes entre indivíduos; é o mesmo problema que vimos no teste *t* pareado no Capítulo 15. Quando os dados têm esse tipo de estrutura, costumamos chamá-los de *dados clusterizados*; por ser um problema muito comum, vamos analisá-lo nos exemplos 2, 3 e 4. Além do mais, diferentes áreas de pesquisa usam uma série de técnicas distintas para lidar com esse problema. Apresentaremos um método específico conhecido como *modelagem de efeitos mistos*, comumente usado em diversas áreas para abordar dados clusterizados.

Outliers e Observações Influentes

Já vimos o potencial impacto dos outliers no Capítulo 13, quando os analisamos no contexto das correlações. O mesmo problema pode surgir em quase qualquer análise de resultados contínuos. Outliers são pontos de dados que se situam muito além da distribuição geral. Não existe um critério único para distingui-los a partir de pontos de dados regulares. Uma definição comum, proveniente de John Tukey, está consagrada no gráfico de caixa que já vimos. O critério de Tukey se baseia no *intervalo interquartil*[2] (IQR), que é a distância entre o vigésimo quinto percentil (ou primeiro quartil) e o septuagésimo quinto percentil (ou terceiro quartil) dos dados (Figura 17.1). Um outlier é definido como qualquer ponto que se localize a uma distância superior a 1,5 IQR, acima ou abaixo do primeiro e do terceiro quartil (que é onde os "whiskers [bigodes]" do gráfico de caixa terminam); na figura, eles são mostrados como pontos individuais.

No contexto da regressão, estamos especialmente interessados na influência de qualquer ponto determinado de dados nos parâmetros estimados do modelo. Uma forma de conceitualizar isso é considerar o quanto os parâmetros de regressão mudariam se cada ponto de dados fosse omitido. Uma medida estatística comumente utilizada, conhecida como *distância de Cook* (muitas vezes chamada de *D de Cook*), pode ser usada para quantificar isso e está disponível na maioria dos softwares de regressão. Na Figura 17.1, podemos observar que o D de Cook é maior para pontos de dados que se afastam da linha de regressão e estão nas extremidades do valor x (embora os pontos não precisem necessariamente estar distantes da linha de regressão). O termo *leverage*

---

2 O intervalo interquartil também é conhecido como *amplitude interquartil* ou intervalo entre quartis. [N. da T.]

[alavancagem] é frequentemente usado para descrever isso, pois é análogo ao fenômeno físico em que o efeito de uma força depende da distância em que ela está do ponto fixo[3], a qual, nesse caso, é a média da variável *x*. Uma regra prática é investigar qualquer observação com um valor D de Cook maior que 1, mas aqueles com um D de Cook menor também podem influenciar substancialmente a solução de regressão. Embora pontos altamente influentes também sejam extremos no valor de *y*, esse exemplo demonstra como eles também podem exercer influência ainda que se situem bem no meio da distribuição do valor de *y*. O mesmo não acontece com a variável *x*: assim como uma pessoa no meio de uma gangorra terá dificuldades para movimentá-la, é improvável que os pontos de dados no centro da distribuição *x* tenham alta leverage.

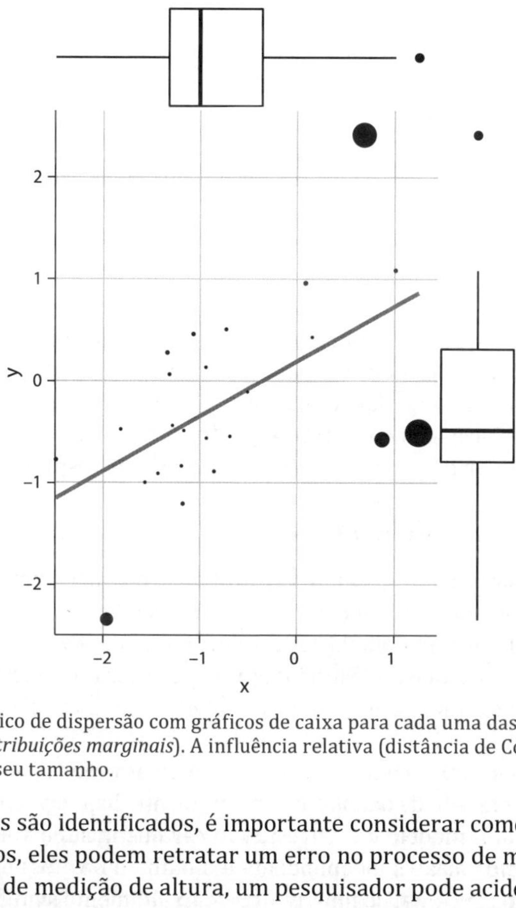

FIGURA 17.1. Um gráfico de dispersão com gráficos de caixa para cada uma das variáveis individuais (conhecidas como *distribuições marginais*). A influência relativa (distância de Cook) de cada ponto de dados é refletida por seu tamanho.

Quando outliers são identificados, é importante considerar como podem ter surgido. Em alguns casos, eles podem retratar um erro no processo de medição; por exemplo, em um estudo de medição de altura, um pesquisador pode acidentalmente inserir o valor em metros em vez de em centímetros, ou pode transpor o número 175, resultando em 751. Assim sendo, é crucial entender as variáveis que estão sendo medidas e garantir que todos os valores estejam dentro de intervalos aceitáveis. Em outro exemplo marcante, um estudo publicado (Lewandowsky; Gignac; Oberauer, 2013) analisou

3 Conhecido também como fulcro ou ponto de apoio [N. da T.].

a relação entre idade e multividências em uma série de questões relacionadas à rejeição da ciência, e relatou-se que a idade não estava relacionada a essas variáveis. Mais tarde, publicaram uma correção do estudo (Lewandowsky; Gignac; Oberauer, 2015), revelando que "o conjunto de dados incluía dois outliers notáveis (idades relatadas de 5 e 32757)". Trata-se de um caso em que a visualização adequada dos dados certamente teria revelado a presença de um valor de idade inválido.

Outliers também podem retratar a presença de processos mais complexos subjacentes à geração dos dados. Por exemplo, na psicologia, é comum mensurar tempos de resposta para analisar processos psicológicos. Nesses estudos, as reações geralmente ocorrem em menos de 1 segundo, mas não é incomum observarmos tempos de resposta com ocasionais outliers e duração superior a 2 segundos. Nesses casos, em geral, acreditamos que respostas longas retratam algum tipo de distração ou de divagação mental, sugerindo que algo diferente está acontecendo nesses testes em comparação com o restante. Para muitos pesquisadores, isso justifica a remoção dos outliers incômodos (como é comum na análise dos tempos de resposta), já que podem não ser indicativos dos mesmos mecanismos de geração de dados. A decisão deve ser baseada na compreensão científica dos dados e de como foram gerados, devendo ser tomada *antes* da análise.

Ainda em outros casos, os outliers podem simplesmente refletir a distribuição subjacente dos dados. Por exemplo, quando uma variável tem uma distribuição de cauda longa assimétrica, os valores mais extremos no conjunto de dados provavelmente aparecerão como outliers em qualquer análise. Contudo, a remoção desses valores extremos provavelmente removeria alguns dos pontos de dados mais importantes e potencialmente enviesaria qualquer análise. Uma solução é transformar os dados; por exemplo, uma transformação logarítmica geralmente tende a extrair observações extremas que, de outra forma, poderiam ter alta leverage no resultado.

Quais São as Variáveis Independentes de Interesse?

De modo geral, se soubermos que uma variável pode potencialmente impactar o valor de outra, dependente, devemos incluí-la em nosso modelo. Já mencionamos o motivo para isso: deixar de incluir uma variável relevante pode levar a uma estrutura não aleatória nos resíduos, o que pode infringir as suposições do nosso modelo. Outro motivo está relacionado à interpretação dos resultados, como um exemplo clássico pode demonstrar.

Uma pesquisadora quer compreender os fatores associados aos ataques de tubarão, então usa um conjunto de dados convenientemente disponível para investigar esse problema. Ela cria um modelo de regressão linear que inclui o volume de vendas locais de sorvete como variável independente e o número de ataques de tubarão como variável dependente. Sua análise mostra um efeito altamente significativo das vendas de sorvete na prevalência de ataques de tubarão. Como interpretamos isso? Com um pouco de exercício mental, podemos encontrar uma explicação: derramar sorvete na água pode atrair tubarões para a praia. No entanto, existe uma explicação mais óbvia: quando faz calor, tanto os ataques de tubarão quanto as vendas de sorvete aumentam, pois mais pessoas vão à praia. Assim, costumamos dizer que o número de indivíduos na praia é uma variável de *confusão*, pois é causa comum de mudanças em uma variável independente (ataques de tubarão) e em uma dependente (vendas de sorvete). Sempre que variáveis de confusão não forem incluídas em nosso modelo estatístico, não conseguimos interpretar os parâmetros de regressão como reflexo de relações causais entre as variáveis independentes e dependentes.

Conforme destacado no Capítulo 13, quanto à causalidade e correlação, geralmente devemos ser cautelosos ao fazer qualquer interpretação *causal* a partir de resultados de um modelo linear. No entanto, criar nosso modelo de regressão *exige* que pensemos pelo seguinte motivo em possíveis causas das variáveis dependentes: as variáveis de confusão são aquelas que podem potencialmente ter um efeito causal nas independentes e dependentes (ou seja, uma *causa comum*). É importante incluí-las em nosso modelo a fim de assegurar a interpretação adequada dos parâmetros de regressão. Porém, às vezes, podemos ficar tentados a incluir uma variável que é um *efeito comum* dos processos medidos tanto pelas variáveis dependentes quanto por outras independentes no modelo, e isso pode ser um belo de um problema.

Por exemplo, digamos que queremos avaliar se a altura e a velocidade estão relacionadas no caso de jogadores de basquete.[4] A Figura 17.2 mostra um conjunto de dados simulado de altura e velocidade no qual essas duas variáveis não estão relacionadas, como podemos observar ao ajustar um modelo de regressão linear (os comentários foram traduzidos):

```
##
## Chamada:
## lm(fórmula = speed ~ height, dados = conf _ df)
##
## Coeficientes:
##                    Estimativa      Erro  Valor t  Pr(>|t|)
##                        Padrão
## (Intercepto)         49.54246   2.86552    17.29   <2e-16  ***
## altura                0.00216   0.01625     0.13     0.89
## ---
## Signif. códigos: 0 '***' 0.001 '**' 0.01 '*' 0.05 '.' 0.1 ' ' 1
##
## Erro padrão residual: 10 em 998 graus de liberdade
## R-quadrado múltiplo: 1.77e-05,  R-quadrado ajustado: -0.000984
## Estatística-F: 0.0176 em 1 e 998 DF, valor-p: 0.894
```

4 Vejam também: https://observablehq.com/@herbps10/collider-bias.

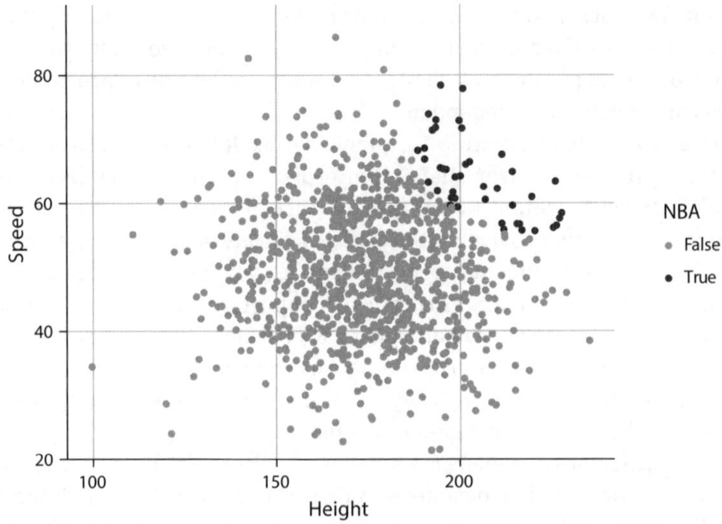

FIGURA 17.2. Gráfico de dispersão de dados simulados de altura [Height] em relação à velocidade [Speed] de um grupo de jogadores de basquete. Os jogadores da NBA são selecionados com base em uma combinação de velocidade e de altura e são mostrados na cor cinza-escuro.

Agora, suponhamos que desejamos incluir uma variável adicional no modelo a qual especifique quais dos jogadores são membros da NBA (mostrado na cor cinza-escuro na figura). Partimos da suposição de que os jogadores da associação de basquete estão situados no canto superior direito do gráfico; para entrar nela, é preciso ser muito rápido, muito alto ou ter uma boa combinação de ambos os fatores. Se incluirmos o status de jogador da NBA no modelo, o efeito da altura na velocidade se torna significativamente *negativo* (os comentários foram traduzidos):

```
##
## Chamada:
## lm(fórmula = speed ~ height + NBA, dados = conf _ df)
##
## Coeficientes:
##                        Estimativa    Erro   Valor t  Pr(>|t|)
                              Padrão
## (Intercepto)             58.0959   2.8543     20.35   <2e-16  ***
## Altura                   -0.0507   0.0163     -3.11   0.0019  **
## NBATRUE                  16.0857   1.5775     10.20   <2e-16  ***
## ---
## Signif. códigos: 0 '***' 0.001 '**' 0.01 '*' 0.05 '.' 0.1 ' ' 1
##
## Erro padrão residual: 9.7 em 997 graus de liberdade
## R-quadrado múltiplo: 0.0945, R-quadrado ajustado: 0.0926
## Estatística-F: 52 em 2 e 997 DF, valor-p: <2e-16
```

A intuição aqui é: mesmo que a altura e a velocidade não estejam relacionadas na população em geral, a seleção de indivíduos para a NBA depende dos dois fatores. Ou seja, o status de jogador da NBA é um efeito comum da altura e da velocidade. Em geral, chamamos isso de *viés de colisão* [collider bias] e, quando temos um nó de grafo com múltiplas setas apontando para um viés de colisão, chamamos isso de *colisor*. Se plotarmos um grafo de causa-efeito (consulte o Capítulo 13), observaríamos que a velocidade e a altura têm setas as quais apontam para o status de jogador da NBA. Se rodarmos a mesma regressão apenas com jogadores da NBA, esse efeito também fica claro, pois podemos observar uma forte relação negativa entre velocidade e altura (os comentários foram traduzidos):

```
##
## Chamada:
## lm(fórmula = speed ~ height, dados = conf _ df _ nba)
##
## Coeficientes:
##                        Estimativa     Erro  Valor t  Pr(>|t|)
                              Padrão
## (Intercepto)            131.6209   12.9493    10.16  6.9e-13 ***
## Altura                   -0.3315    0.0632    -5.24  4.8e-06 ***
## ---
## Signif. códigos: 0 '***' 0.001 '**' 0.01 '*' 0.05 '.' 0.1 ' ' 1
##
## Erro padrão residual: 4.8 em 42 graus de liberdade
## R-quadrado múltiplo: 0.396, R-quadrado ajustado: 0.381
## Estatística-F: 27.5 em 1 e 42 DF, valor-p: 4.79e-06
```

Esse tipo de viés de colisão é conhecido como *viés de seleção* e ocorre quando a inclusão no conjunto de dados está relacionada a uma das variáveis do modelo. O viés de seleção pode ter efeitos prejudiciais importantes nos resultados das análises estatísticas. Por exemplo, Woodfine e Redelmeier (2015) demonstraram como ele poderia levar à conclusão de que o uso de capacete resulta em ferimentos *piores* quando se trata de acidentes de motocicleta quando, na realidade, o uso de capacete proporciona proteção. Nesse caso, o viés surgiu ao se analisar apenas os indivíduos hospitalizados.

Esse exemplo ressalta dois problemas a serem considerados quando especificamos e interpretamos modelos de regressão. Primeiro, nunca se deve incluir uma variável se ela for um efeito comum plausível da variável dependente ou de uma das independentes, pois isso pode enviesar drasticamente as estimativas do modelo. Segundo, devemos estar cientes dos efeitos potenciais do viés de seleção, o que exige compreensão de como nossas amostras são coletadas e de quais vieses podem estar em cena.

Exemplo 1: Autorregulação e Prisão

A capacidade de controlar o próprio comportamento é considerada um fator determinante e vital de muitas consequências ao longo da vida. O estudo de Eisenberg *et al* (2019), que apresentamos no Capítulo 16, examinava a relação entre diferentes aspectos da autorregulação e consequências (resultados) do mundo cotidiano em uma amostra com 522 indivíduos testados online. Nesse exemplo, examinamos se um aspecto específico da autorregulação conhecido como *impulsividade* está relacionado à verossimilhança de o indivíduo ser preso por um crime. A impulsividade se refere à tendência de tomar decisões com relativamente pouco planejamento e, em geral, é estimada a partir de questionários sobre tendências comportamentais. Por exemplo, um deles, conhecido como escala de impulsividade de Barratt, pede à pessoa que avalie suas tendências com relação a várias ações (como "agir no calor do momento" ou "planejar viagens com bastante antecedência") em uma escala de 1 (raramente/nunca) a 4 (quase sempre/sempre). Em seguida, essas avaliações são calculadas como médias, considerando todas as perguntas, a fim de contabilizar um escore geral para cada indivíduo.

1. Especifique Sua Pergunta de Interesse

A pergunta de interesse é se o nível de impulsividade autorrelatado de uma pessoa está relacionado à verossimilhança de ela já ter sido presa por um crime.

Tabela 17.1. A Distribuição de Frequência do Número de Prisões Relatadas no Conjunto de Dados de Eisenberg *et al.*

Número de prisões por indivíduo	Número de indivíduos	Proporção do total
0	409	0.785
1	58	0.111
2	33	0.063
3	9	0.017
4	5	0.010
5	5	0.010
6	2	0.004

2. Identifique ou Colete os Dados Adequados

O estudo de Eisenberg *et al* coletou dados relacionados a diferentes aspectos da impulsividade a partir dos seguintes questionários:

- A escala de impulsividade de Barratt, versão 11 (BIS11), que inclui subescalas para impulsividade motora, não planejamento e impulsividade atencional.
- A escala de comportamento impulsivo UPPS-P, que se refere a diferentes subescalas de impulsividade: urgência (negativa), (falta de) premeditação, (falta de) perseverança, busca por sensações e urgência positiva.
- O inventário de impulsividade de Dickman (Dickman), que inclui subescalas para impulsividade funcional e disfuncional.
- A escala de busca por sensações (SSS), que mensura diversos aspectos da tendência de buscar emoções ou novas experiências e da tendência ao tédio.

O estudo também incluiu uma pesquisa demográfica e a seguinte pergunta: "Quantas vezes em sua vida você foi preso e/ou acusado de atividades ilegais?"

3. Prepare e Visualize os Dados

Primeiro, devemos carregar os dados e prepará-los para análise. Eles estão armazenados em dois arquivos, um contendo as medidas de pesquisa e o outro contendo informações demográficas, incluindo a pergunta sobre a prisão. Carregamos esses arquivos e os combinamos em um único data frame. Lembre que eles estão em inglês com suas respectivas variáveis.

Após preparar os dados, é sempre bom analisá-los antes de realizar qualquer modelagem estatística a fim de garantir que não haja aspectos clássicos dos dados que seriam problemáticos para o plano de análise. Começaremos analisando a distribuição de prisões no conjunto de dados. A Tabela 17.1 demonstra que a maioria dos participantes (78,5%) nunca foi presa; entre aqueles que foram, a maioria foi detida somente uma vez, e um número muito pequeno de indivíduos foi preso mais de duas vezes (até um máximo de seis prisões). A forma dessa distribuição sugere que provavelmente não podemos usar nenhuma análise que exija suposições de normalidade; mais adiante, examinamos isso.

Agora, analisaremos os dados sobre impulsividade. Temos uma série de medidas diferentes de impulsividade, as quais gostaríamos de sumarizar em um conjunto menor de números para cada indivíduo. Para primeiro obter uma intuição sobre a relação entre as diferentes variáveis, podemos calcular a correlação entre cada par de variáveis e plotá-las como um mapa de calor, como fizemos no Capítulo 16. É possível realizar a clusterização ao mesmo tempo e reordenar as variáveis no mapa de calor com base em seu cluster, conforme ilustrado na Figura 17.3.

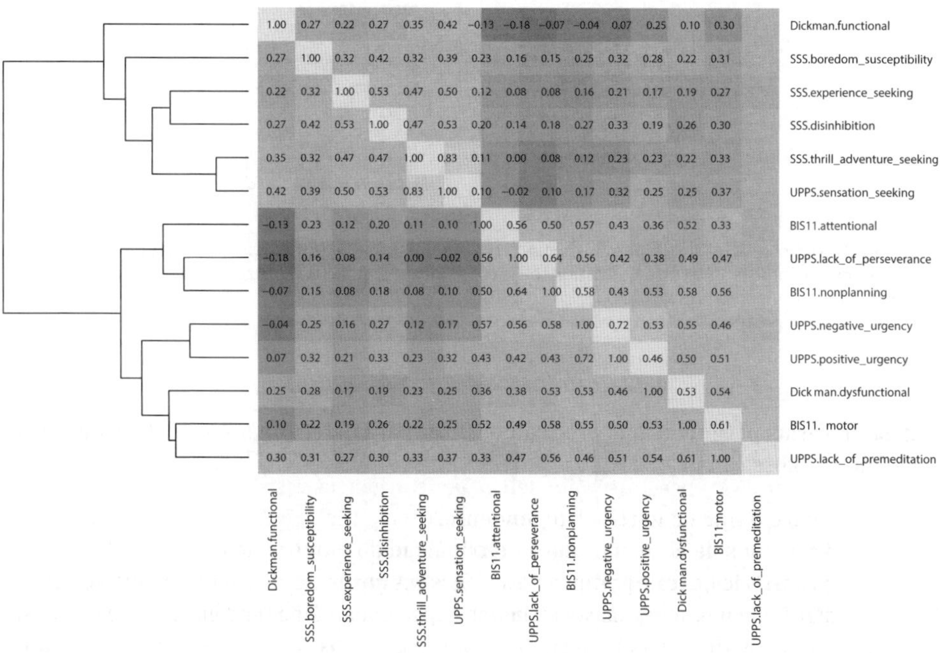

Figura 17.3. Um mapa de calor da matriz de correlação das variáveis de impulsividade para a análise de prisões, reordenada por seu cluster.

A partir dessa figura, fica evidente que existem dois conjuntos de variáveis que parecem se clusterizar. O primeiro conjunto, na parte inferior do mapa de calor, está relacionado a features clássicas da impulsividade, como falta de planejamento e urgência. O segundo conjunto, na parte superior, está mais intimamente relacionado à busca por sensações/emoção e à suscetibilidade ao tédio. Com base nessas informações, podemos criar um média de score para cada indivíduo em cada um desses conjuntos de variáveis separadamente, a fim de determinar se um deles está relacionado à verossimilhança de prisão. Além disso, podemos padronizar essas variáveis (ou seja, convertê-las em *Z*-scores) para facilitar um pouco a interpretação dos resultados posteriormente. Podemos visualizar as variáveis compostas resultantes com um gráfico de dispersão de matrizes (Figura 17.4), que mostra que as duas variáveis resultantes estão moderadamente correlacionadas e são ligeiramente assimétricas, ainda que distribuídas normalmente.

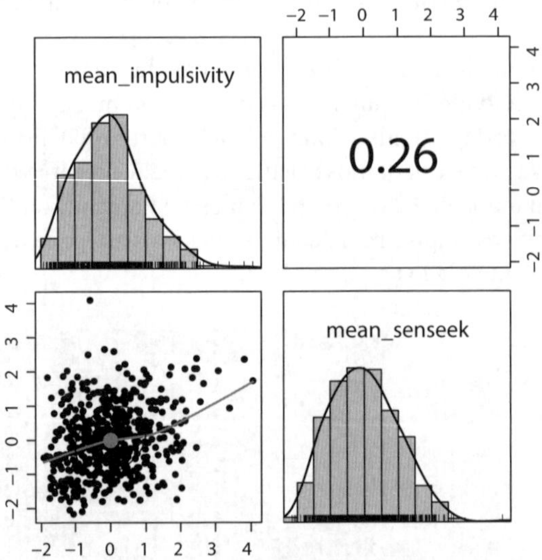

Figura 17.4. Um gráfico de dispersão de matrizes demonstrando as médias das variáveis de impulsividade [mean_impulsivity] e de busca por sensações [mean_senseek], deduzidas a partir da média dos dois clusters de variáveis originais.

4. Determine o Modelo Adequado

Existem várias perguntas que precisamos fazer para determinar o modelo estatístico adequado à nossa análise.

- Qual é o tipo da variável dependente?
  Acabamos de observar que a distribuição do número de prisões é altamente assimétrica, já que pouquíssimas pessoas foram presas mais de uma vez. Isso significa que, se tentássemos ajustar um modelo linear ao número de prisões, nossas estimativas poderiam ser altamente instáveis, e os resíduos seriam

altamente não normais. Quando isso ocorre, uma abordagem comum é *transformar* os dados para ajudar a alinhá-los melhor às suposições do método de modelagem estatística. Nesse caso, uma alternativa simples é transformar a variável de prisão por meio da binarização (ou seja, definindo-a como 0 para quem não foi preso e como 1 para quem já foi), de modo que possamos comparar os indivíduos que foram detidos com aqueles que não foram.

- As observações são independentes?
  A amostragem aleatória deve garantir que a suposição de independência seja adequada, embora possam existir vieses se os usuários do site Amazon Mechanical Turk (onde os participantes foram recrutados) forem sistematicamente diferentes dos não usuários em suas características psicológicas.
- Quais são as possíveis variáveis de confusão?
  A variável de confusão evidente é a idade, já que os indivíduos mais velhos tiveram mais chances de serem presos do que os mais jovens.

  Outra variável de confusão evidente é o gênero, já que a taxa de prisão de homens é bem maior do que a taxa de prisão de mulheres. Nesse conjunto de dados, 27,4% dos homens foram detidos ao menos uma vez, enquanto apenas 15,6% das mulheres foram detidas.

5. Ajuste o Modelo Aos Dados

Primeiro, analisaremos a impulsividade em relação ao histórico de prisões usando uma abordagem simples que não trata quaisquer possíveis variáveis de confusão. Como temos dois grupos (pessoas que foram presas e pessoas que não foram presas), podemos usar um teste *t* de duas amostras para perguntar se aqueles que foram detidos eram mais impulsivos em comparação àqueles que não foram. Começamos plotando os dados para ter uma ideia do que esperar. Conforme visto na Figura 17.5, ao que parece, os indivíduos presos apresentam níveis maiores de impulsividade e busca por sensações quando comparados aos indivíduos que não foram presos, o que é confirmado pelos resultados do teste *t*. Vejamos a saída do teste *t* para as médias dos escores de impulsividade (os comentários foram traduzidos):

```
##
## Teste t de duas amostras de Welch
##
## dados: mean_impulsivity by everArrested
## t = 3, df = 161, valor-p = 0.002
## hipótese alternativa: verdadeira diferença de médias entre
## grupo Arrested e grupo NotArrested é maior do que 0
## estimativas de amostra:
##     média no grupo Arrested    média no grupo NotArrested
## 0.26                           -0.07
```

Essa análise mostra que a impulsividade é significativamente maior em relação às pessoas que foram presas, apresentando um tamanho do efeito de d = 0,33. Vejamos também a variável de busca por sensação (os comentários foram traduzidos):

```
##
## Teste t de duas amostras de Welch
##
## dados: mean _ senseek by everArrested
## t = 5, df = 182, valor-p = 2e-06
## hipótese alternativa: verdadeira diferença de médias entre
## grupo Arrested e grupo NotArrested é maior que 0
## estimativas de amostra:
##     média no grupo Arrested     média no grupo NotArrested
##     0.38                        -0.11
```

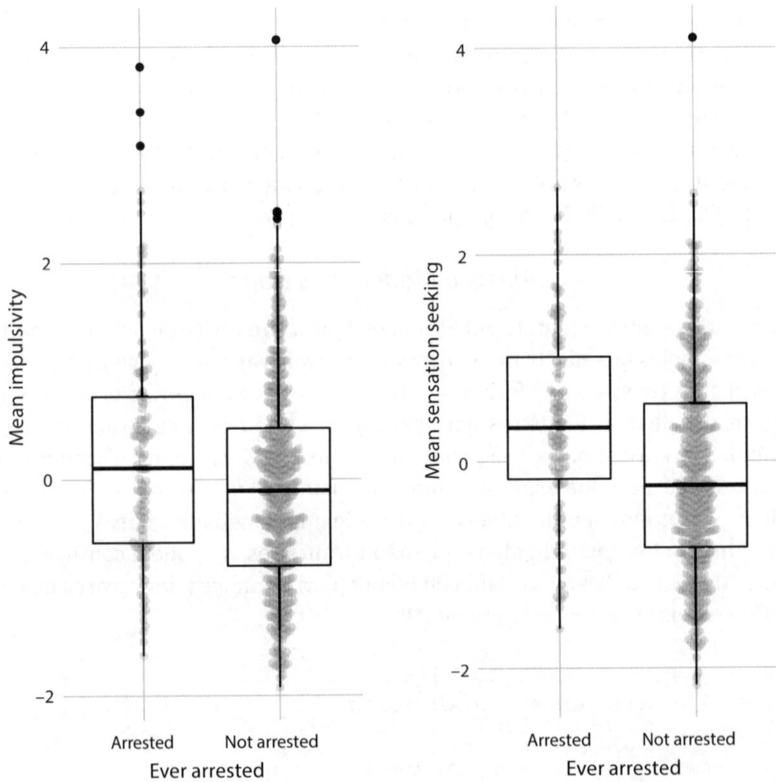

FIGURA 17.5. Um gráfico da média da impulsividade [Mean impulsivity] e da média da busca por sensações [Mean sensation seeking] em relação ao fato de o indivíduo já ter sido preso [Arrested] ou não [Not arrested]. Os dados são plotados usando um gráfico de caixa com um gráfico de colmeia sobreposto, o qual mostra a distribuição dos dados com mais clareza.

Isso também mostra um resultado significativo, com um tamanho do efeito ainda maior de $d = 0,5$. Assim, tanto a impulsividade quanto a busca por sensações parecem estar relacionadas à verossimilhança de as pessoas terem sido presas.

Como mencionado anteriormente, gênero e idade são possíveis variáveis de confusão para a relação entre impulsividade ou busca por sensações e prisão. Gostaríamos de usar uma abordagem de modelagem que nos possibilite investigar a relação entre essas variáveis e, ao mesmo tempo, remover as possíveis variáveis de confusão: idade e gênero. Não conseguimos fazer isso com a regressão linear, pois nossa variável dependente de interesse (o indicador binário que aponta se uma pessoa já foi presa) não é normalmente distribuída. No entanto, podemos usar um tipo de modelo relacionado, conhecido como modelo de *regressão logística*, para testar isso.

A regressão logística é uma adaptação modificada da regressão linear que se destina a casos em que a medida do resultado (ou seja, a variável dependente) é binária. Lembre que, no modelo de regressão linear, predizemos o valor da variável dependente com uma combinação linear das variáveis independentes, multiplicando cada uma por seu parâmetro de regressão (ou peso *beta*). Devido à natureza linear da equação, uma mudança de unidade na variável independente resultará na mesma quantidade de mudança no valor predito do resultado, não importando o valor específico da variável independente. Lembre que a equação de regressão linear era:

$$\hat{y}_i = \beta_0 + \beta_1 * X_i$$

Sendo β_0 o intercepto e β_1, a inclinação na variável *X*. Suponha que $\beta_1 = 3$; nesse caso, o valor de *y* aumenta em 3 para cada unidade adicional de *X*, independentemente de *X* ser pequeno ou grande. No entanto, no caso de resultados binários, isso leva a valores preditos que não correspondem aos valores binários de 0 e 1, podendo ficar fora desse intervalo. Vejamos um exemplo simples. Na Figura 17.6, geramos alguns dados sintéticos em que um resultado binário está relacionado a uma variável independente contínua. A partir do gráfico, podemos observar dois fatos. Primeiro, notamos que existem somente dois valores possíveis de *y* (0 ou 1), de modo que todos os pontos de dados se alinham em $y = 0$ ou $y = 1$, embora estejam ligeiramente instáveis no gráfico para que possamos visualizá-los com maior clareza. Segundo, podemos observar que parece existir uma relação entre a variável *X* e o resultado, algo que fica evidente pelo fato de aparentemente existirem mais pontos de dados na linha $y = 1$ ao lado direito do gráfico e na linha $y = 0$ ao lado esquerdo. O painel A mostra uma linha de regressão linear ajustada aos dados. Podemos identificar o problema imediatamente: se usarmos a equação de regressão para predizer o valor do resultado para um valor *x* de 25, o valor predito é 1,17!

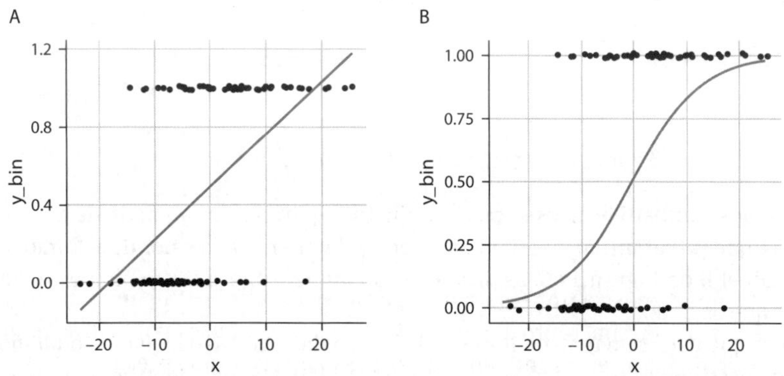

FIGURA 17.6. Gráficos de (A) regressão linear (linha diagonal) e (B) predições de regressão logística (curva) sobrepostas em dados binários e simulados. Os pontos de dados são instáveis na direção de *y* para ajudar a visualizá-los com mais clareza.

A intuição que fundamenta a regressão logística é que, em vez de predizer o verdadeiro resultado, predizemos algum outro valor que podemos vincular ao resultado. Trata-se de um exemplo do que é conhecido como *modelo linear generalizado* — a parte do "generalizado" se refere ao fato de que a relação entre o preditor linear (ou seja, o lado direito do modelo) e a variável de resultado é generalizada além do caso linear simples. No caso da regressão logística, queremos tentar predizer a probabilidade do resultado; para isso, o resultado do preditor linear é relacionado à probabilidade do resultado usando uma função *logit*:

$$logit(p) = ln\left(\frac{p}{1-p}\right)$$

O modelo de regressão logística para o nosso exemplo anterior fica assim:

$$ln\left(\frac{p}{1-p}\right) = \beta_0 + \beta_1 * X_i$$

Aqui, talvez você se lembre do trecho dentro do logaritmo à esquerda ($\frac{p}{(1-p)}$), já que ele representa simplesmente as chances de probabilidade *p*. Costumamos dizer que a equação de regressão logística é "linear no logaritmo das chances [log odds]", significando que a predição linear do lado direito do modelo está relacionada ao logaritmo de chances para a probabilidade do resultado, não à probabilidade em si. Podemos ajustar o modelo de regressão logística aos nossos dados de exemplo, o que resulta em uma saída que se parece, em muitos aspectos, com aquela da regressão linear (os comentários foram traduzidos):

```
##
## Chamada:
## glm(fórmula = y_bin ~ x, family = binomial, dados = logreg_df)
##
## Coeficientes:
##                       Estimativa     Erro   Valor z  Pr(>|z|)
                            Padrão
## (Intercepto)             0.0560    0.2515      0.22      0.82
## x                        0.1541    0.0336      4.58   4.6e-06  ***
## ---
## Signif. códigos: 0 '***' 0.001 '**' 0.01 '*' 0.05 '.' 0.1 ' ' 1
```

Podemos também usar esse modelo ajustado para gerar, a partir dele, os valores preditos, que retratam a probabilidade predita de *y* para cada valor de *x*. Como mostrado no painel B da Figura 17.6, as predições do modelo agora ficam na mesma faixa de valores que os dados.

Agora que você tem uma compreensão básica da regressão logística, podemos aplicá-la ao nosso conjunto de dados sobre impulsividade. Já que identificamos idade e gênero como possíveis variáveis de confusão, nós as incluímos em nosso modelo estatístico. Ao fazer isso, garantimos que qualquer relação entre as variáveis de impulsividade e o resultado exista mesmo após a remoção dos efeitos separados da idade e do gênero.

Observe que, ao dicotomizar os dados como pessoas que já foram presas [arrested] e pessoas que não foram presas [not arrested], estamos descartando informações; isso pode ser ruim ou não, dependendo da natureza exata dos dados. Existem modelos lineares generalizados mais complexos que poderiam ser aplicados a esse conjunto de dados e modelariam tanto a verossimilhança de os indivíduos serem presos ou não (como é o caso do nosso modelo anterior) quanto a distribuição do número de vezes que eles foram detidos (conhecido como *modelos hurdle*). Caso esteja interessado em compreender melhor se esse tipo de modelo é adequado para seu conjunto de dados, é recomendado procurar um consultor estatístico.

6. Realize Diagnósticos no Modelo a fim de Verificar Suposições

A primeira tarefa que queremos fazer é avaliar o ajuste do modelo a fim de garantir que ele seja adequado. Para modelos de regressão logística, um diagnóstico importante é assegurar que os resíduos sejam adequadamente distribuídos. Recorde-se que, para a regressão linear, verificaríamos se os resíduos estariam normalmente distribuídos; na regressão logística, não esperamos que eles estejam, mas precisamos verificar se têm a quantidade de variabilidade esperada com base no modelo de regressão logística. Quando a variância residual é maior do que o esperado, chamamos isso de *sobredispersão*, um fenômeno problemático porque significa que os erros padrão estimados serão menores do que deveriam ser, e, portanto, os valores-p serão menores do que deveriam ser, aumentando potencialmente nossa taxa de erro Tipo I. A maioria dos pacotes de software fornece a capacidade de testar a sobredispersão nos resíduos do modelo de regressão logística; quando aplicamos o teste do nosso pacote de software, não observamos evidências de sobredispersão (os comentários foram traduzidos):

```
##
## Teste paramétrico de dispersão via média estatística do
## qui-quadrado de Pearson
##
## dados: glm_imp_arrest
## dispersão = 1, df = 515, valor-p = 0.3
## hipótese alternativa: maior
```

Outra suposição da regressão logística é que os preditores devem ter uma relação linear com o logaritmo das chances do resultado; os verdadeiros logaritmos das chances são desconhecidos (uma vez que, para cada observação, vemos apenas o resultado binário, não a probabilidade subjacente), mas podemos estimá-los a partir dos dados com um método chamado *regressão local*, que ajusta uma curva não linear suavizada aos dados. A Figura 17.7 representa graficamente os logaritmos das chances da probabilidade observada em relação ao valor de cada um dos regressores individuais no modelo (sendo estimada a partir dos dados usando regressão local). Para as variáveis de busca por sensações e de impulsividade (painéis B e C, respectivamente), podemos observar que a relação é relativamente linear (ou seja, segue uma linha reta), ao menos nas partes da distribuição em que há uma quantidade considerável de dados. No entanto, para a variável de idade (painel A), a relação é claramente não linear, com um formato de U invertido. Podemos abordar isso incluindo uma versão ao quadrado da variável de idade após subtrair sua média, o que considerará a não linearidade no modelo. Esse é um exemplo de como podemos usar o modelo "linear" para incorporar efeitos não lineares; ele continua sendo um modelo linear porque o efeito não linear de Age^2 contribui linearmente para a predição (ou seja, ao ser multiplicado por seu parâmetro de regressão).

Por último, devemos verificar o impacto potencial de observações influentes. Como temos diversas variáveis independentes em nosso modelo, é útil examinar cada uma separadamente, conforme mostrado na Figura 17.7, na qual o tamanho dos pontos de dados em cada painel reflete o D de Cook para cada observação. Os menores valores do D de Cook (todos bem abaixo de 1) e a falta de outliers evidentes na inspeção visual sugerem que podemos prosseguir com o teste de hipóteses. Com base em nossos diagnósticos, reajustaremos o modelo, incluindo Age^2 e Age (os comentários após a figura foram traduzidos):

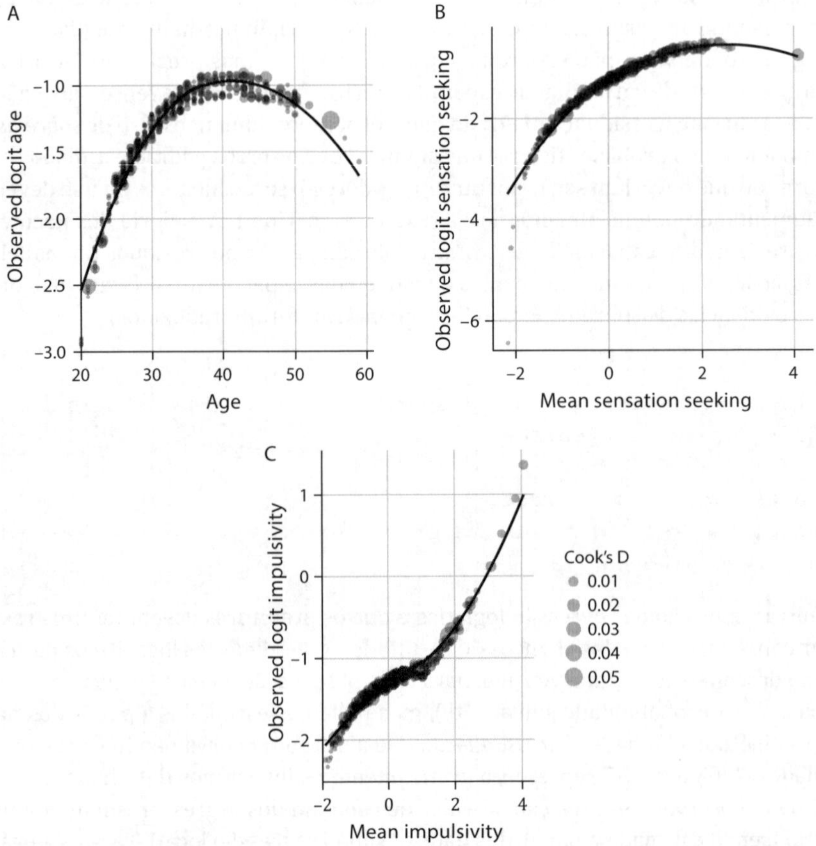

FIGURA 17.7. Gráficos das três variáveis contínuas no modelo. Idade [Age], média da busca por sensações [Mean sensation seeking] e média da impulsividade [Mean impulsivity] foram plotadas a fim de comparar os logaritmos das chances observados [Observed logit] da variável de resultado estimada com a regressão local. Em cada gráfico, o tamanho dos pontos é escalado pelo valor D de Cook [Cook's D] para cada observação.

```
##
## Chamada:
##    glm(fórmula   =   everArrestedInt   ~   mean _ impulsivity
##    + mean _ senseek + Age + AgeSquared + Sex, família = binomial,
##    dados = impmodeldata)
##
## Coeficientes:
##                          Estimativa    Erro   Valor z  Pr(>|z|)
##                             Padrão
## (Intercepto)              -3.29475  0.60114    -5.48   4.2e-08 ***
## mean _ impulsivity         0.30697  0.11406     2.69    0.0071 **
## mean _ senseek             0.38325  0.11865     3.23    0.0012 **
## Age                        0.07264  0.01864     3.90   9.8e-05 ***
## AgeSquared                -0.00423  0.00187    -2.27    0.0233 *
## SexFemale                 -0.68639  0.23822    -2.88    0.0040 **
## ---
## Signif. códigos: 0 '***' 0.001 '**' 0.01 '*' 0.05 '.' 0.1 ' ' 1
```

7. Teste a Hipótese e Quantifique o Tamanho do Efeito

Ao analisar o resumo do modelo anterior, podemos observar que houve um efeito significativo (em $p < 0{,}05$) para cada uma das variáveis, o que significa que podemos rejeitar a hipótese nula de que cada um dos parâmetros é 0.

Esse modelo demonstra que, como esperado, existe uma relação significativa entre um histórico de prisão, idade e gênero; o efeito negativo significativo de Age^2 reflete a forma de U invertido que vimos nos gráficos anteriores de diagnóstico. Repare que o software gerou automaticamente uma variável dummy para Sex, que representa a diferença entre mulheres e homens. Ou seja, o intercepto representa a média dos logaritmos das chances para um homem (inexistente) com um valor de 0 para idade, impulsividade e busca por sensações; o efeito `SexFemale` representa o offset para mulheres (o valor negativo, como consequência, retrata os logaritmos das chances menores de prisão para uma mulher em comparação a um homem, supondo que seus valores de idade e de impulsividade sejam os mesmos). É importante ressaltar que a relação entre impulsividade, busca por sensações e prisão permanece o mesmo quando outros efeitos são contabilizados, sugerindo que o efeito não se deve às variáveis de confusão.

Gostaríamos também de quantificar o tamanho do efeito para nossas variáveis de interesse. Como a variável de resultado para nosso modelo de regressão logística é binária (alguém ter sido preso ou não), precisamos usar uma medida diferente do tamanho do efeito: a razão de chances. Isso nos indica como as chances de o resultado ser verdadeiro mudam em função da variável de interesse. Podemos calcular esses valores a partir dos parâmetros de regressão logística estimados simplesmente ao exponenciá-los, conforme mostrado na Tabela 17.2. Além disso, é uma boa ideia apresentar os intervalos de confiança para cada estimativa de tamanho do efeito, de modo que possamos visualizar a faixa de valores de parâmetros compatível com os dados.

Tabela 17.2. Tamanhos do Efeito para Cada Uma das Variáveis no Modelo de Regressão Logística, Expresso Como Razão de Chances, com Limites de Intervalos de Confiança de 95% para Cada Razão de Chances

Nome das variáveis	Razão de chances	2.5%	97.5%
Mean impulsivity	1.4	1.09	1.7
Mean sensation seeking	1.5	1.16	1.9
Age	1.1	1.04	1.1
Age^2	1.0	0.99	1.0
Female	0.5	0.32	0.8

As razões de chances nos fornecem um modo de entender a força dos efeitos dessas variáveis, porém vale observar que as diferentes variáveis não podem ser comparadas diretamente, a menos que estejam na mesma escala. A razão de chances indica a variação relativa nas chances, considerando uma mudança de uma unidade na variável. Para as medidas de impulsividade e busca por sensações, nós padronizamos as variáveis (de modo que as unidades sejam desvios-padrão); assim, ambas podem ser interpretadas da mesma forma — ou seja, como a variação nas chances de as pessoas serem presas, resultante de um aumento a partir de um desvio-padrão na variável. Como não foi padronizada, a idade [Age] pode ser interpretada em termos de suas unidades originais: as chances relativas para uma mudança de um ano na idade. Finalmente, a razão de chances para o gênero [Sex] nos indica as chances relativas de uma mulher ser detida em comparação a um homem; nesse caso, a razão de chances é menor do que 1, porque as mulheres têm aproximadamente metade da chance de serem presas em comparação aos homens.

Gostaríamos também de saber com que força o resultado respalda a hipótese alternativa, a qual podemos encontrar recorrendo ao fator de Bayes. Para esse modelo, podemos calcular o fator de Bayes aproximado comparando o valor do critério de informação bayesiano (BIC), fornecido por nosso software estatístico, para cada um dos modelos (de acordo com Wagenmakers, 2007):

$$BF_{01} = e^{(BIC_1 - BIC_0)/2}$$

Aqui, BF_{01} se refere ao fator de Bayes para a hipótese 0 (a hipótese nula) em relação à hipótese 1 (a hipótese alternativa). O fator de Bayes aproximado exige que as probabilidades a priori para os dois modelos (ou seja, aquele incluindo as variáveis de impulsividade e aquele sem elas) sejam iguais, o que parece aceitável nesse caso. Os valores do BIC são 532,43 para o modelo completo e 542,17 para o modelo de baseline (lembre que um BIC menor retrata um melhor ajuste). Usando a fórmula anterior do BIC, o fator de Bayes para o modelo de baseline quando comparado ao modelo completo é de 0,004; como queremos saber as evidências para o modelo completo versus o modelo de baseline, podemos simplesmente invertê-la (ou seja, $\frac{1}{BF_{01}}$), o que nos fornece um fator de Bayes de 242. Com base na interpretação dos fatores de Bayes descritos no Capítulo

11, isso mostra que o resultado fornece fortes evidências a favor da hipótese de que a impulsividade está relacionada à prisão.

Exemplo 2: Uso de Máscara e Toques no Rosto

No início da pandemia de covid-19, especulou-se que o uso de máscaras poderia ter a consequência indesejada de fazer com que as pessoas tocassem no rosto com mais frequência do que quando não usavam máscara; na época, os meios de transmissão do vírus não eram bem compreendidos, e como se acreditava na provável transmissão por contato, havia sérias apreensões quanto ao toque no rosto. Essa questão foi investigada em um estudo realizado por pesquisadores na Holanda (Liebst *et al*, 2022). Eles usaram vídeos de câmeras de segurança de Amsterdã, capturados em maio/junho de 2020. Nos vídeos foi avaliado se cada pessoa estava usando máscara e se tocava no rosto durante o período examinado. O estudo foi *pré-registrado*, ou seja, os detalhes metodológicos e de pesquisa e o plano de análise do estudo foram submetido à plataforma Open Science Framework antes que o estudo fosse realizado. Além do mais, o estudo inicial foi replicado em um estudo de acompanhamento. Conforme analisaremos no Capítulo 18, tanto o pré-registro quanto a replicação são ferramentas importantes para aumentar a credibilidade da pesquisa científica.

1. Especifique Sua Pergunta de Interesse

O indivíduos que usam máscara facial têm maior probabilidade de se tocar no rosto do que aqueles que não usam máscara?

2. Identifique ou Colete os Dados Adequados

Os dados brutos deste estudo foram compartilhados de forma transparente e acessível por meio da plataforma Open Science Framework.[5] O compartilhamento de dados é outra prática essencial de pesquisa, pois possibilita que outros pesquisadores reproduzam as descobertas e testem potencialmente outras análises sobre dados (como estamos fazendo aqui).

3. Prepare e Visualize os Dados

Os dados foram limpos de acordo com os procedimentos especificados pelos autores do estudo. Especificamente, os toques na máscara ou na alça foram considerados como toques no rosto. Um exame visual dos dados (Figura 17.8) demonstra que a maioria das pessoas não se toca no rosto e que não existem diferenças óbvias no grau de toque no rosto dependendo do uso da máscara.

---

5 `https://osf.io/7ek9d/`.

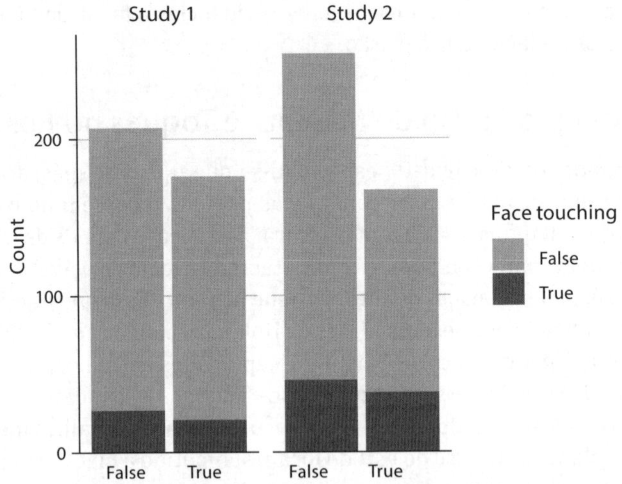

Figura 17.8. Um gráfico de barras empilhadas mostrando as contagens [Count] de toque no rosto [Face touching] e as de ausência de toque, tanto para as pessoas que não usaram quanto para as que usaram máscara em cada um dos dois estudos [Study 1 e Study 2].

4. Determine o Modelo Adequado

- Qual é o tipo da variável dependente?

  A variável dependente é o número de pessoas que se tocaram no rosto enquanto usavam máscara ou não usavam, sendo essa uma variável de contagem. Estamos comparando a frequência de toque no rosto no caso dos grupos que usam máscara e no dos que não usam. Aqui, um teste de qui-quadrado pode ser pertinente.
- As observações são independentes?

  Existe potencial para correlação entre indivíduos que foram registrados nos mesmos segmentos de vídeo, filmados em diferentes momentos e lugares; por exemplo, pode haver maior similaridade entre pessoas que estão em público em um determinado horário do dia ou local específico. Desse modo, é provável que precisemos abordar o potencial efeito de variáveis de confusão de diferentes segmentos de vídeo.
- Quais são as possíveis variáveis de confusão?

  Cada indivíduo foi observado por um período diferente de tempo, dependendo de quanto tempo passava na área de observação. Parece evidente que períodos de observação mais longos devem resultar em observações mais frequentes de toques no rosto, portanto, isso também deve ser considerado.

  Além do mais, os dois estudos tinham detalhes metodológicos ligeiramente diferentes. Ou seja, se forem combinados em uma única análise, a identidade do estudo também precisa ser incluída no modelo.

5. Ajuste o Modelo aos Dados

Começaremos realizando um teste de qui-quadrado simples nos dados do primeiro estudo, que não considera nenhuma das possíveis variáveis de confusão (os comentários foram traduzidos):

```
##
## Teste de qui-quadrado de Pearson com correção de continuidade
## de Yates
##
## dados: study1$mask _ wearing e study1$face _ touching
## X-quadrado = 0.03, df = 1, valor-p = 0.9
```

Isso não evidencia efeito significativo do uso de máscara. Podemos também realizar um teste parecido com os dados do segundo estudo (os comentários foram traduzidos):

```
##
## Teste de qui-quadrado de Pearson com correção de continuidade
## de Yates
##
## dados: study2$mask _ wearing e study2$face _ touching
## X-quadrado = 1, df = 1, valor-p = 0.3
```

Com base nestas análises, ao que parece, não existe relação entre o uso de máscara e os toques no rosto. Gostaríamos também de combinar os dados dos dois estudos, além de considerar o fato de que a duração da observação foi diferente para cada pessoa. Como a variável de resultado é binária, podemos utilizar o modelo de regressão logística apresentado no exemplo anterior, o que nos possibilita incluir variáveis adicionais como potenciais variáveis de confusão as quais, nesse caso, englobam o efeito dos dois estudos diferentes e a duração da observação (os comentários foram traduzidos):

```
##
## Chamada:
##   glm(fórmula = face _ touching ~ mask _ wearing +
##   duration _ of _ observation + study, família = binomial,
##   dados = maskdata)
##
## Coeficientes:
##                           Estimativa     Erro  Valor z  Pr(>|z|)
##                                        Padrão
## (Intercepto)                -2.77087  0.24823   -11.16  < 2e-16 ***
## mask _ wearingTRUE           0.19190  0.19774     0.97   0.3318
##  duration _ of _ ob-         0.02899  0.00618     4.69  2.7e-06 ***
servation
## study2                       0.57168  0.20044     2.85   0.0043 **
## ---
## Signif. códigos: 0 '***' 0.001 '**' 0.01 '*' 0.05 '.' 0.1 ' ' 1
```

Esse resultado é compatível com os resultados dos testes individuais de qui-quadrado, pois não mostra efeito do uso de máscara nos toques no rosto, apenas a relação esperada entre a duração da observação e esse contato. No entanto, mencionamos anteriormente que existe um potencial efeito das variáveis de confusão de diferentes segmentos de vídeo, o qual não foi considerado por esse modelo.

O motivo pelo qual nos preocupamos com o efeito dos diferentes segmentos de vídeo é que pode haver dados clusterizados, de modo que as observações do mesmo segmento sejam mais semelhantes do que as de diferentes segmentos. Conforme observado antes, isso é problemático para a modelagem de regressão porque, em geral, é necessário supor que os resíduos são independentes e identicamente distribuídos, o que não é o caso quando estão clusterizados. Diferentes áreas de pesquisa usam inúmeras formas e métodos distintos para abordar esse problema. Aqui, focaremos a abordagem mais comum na pesquisa em psicologia, conhecida como *modelagem de efeitos mistos*; o leitor interessado pode consultar McNeish e Kelley (2019) para uma análise completa das diferenças entre as diversas abordagens de dados clusterizados.

O conceito de modelagem de efeitos mistos se baseia na distinção entre dois tipos diferentes de efeitos, conhecidos como *efeitos fixos* e *efeitos aleatórios*. É possível conceitualizá-la de inúmeras formas, mas, para nossos propósitos, consideramos um efeito fixo aquele que nos interessa e está presente em diferentes níveis da variável e consideramos um efeito aleatório aquele em que amostramos aleatoriamente com base em uma população e a partir do qual queremos contabilizar a variabilidade na variável dependente entre as diferentes amostras. Modelamos efeitos fixos em um modelo de regressão linear padrão. Em nosso exemplo, trataríamos o uso de máscara como um efeito fixo, uma vez que estamos explicitamente interessados na diferença entre os dois níveis da variável (usar uma máscara e não usar). Efeitos aleatórios são novidade aqui; em nosso exemplo, tratamos os diferentes segmentos de vídeo como um efeito aleatório, o que garantirá que tenhamos considerado adequadamente qualquer clusterização nos dados que resulte de diferenças entre situações.

Nesse exemplo, podemos modelar dois tipos diferentes de efeitos aleatórios. Por um lado, podemos acreditar que, nos diferentes segmentos de vídeo, existe uma quantidade diferente de toques no rosto, independentemente do uso de máscara. Chamamos isso de *intercepto aleatório*, pois ele é semelhante a estimar um nível de baseline diferente de toques no rosto para cada segmento em vez de um único para toda a amostra. Por outro lado, também podemos acreditar que o efeito do uso de máscara relacionado aos toques no rosto é efetivamente distinto nos diferentes segmentos. Chamamos isso de *inclinação aleatória*, pois estamos estimando um efeito diferente do uso de máscara relacionado aos toques no rosto (que é, na verdade, uma inclinação para a variável dummy) para cada um dos únicos segmentos. Em geral, devemos incluir qualquer efeito aleatório que seja compatível com a delineação do estudo (Barr *et al*, 2013); nesse exemplo, é plausível que possam existir diferenças situacionais em nível de toques no rosto e diferenças situacionais no efeito do uso de máscara em relação a esse contato. Por isso, incluímos um intercepto aleatório e uma inclinação aleatória (os comentários foram traduzidos):

```
## Ajuste de modelo misto linear generalizado por máxima
##   verossimilhança (Aproximação de Laplace) [glmerMod]
##  Família: binomial ( logit )
## Fórmula: face _ touching ~ mask _ wearing + duration _ of _ obser-
     vation + (1 + mask _ wearing | unique _ situation)
##   Dados: maskdata
##
##          AIC      BIC   logLik     desvio   df.resid
##          704      732     -346        692        798
##
## Efeitos fixos:
##                          Estimativa     Erro  valor z  Pr(>|z|)
##                              Padrão
## (Intercepto)               -2.51825  0.24532   -10.27  < 2e-16  ***
## mask _ wearingTRUE          0.14570  0.25382     0.57     0.57
## duration _ of _             0.02969  0.00641     4.63  3.6e-06  ***
   observation
## ---
## Signif. códigos: 0 '***' 0.001 '**' 0.01 '*' 0.05 '.' 0.1 ' ' 1
```

6. Realize Diagnósticos no Modelo a fim de Verificar Suposições

Como no exemplo anterior, devemos primeiro verificar se existe alguma evidência de sobredispersão (os comentários foram traduzidos):

```
##
##  Teste de dispersão paramétrica via estatística média
##  do qui-quadrado de Pearson
##
## dados: glmer _ result
## dispersão = 0.9, df = 798, valor-p = 0.9
## hipótese alternativa: maior
```

O teste não acusa evidências de sobredispersão. Para a única variável independente contínua (`duration _ of _ observation`), também podemos confirmar se ela mostra uma relação linear com os logaritmos das chances observados na amostra. Esse gráfico (Figura 17.9) mostra uma relação linear evidente entre a variável independente e o logit da amostra, confirmando a suposição. Ao examinarmos os valores do D de Cook neste conjunto de dados, verificamos um pequeno número de observações que têm um valor de D relativamente grande (três pontos de dados com D de Cook maior que 1). No entanto, como o gráfico sugere que eles não estão afetando muito o ajuste do modelo (uma vez que caem diretamente na linha), prosseguiremos com a interpretação.

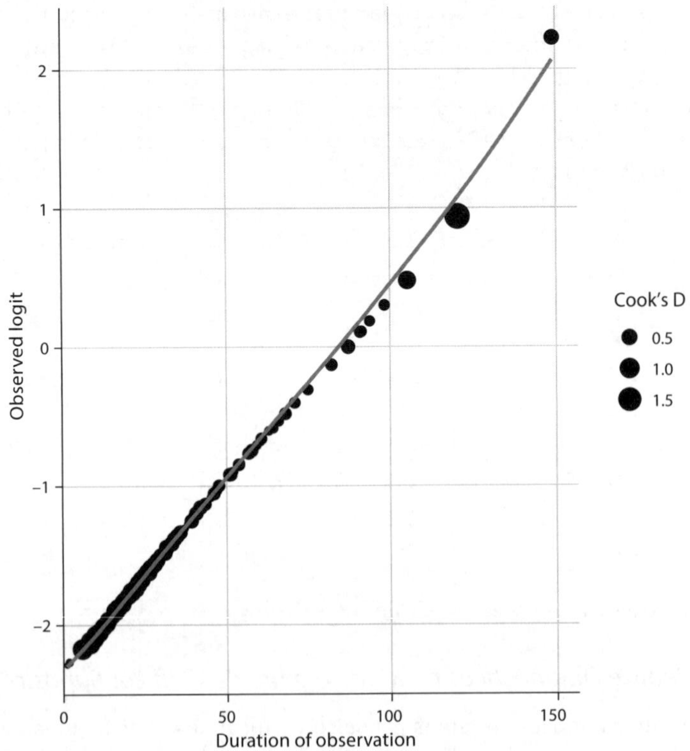

FIGURA 17.9. Gráfico de diagnóstico para o modelo de uso de máscara, mostrando uma relação linear entre a duração da observação [Duration of observation] e os logaritmos de chances observados [Observed logit] estimados com a regressão local.

7. Teste a Hipótese e Quantifique o Tamanho do Efeito

Ao examinar o resumo do modelo anterior, não existe relação significativa entre o uso de máscara e os toques no rosto em nosso modelo de efeitos mistos. A Tabela 17.3 mostra os tamanhos estimados do efeito (como razões de chances) e os intervalos de confiança associados. Fica claro que os dados são consistentes com uma ampla faixa de possíveis razões de chances de toques no rosto em relação ao uso de máscara, de quase metade das chances para quase o dobro das chances.

TABELA 17.3. Razões de Chances e Intervalos de Confiança para as Variáveis Independentes no Estudo de Uso de Máscara

Nome da variável independente	**Razão de chances**	**2.5%**	**97.5%**
Mask wearing	1.2	0.7	1.9
Duration of observation	1.0	1.0	1.0

Observação: As razões de chances são apresentadas somente para os efeitos fixos; como os segmentos de vídeo foram modelados como um efeito aleatório, essa variável não está incluída.

Sempre que deixamos de rejeitar a hipótese nula, gostaríamos de saber com que intensidade o resultado a respalda (em vez de simplesmente retratar a falta de evidências); podemos fazer isso recorrendo ao fator de Bayes. Com o cálculo do exemplo anterior, encontramos um fator de Bayes de 24,2 em favor da hipótese nula, confirmando que esse resultado fornece evidências relativamente fortes para a ausência de efeito do uso de máscara.

Exemplo 3: Asma e Poluição do Ar

A asma é um problema de saúde comum que acreditam estar relacionado, em parte, à poluição do ar. Neste exemplo, combinamos diversos conjuntos de dados disponíveis publicamente a fim de avaliar a força dessa relação.

1. Especifique Sua Pergunta de Interesse

Nossa hipótese é que o nível de poluição do ar (quantificado em termos de concentração de material particulado fino, conhecido como $PM_{2,5}$) está relacionado à prevalência de asma em todas as regiões dos Estados Unidos.

2. Identifique ou Colete os Dados Adequados

Os dados referentes à prevalência do diagnóstico de asma foram obtidos do Projeto 500 Cities, realizado pelo US Centers for Disease Control [Centro de Controle e Prevenção de Doenças dos Estados Unidos, o CDC], que coletou dados de saúde de quase 500 grandes cidades dos EUA. Os dados obtidos datam de 2014.[6] Os dados são quantificados em nível de setores censitários, que são regiões geográficas com 1200/8000 pessoas; o conjunto de dados representa um total de 26.448 setores censitários. Os dados referentes às concentrações diárias de $PM_{2,5}$ em nível de setor censitário para o ano de 2011 também foram obtidos do CDC.[7] O nível estimado de $PM_{2,5}$ foi calculado como a média dos dias de cada setor censitário.

Como analisaremos a seguir, também é importante incluir informações sobre a idade relativa e o nível de renda em cada setor censitário a fim de abordar possíveis variáveis de confusão. Os dados de cada cidade foram obtidos via programação: basta usar a interface de programação de aplicações (API) do US Census Bureau [Agência de Censo dos Estados Unidos] para fazer o seu download direto. No entanto, eles têm uma limitação: são disponibilizados apenas a nível das cidades, e não em nível de setores; assim sendo, podem perder variabilidade relacionada à cidades.

3. Prepare os Dados para Análise

Todos os dados foram combinados em um único data frame para análise. A visualização inicial da prevalência de asma em relação os níveis de $PM_{2,5}$ (Figura 17.10) evidenciou

[6] https://chronicdata.cdc.gov/500-Cities-Places/500-Cities-Census-Tract-level-Data-GIS-Friendly-Fo/5mtz-k78d.

[7] https://data.cdc.gov/Environmental-Health-Toxicology/Daily-Census-Tract-Level-PM2-5-Concentrations-2011/fcqm-xrf4/data.

uma correlação fraca de 0,08 entre as variáveis; este gráfico também inclui algumas outras variáveis que são variáveis de confusão em potencial, incluindo a mediana da renda, a mediana da idade e a população. Algumas dessas variáveis são moderadamente assimétricas; a seguir, avaliamos o impacto potencial delas. Observe que dividimos a mediana das variáveis de renda e a população por 1000 com o intuito de retratar milhares de dólares e milhares de pessoas, respectivamente, a fim de facilitar a interpretação das estimativas dos parâmetros; isso não altera a forma das distribuições ou das inferências estatísticas.

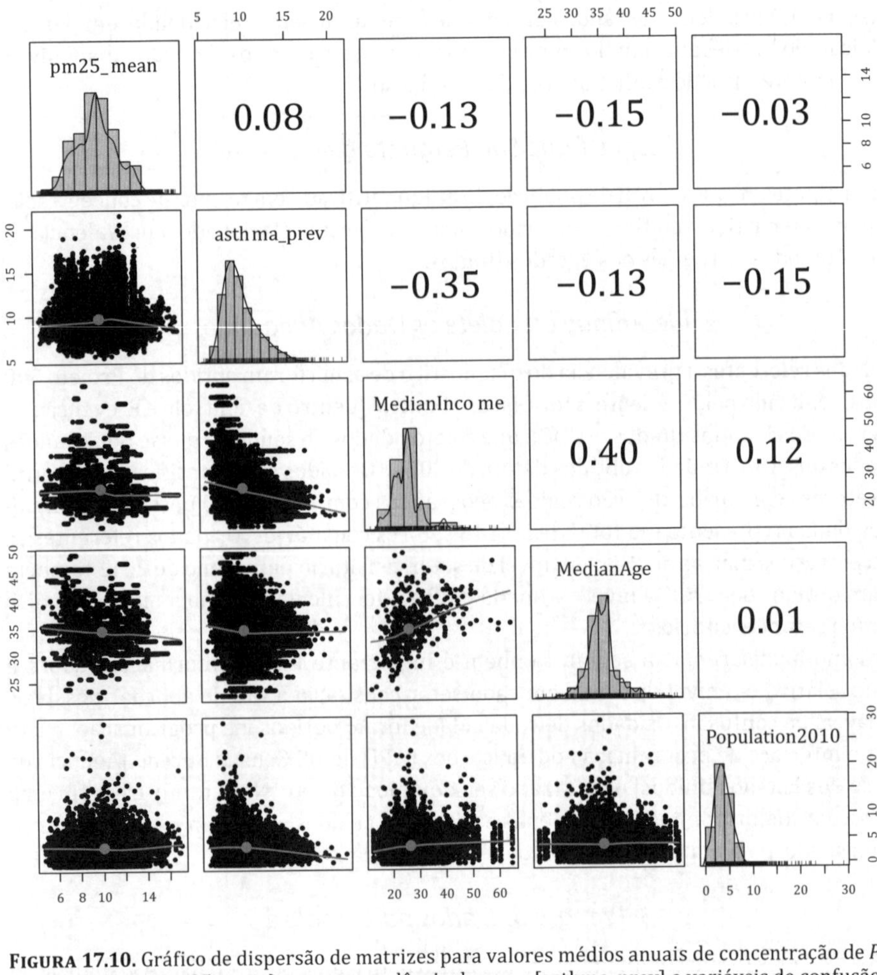

FIGURA 17.10. Gráfico de dispersão de matrizes para valores médios anuais de concentração de $PM_{2,5}$ (rotulados como pm25_mean), com a prevalência de asma [asthma_prev] e variáveis de confusão em potencial [MedianIncome (mediana do salário), Median Age (mediana da idade) e Population 2010 (população de 2010)]. As linhas de regressão são calculadas com regressão local.

4. Determine o Modelo Adequado

- Qual é o tipo da variável dependente?
  Como a variável de resultado é contínua, começamos com um modelo de regressão linear.
- O que estamos comparando?
  Gostaríamos de avaliar a relação entre as medições de material particulado e a prevalência de asma, ambas contínuas. Por isso, um modelo de regressão linear é adequado.
- As observações são independentes?
  Os dados são relatados em nível de setores censitários, que são selecionados a partir de 494 cidades dos EUA. É provável que exista correlações nos valores de asma de uma cidade que violariam a independência.
- Quais são as outras possíveis variáveis de confusão?
  Outras variáveis de confusão em potencial incluem a mediana da renda e da idade dentro da cidade. Incluímos também a população do setor censitário a fim de abordar possíveis diferenças entre setores menores e maiores.

5. Ajuste o Modelo aos Dados

Primeiro, ajustamos um modelo de regressão linear padrão aos dados:

```
##
## Chamada:
##  lm(fórmula = asthma_prev ~ pm25_mean + MedianIncome
##  + MedianAge + Population2010, dados = pm_asthma_data)
##
## Coeficientes:
##                    Estimativa    Erro    valor t  Pr(>|t|)
                                  Padrão
## (Intercepto)       12.55156   0.14979    83.80   < 2e-16 ***
## pm25_mean           0.03281   0.00620     5.29   1.2e-07 ***
## MedianIncome       -0.10958   0.00203   -53.97   < 2e-16 ***
## MedianAge           0.00470   0.00391     1.20      0.23
## Population2010     -0.11364   0.00595   -19.11   < 2e-16 ***
## ---
## Signif. códigos: 0 '***' 0.001 '**' 0.01 '*' 0.05 '.' 0.1 ' ' 1
##
## Erro padrão residual: 1.9 em 26676 graus de liberdade
## R-quadrado múltiplo: 0.137, R-quadrado ajustado: 0.137
## Estatística-F: 1.06e+03 em 4 e 26676 DF, valor-p: <2e-16
```

Isso demonstra efeitos significativos de cada uma das variáveis independentes no modelo; para algumas delas, os valores-p muito baixos devem ser considerados em virtude do grande tamanho da amostra, o que tende a tornar quase tudo significativo, conforme analisamos no Capítulo 7.

6. Realize Diagnósticos no Modelo a fim de Verificar Suposições

Primeiro, avaliamos a normalidade dos resíduos com um gráfico Q-Q para identificar quaisquer violações graves da suposição de normalidade. Ainda que, na Figura 17.11, pareça haver um pouco de desvio quanto à normalidade, o grande tamanho da amostra do estudo deve nos possibilitar interpretar com confiança os resultados do teste de hipóteses, apesar dessa falta de normalidade.

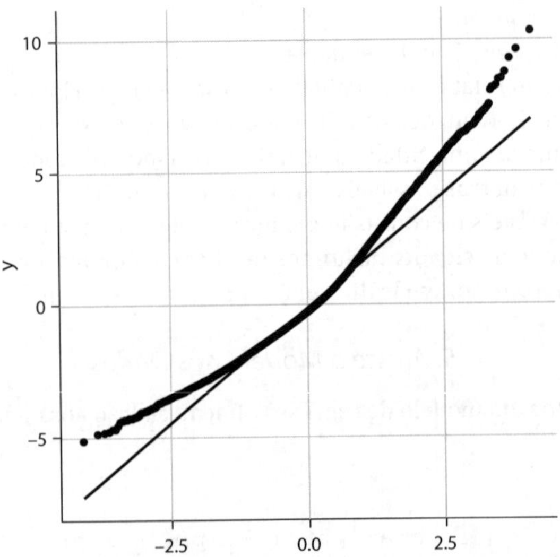

Figura 17.11. Gráfico Q-Q para resíduos do modelo de regressão linear simples, relacionado à prevalência de asma.

Lembre que a não normalidade nos resíduos pode ser uma pista de que o modelo não está devidamente especificado, e aqui vemos um exemplo disso. Nesse conjunto de dados, as 26.448 observações (uma para cada setor censitário) foram amostradas a partir de 494 cidades dos EUA. Se plotarmos os resíduos separadamente para cada cidade (painel A da Figura 17.12), verificamos que existem diferenças substanciais nas distribuições de resíduos entre as cidades. É possível abordar essa clusterização de dados dentro das cidades com um modelo de efeitos mistos, que inclui uma inclinação e um intercepto aleatórios entre as cidades (os comentários foram traduzidos):

```
## Ajuste de modelo misto linear por REML. Os testes t usam o
## método de Satterthwaite [lmerModLmerTest]
## Fórmula: asthma_prev ~ pm25_mean + MedianAge + MedianIncome
## + Population2010 + (1 + pm25_mean | city)
##    Dados: pm_asthma_data
##
## Efeitos fixos:
```

```
##                      Estimativa    Erro       df    valor t    Pr(>|t|)
##                          Padrão
## (Intercepto)           6.98e+00  1.12e+00  1.77e+02     6.22    3.6e-09  ***
## pm25 _ mean            3.60e-01  7.18e-02  1.49e+02     5.02    1.5e-06  ***
## MedianAge              4.97e-02  2.82e-02  1.79e+02     1.76       0.08  .
## MedianIncome          -1.03e-01  1.43e-02  1.72e+02    -7.22    1.6e-11  ***
## Population2010        -2.71e-02  4.80e-03  2.57e+04    -5.66    1.6e-08  ***
## ---
## Signif. códigos: 0 '***' 0.001 '**' 0.01 '*' 0.05 '.' 0.1 ' ' 1
```

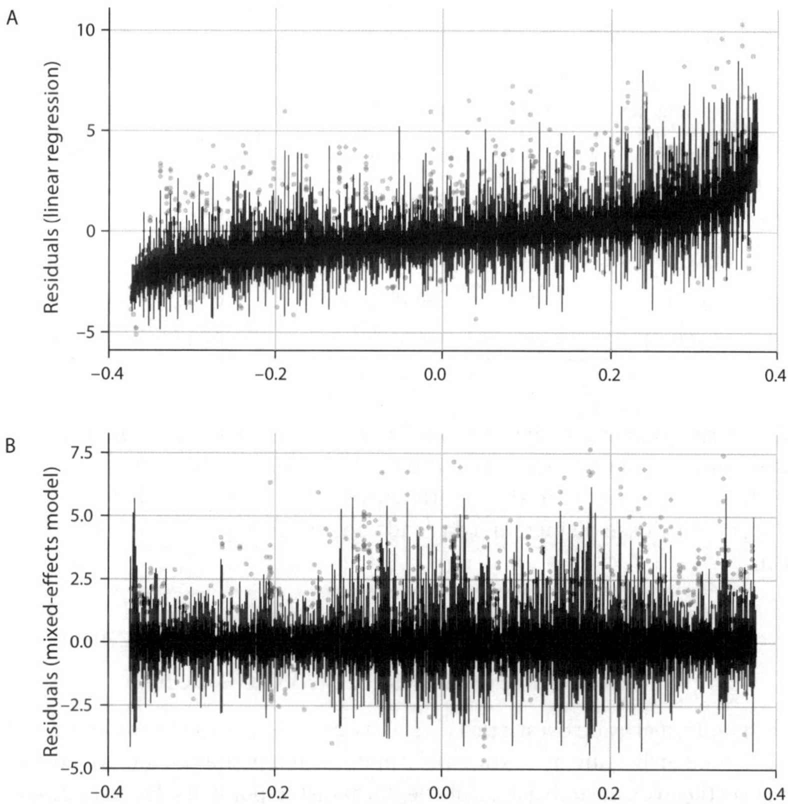

Figura 17.12. Gráficos de caixa de resíduos [residuals] em função da cidade para (A) o modelo de regressão linear [linear regression] e (B) o modelo de efeitos mistos [mixed-effects model], incluindo um efeito aleatório de cidade.

Os resíduos do modelo de efeitos mistos (painel B da Figura 17.12) mostram que os resíduos de todas as cidades agora estão centrados em torno de 0, de modo que podemos interpretar os resultados com mais confiança.

7. Teste a Hipótese e Quantifique o Tamanho do Efeito

A tabela anterior de resumo do modelo misto evidencia que existe uma associação significativa entre a poluição do ar e a prevalência de asma, conforme predito. A Tabela 17.4 apresenta os intervalos de confiança para as estimativas dos parâmetros.

Essa análise mostra que os dados são compatíveis com um tamanho do efeito do $PM_{2,5}$ na asma, variando de 0,22% a 0,50% por $\mu g/m^3$. Isso significa que, em uma população de 1000 pessoas, cada $\mu g/m^3$ de $PM_{2,5}$ está associado a aproximadamente 3 a 4 casos adicionais de asma. Não significa necessariamente que o material seja a *causa* desses casos, mas sugere que o $PM_{2,5}$ ou algo relacionado a ele esteja contribuindo com isso. Podemos também usar as estimativas dos parâmetros para comparar as variáveis; por exemplo, o efeito do aumento de $\mu g/m^3$ no $PM_{2,5}$ relacionado às taxas de asma é aproximadamente equivalente a uma redução na mediana de renda de cerca de US$3.500.

Tabela 17.4. Estimativas de Parâmetros e Intervalos de Confiança para os Parâmetros de Regressão do Modelo de Efeitos Mistos de Prevalência de Asma

Nome da variável independente	Parâmetro estimado	2.5%	97.5%
Mean $PM_{2.5}$	0.36	0.22	0.50
Median Age	0.05	-0.01	0.10
Median Income	-0.10	-0.13	-0.07
Population (2010)	-0.03	-0.04	-0.02

Além disso, podemos avaliar o tamanho do efeito calculando a quantidade de variância na prevalência de asma, explicada pelos níveis de $PM_{2,5}$, que é de quase 5%. Esse efeito é estatisticamente significativo e importante do ponto de vista prático. Em comparação, a inclusão da mediana da renda no modelo representou cerca de 3,5% da variância.

Exemplo 4: Resposta das Plantas aos Fertilizantes Nitrogenados e ao Cultivo do Solo

Historicamente, a área de estatística está estritamente vinculada aos estudos de agricultura. Ronald Fisher, um dos estatísticos mais proeminentes de todos os tempos, trabalhou na estação de pesquisa agrícola de Rothamsted por mais de uma década, e passava grande parte de seu tempo desenvolvendo métodos para detalhar experimentos agrícolas e analisar dados sobre o desempenho das culturas. Para exemplificar, utilizamos um conjunto de dados disponível gratuitamente a fim de perguntarmos como uma ampla variedade de plantas responde ao fertilizante nitrogenado e se essa resposta está relacionada ao cultivo do solo.

1. Especifique Sua Pergunta de Interesse

O efeito do fertilizante nitrogenado no crescimento das plantas difere em solos cultivados e em não cultivados?

2. Identifique ou Colete os Dados Adequados

Usamos um conjunto de dados de um estudo publicado sobre resposta a fertilizantes (Huberty; Gross; Miller, 1998), que foi compartilhado como parte de um conjunto de dados maior para análises de abundância de culturas (Cleland *et al*, 2008).

3. Prepare e Visualize os Dados

O conjunto compartilhado de dados contém dados de muitos locais experimentais diferentes, mas, para este exercício, nosso foco será um único local: a Estação Biológica Kellogg (KBS), localizada em Michigan. Primeiro, plotamos a distribuição de nossa variável dependente, que é a abundância bruta de cada espécie de planta, medida em gramas por metro quadrado. Conforme visto na Figura 17.13, essa distribuição parece ter uma cauda longa e altamente assimétrica.

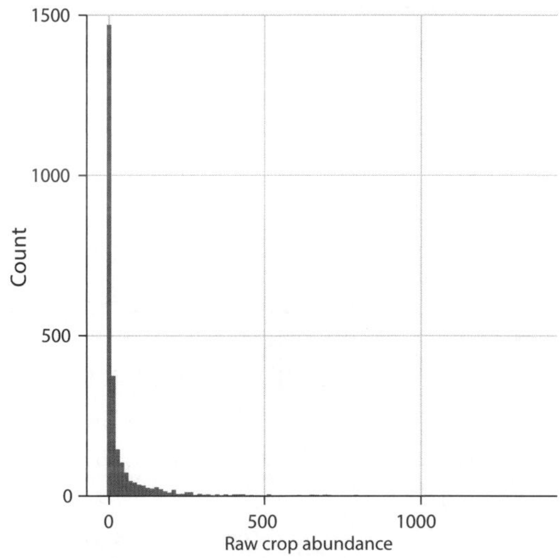

Figura 17.13. Histograma dos dados brutos sobre abundância de culturas [Raw crop abundance].

4. Determine o Modelo Adequado

- Qual é o tipo da variável dependente?
  A medida de abundância é contínua e tem alto skewness à direita, apresentando uma cauda muito longa. Desse modo, talvez seja necessário considerar a transformação dos dados.
- O que estamos comparando?
  Gostaríamos de avaliar o efeito da aplicação de fertilizantes em relação ao cultivo. Assim sendo, um modelo de análise de variância é adequado. O efeito de interesse é uma interação entre a aplicação de fertilizantes e o cultivo na abundância de culturas.

- As observações são independentes?
  Os dados são coletados em vários terrenos diferentes. Por isso, o modelo precisa considerar a clusterização de dados dentro de um terreno.
  Como os dados também incluem medições de muitas espécies diferentes, eles podem exibir clusterização dentro das espécies também.
- Quais são as outras possíveis variáveis de confusão?
  Os dados são coletados ao longo de 10 anos, e é possível que tenha existido diferenças gerais entre os anos (por exemplo, devido a diferenças nas condições meteorológicas).

5. Ajuste o Modelo aos Dados

Primeiro, ajustamos um modelo linear muito simples a fim de perguntar se existe uma interação entre fertilização e cultivo, e também incluímos o ano nele. Observe que este modelo não inclui qualquer consideração dos diferentes terrenos ou espécies nos dados (os comentários foram traduzidos):

```
##
## Chamada:
##  lm(fórmula   =  Rawabund   ~  Fert   *  Experiment   +  Year,
##   dados = fert _ data)
##
## Coeficientes:
##                              Estimativa    Erro  valor t  Pr(>|t|)
                                   Padrão
## (Intercepto)                   1154.521  1685.230     0.69  0.49335
## Fert1                            57.199     7.608     7.52  7.6e-14  ***
## ExperimentUntilled               -5.317     6.568    -0.81  0.41827
## Year                             -0.560     0.844    -0.66  0.50680
# Fert1:Experiment              -35.495     9.933    -3.57  0.00036  ***
Untilled
## ---
## Signif. códigos: 0 '***' 0.001 '**' 0.01 '*' 0.05 '.' 0.1 ' ' 1
##
## Erro padrão residual: 124 em 2610 graus de liberdade
## R-quadrado múltiplo: 0.0305, R-quadrado ajustado: 0.029
## Estatística-F: 20.5 em 4 e 2610 DF, valor-p: <2e-16
```

6. Realize Diagnósticos no Modelo a fim de Verificar Suposições

Primeiro, avaliamos a normalidade dos resíduos deste modelo. Conforme mostrado no painel A da Figura 17.14, existe um grau extremo de não normalidade nos resíduos. Mesmo que o tamanho da amostra seja grande, esse grau de não normalidade é preocupante. Provavelmente, ele surge, em parte, devido à natureza altamente assimétrica dos dados de resultado. Por isso, abordaremos esse problema transformando os dados com uma transformação logarítmica.

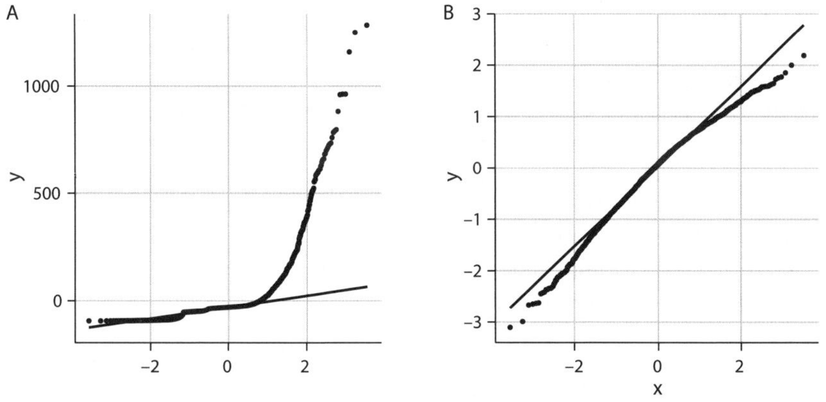

FIGURA 17.14. Gráfico Q-Q para (A) resíduos do modelo de regressão linear simples; e (B) o modelo de efeitos mistos aplicado a valores de abundância que passaram por transformação logarítmica, incluindo um efeito aleatório de espécies e terreno.

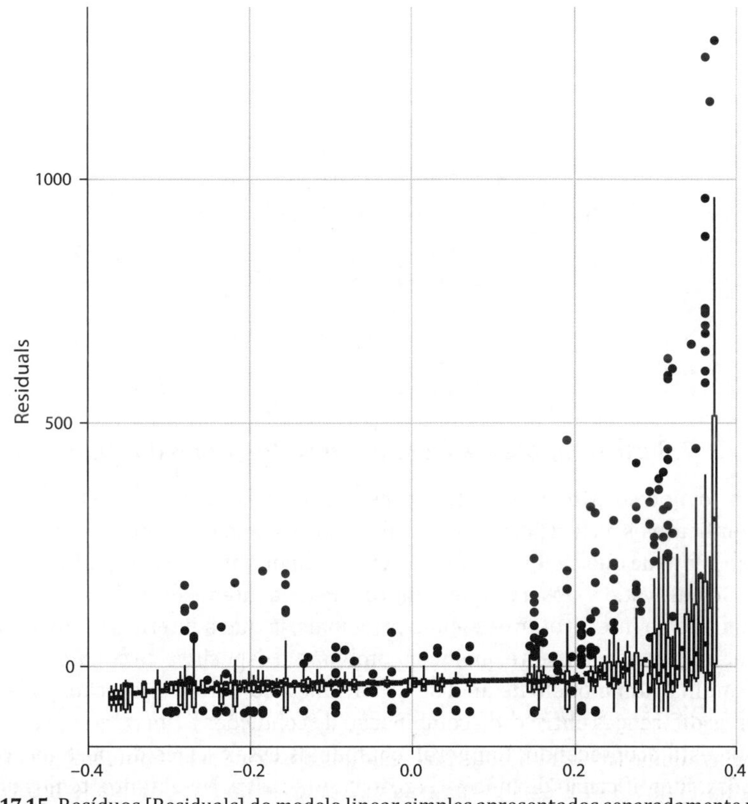

FIGURA 17.15. Resíduos [Residuals] do modelo linear simples apresentados separadamente para cada espécie de planta no conjunto de dados, mostrando diferenças consideráveis na distribuição de resíduos entre as espécies.

Outro problema com esse modelo simples é não considerar o fato de que o conjunto de dados inclui dados de 132 espécies diferentes de plantas. Se analisarmos os resíduos separadamente para cada espécie (Figura 17.15), observamos que diferem substancialmente entre as espécies, sugerindo que precisamos incluir um efeito aleatório das espécies no modelo. Para resolver isso, usaremos um modelo de efeitos mistos, como nos exemplos anteriores. Esse modelo incluirá interceptos e inclinações aleatórias para diferentes terrenos experimentais e espécies.

A inclusão dos efeitos aleatórios das espécies e dos terrenos no modelo também ajuda a reduzir a não normalidade dos resíduos, como mostrado no painel B da Figura 17.14 (os comentários foram traduzidos):

```
## Ajuste de modelo misto linear por REML. Os testes t usam o método
## de Satterthwaite [lmerModLmerTest]
## Fórmula:
## log _ rawabund ~ Fert * Experiment + Year + (1 + Fert | plotID _ common) +
##     (1 + Fert | Species _ code)
##     Dados: fert _ data
##
## Efeitos fixos:
##                         Estimativa      Erro        df   valor   Pr(>|t|)
                               Padrão                      t
## (Intercepto)             1.47e+01   1.13e+01  2.55e+03   1.30   0.19268
## Fert1                    2.82e-01   7.71e-02  3.15e+01   3.66   0.00091  ***
## ExperimentUntilled       3.71e-01   9.28e-02  1.33e+01   4.00   0.00144  **
## Year                    -7.64e-03   5.65e-03  2.55e+03  -1.35   0.17650
# Fert1:Experiment       -3.26e-01   9.02e-02  2.06e+01  -3.62   0.00166  **
Untilled
## ---
## Signif. códigos: 0 '***' 0.001 '**' 0.01 '*' 0.05 '.' 0.1 ' ' 1
```

7. Teste a Hipótese e Quantifique o Tamanho do Efeito

O resumo do modelo de efeitos mistos apresentado anteriormente mostra efeitos principais significativos da fertilização e do cultivo, bem como uma interação entre os dois, refletindo o fato de que o efeito da fertilização é maior para terrenos cultivados do que para os não cultivados. Observe que sempre que uma interação está presente, deve-se tomar cuidado ao interpretar os efeitos principais, já que a interação mostra que eles não retratam necessariamente qualquer combinação específica de condições.

Ao examinar um modelo de análise de variância com uma interação, pode ser útil observar as diferenças entre cada combinação de condições a fim de compreender melhor o que está acontecendo. Em geral, chamamos esses testes de *post-hoc*, pois são feitos após a identificação de uma interação significativa. No entanto, temos que ajustar os valores-p para cada um deles a fim de considerar o fato de estarmos fazendo múltiplos testes. Usamos um método específico chamado *ajuste de Tukey* para ajudar a controlar nosso erro Tipo I (os comentários foram traduzidos):

```
## contraste                      Estimativa  SE     df  razão t  valor-p
## Fert0 Tilled - Fert1 Tilled         -0.28  0.079  33   -3.600   0.0100
## Fert0 Tilled - Fert0 Untilled       -0.37  0.093  14   -4.000   0.0100
## Fert0 Tilled - Fert1 Untilled       -0.33  0.093  28   -3.500   0.0100
## Fert1 Tilled - Fert0 Untilled       -0.09  0.100  36   -0.900   0.8100
## Fert1 Tilled - Fert1 Untilled       -0.05  0.090  23   -0.500   0.9600
## Fert0 Untilled - Fert1 Untilled      0.04  0.065  19    0.700   0.9100
##
## Método dos graus de liberdade: kenward-roger
## Ajuste do valor-p: método de Tukey para comparar uma família
## de quatro estimativas
```

Como transformamos os dados antes da análise, não podemos interpretar as estimativas dos parâmetros em termos das unidades originais dos dados. No entanto, como convertemos os escores transformados de abundância em *Z*-scores, podemos interpretar as estimativas dos parâmetros em termos de desvios-padrão dos dados transformados. Isso evidencia que os terrenos não cultivados tiveram aproximadamente um terço de desvio-padrão maior de abundância de log, independentemente da fertilização, e que ela aumentou a abundância de log para terrenos cultivados em pouco menos de um terço de desvio-padrão. Ao que parece, o efeito positivo de deixar o solo sem cultivo foi aproximadamente o mesmo que o efeito da aplicação de fertilizantes.

Além disso, podemos examinar a quantidade de variância contabilizada por cada um dos fatores no modelo. A inclusão da interação entre fertilização e cultivo representou cerca de 1,1% a mais de variância do que o modelo sem interação, e o modelo completo representou cerca de 2,1% a mais de variância do que um de baseline que incluiu somente o efeito do ano com os efeitos aleatórios do terreno e das espécies. Assim, embora significativos, esses fatores representaram relativamente pouca variância nos dados.

Obtendo Ajuda

Sempre que estiver analisando dados reais, é útil verificar seu plano de análise com um estatístico qualificado, pois muitos problemas potenciais podem surgir em dados reais. Na verdade, é melhor falar com um estatístico antes mesmo de iniciar o projeto, pois seus conselhos sobre os detalhes metodológicos ou a implementação do estudo podem evitar complicações maiores no futuro. A maioria das universidades estadunidenses tem departamentos de consultoria estatística que oferecem assistência gratuita aos membros da comunidade universitária. Compreender o conteúdo deste livro não significa que você não precisará buscar ajuda em algum momento, significa que, com a ajuda de estatísticos, é possível ter uma conversa mais embasada e entender melhor seus conselhos oferecidos.

Problemas

1. Descreva o conjunto de etapas que se deve adotar na análise de um conjunto de dados para testar uma hipótese científica.
2. Quando a suposição de resíduos normalmente distribuídos é muito importante para um modelo de regressão linear?
3. Um pesquisador tem um conjunto de dados e mediu se um conjunto de indivíduos poderia ou não correr 1,5km em menos de 10 minutos, com base em medições sobre força muscular e capacidade de oxigênio. Seria mais adequado usar a regressão linear ou a regressão logística e por quê?
4. Qual das afirmações a seguir é verdadeira para outliers? Escolha todas as opções que se aplicam.
   - ▷ Eles sempre devem ser removidos.
   - ▷ Às vezes, eles podem refletir a verdadeira natureza dos dados.
   - ▷ Às vezes, eles podem retratar erros na medição.
   - ▷ Eles exigem compreensão científica para determinar como abordá-los.
5. Descreva o conceito de viés de colisão e como ele se relaciona com a especificação de um modelo estatístico.
6. Descreva a relação entre regressão logística e regressão linear.
7. Um pesquisador executa dois modelos estatísticos, que resultam em valores BIC de 327 para o modelo completo e 385 para o modelo nulo. Calcule o fator de Bayes (BF_{01}) e descreva sua interpretação do resultado.
8. Qual é a principal aplicação dos modelos de efeitos mistos descritos neste capítulo?
   - ▷ Combinar os dados de múltiplas pessoas
   - ▷ Abordar a presença de dados clusterizados devido a efeitos aleatórios
   - ▷ Possibilitar a combinação de dados normalmente distribuídos e binários
   - ▷ Abordar o problema dos outliers
9. Quais das seguintes opções são causas potenciais de não normalidade nos resíduos de um modelo linear? Escolha todas as opções que se aplicam.
   - ▷ O modelo não está devidamente especificado.
   - ▷ Os dados têm uma estrutura que não foi adequadamente modelada.
   - ▷ A variável de resultado é altamente assimétrica.
10. Qual tipo de transformação matemática pode ser aplicada a uma variável assimétrica para aumentar a normalidade dos resíduos de um modelo linear?

18

Praticando a Pesquisa Reproduzível

A maioria das pessoas acredita que a ciência é um meio confiável de responder a perguntas sobre o mundo em que vivemos. Quando um clínico geral prescreve um tratamento, acreditamos que sua eficácia foi comprovada por pesquisas científicas, e confiamos na mesma medida que os aviões em que embarcamos não despencarão em pleno voo. No entanto, desde 2005, tem aumentado a apreensão de que a ciência talvez não funcione tão eficazmente quanto há muito acreditávamos. Neste capítulo, analisaremos as apreensões sobre a reprodutibilidade da pesquisa científica e descreveremos as etapas que podemos adotar para garantir que nossos resultados estatísticos sejam o mais reproduzíveis possível.

Objetivos de Aprendizagem

Após ler este capítulo, você deve ser capaz de:

- Descrever o conceito de p-hacking e seus efeitos na prática científica.
- Descrever o conceito de valor preditivo positivo e sua relação com potência estatística.
- Descrever o conceito de pré-registro e como ele pode ajudar a nos proteger contra práticas de pesquisa questionáveis.

Como Acreditamos que a Ciência Deve Funcionar

Suponha que estamos interessados em um projeto de pesquisa sobre como as crianças escolhem o que comer. Em 2012, essa pergunta foi investigada em um estudo realizado pelo renomado pesquisador de alimentação Brian Wansink e seus colegas. A perspectiva padrão (como veremos, um tanto superficial) é mais ou menos assim:

- Comece com uma hipótese.
  Marcas com personagens populares da mídia devem fazer com que as crianças escolham alimentos "saudáveis" com mais frequência.
- Colete alguns dados.
  Ofereça às crianças a opção entre um biscoito e uma maçã com um adesivo do personagem Elmo da Vila Sésamo ou com um adesivo comum e registre o que elas escolherem.

- Use a estatística para testar a hipótese nula.
  "A comparação pré-planejada demonstra que as maçãs da marca Elmo estavam associadas a um aumento na escolha da fruta em comparação à do biscoito, de 20,7% para 33,8% *(χ^2 = 5,158; P = 0,2)*" (Wansink; Just; Payne, 2012).
- Chegue a uma conclusão com base nos dados.
  "O estudo sugere que o uso de marcas ou marcas com personagens cativantes pode favorecer alimentos mais saudáveis do que alimentos indulgentes e altamente processados. Assim como foi demonstrado que nomes atraentes aumentam a frequência da escolha de alimentos mais saudáveis em refeitórios escolares, marcas e personagens de desenhos animados poderiam fazer o mesmo com crianças pequenas"(Wansink; Just; Payne, 2012).

Como a Ciência Efetivamente Funciona (Às vezes)

Brian Wansink é conhecido pelo seu livro *Mindless Eating* e chegou a cobrar milhares de dezenas de dólares em honorários para ministrar palestras corporativas. Em 2017, um grupo de pesquisadores começou a examinar minuciosamente alguns de seus estudos científicos publicados, partindo de um conjunto de artigos o qual elencava a quantidade de pizza que as pessoas consumiam em um buffet. Os pesquisadores pediram a Wansink que compartilhasse os dados dos estudos, mas o autor se recusou; por isso, eles investigaram a fundo os estudos publicados e identificaram um grande número de inconsistências e problemas estatísticos em seus artigos. A repercussão pública dessa análise fez com que diversas outras pessoas investigassem o passado dele, chegando a obter os e-mails que Wansink trocou com seus colaboradores. Conforme relatado por Stephanie Lee do Buzzfeed, essas mensagens mostraram o quanto as práticas de pesquisa do autor se distanciavam do modelo ingênuo[1]:

> Em setembro de 2008, quando estava analisando os dados recém-coletados, Payne não identificou um forte relação entre maçãs e o personagem Elmo — pelo menos, não até aquele momento... Payne escreveu aos seus colaboradores: "Anexei alguns resultados iniciais do estudo sobre crianças a esta mensagem para o relatório de vocês. Não se desesperem. Aparentemente, adesivos em frutas podem funcionar (com um pouco mais de 'mágica')." ... Wansink também reconheceu, enquanto se preparava para enviar o artigo para periódicos acadêmicos e científicos, que o texto tinha deficiências. O valor-p era de 0,06, um pouco acima do cutoff de padrão-ouro 0,05. Foi um "ponto de discórdia", como ele afirmara em um e-mail de 7 de janeiro de 2012.... "Parece-me que deveria ser menor", escreveu, anexando um rascunho. "Quer dar uma olhada e ver o que acha? Se você puder obter os dados, e eles precisarem de alguns ajustes, seria bom obter um valor abaixo de 0,5"... Posteriormente, em 2012, o estudo apareceu na prestigiosa revista *JAMA*

[1] O modelo ingênuo é mencionado com frequência em contextos de predição para demonstrar que, apesar de sua simplicidade, pode ser bastante eficaz e, às vezes, mais preciso do que modelos complexos. No entanto, é considerado por alguns como prejudicial devido à sua simplicidade, mas é útil para estabelecer um ponto de referência. Para mais informações, veja: `https://ibf.org/knowledge/glossary/naive-model-197`. [N. da T.]

> *Pediatrics*, com o valor-p de 0,06 intacto. Mas, em setembro de 2017, foi retificado e substituído por uma versão que listava um valor-p de 0,02. E um mês depois, foi retificado mais uma vez por um motivo completamente diferente: Wansink admitiu que o experimento não havia sido feito com crianças de 8 a 11 anos, como havia alegado inicialmente, mas com crianças em idade pré-escolar. (Lee, 2018)

Esse tipo de conduta finalmente trouxe consequências para Wansink; pelo menos 18 de seus estudos de pesquisa foram anulados e, em 2018, ele renunciou ao cargo na Universidade de Cornell.

A Crise da Reprodutibilidade na Ciência

Apesar de acreditarmos que o tipo de conduta fraudulenta, como a observada no caso de Wansink, seja relativamente rara, fica cada vez mais evidente que os problemas de reprodutibilidade são bem mais disseminados na ciência do que se imaginava. Isso se tornou notoriamente evidente em 2015, quando um amplo grupo de pesquisadores publicou um estudo na revista *Science* intitulado como "Estimating the Reproducibility of Psychological Science" ["Estimativa da Reprodutibilidade na Ciência Psicológica", em tradução livre] (Open Science Collaboration 2015).

Nesse estudo, conhecido como Reproducibility Project: Psychology, os pesquisadores selecionaram 100 estudos publicados em psicologia e tentaram reproduzir os resultados inicialmente relatados nos artigos. As constatações foram alarmantes: enquanto 97% dos artigos originais relatavam descobertas estatisticamente significativas, apenas 37% desses efeitos mostraram significância estatística no estudo de replicação. Mesmo que esses problemas na área de psicologia tenham chamado muita atenção, aparentemente também ocorriam em quase todas as áreas da ciência, desde a biologia do câncer (Errington *et al*, 2014) e química (Baker, 2017) até a economia (Christensen; Miguel, 2016) e ciências sociais (Camerer *et al*, 2018).

A crise da reprodutibilidade que surgiu após 2010 foi, na verdade, prevista por John Ioannidis, médico da Universidade de Stanford, que escreveu um artigo em 2005 chamado "Why Most Published Research Findings Are False" ["Por que a Maioria das Descobertas de Pesquisa Publicadas São Falsas", em tradução livre] (Ioannidis, 2005). Nesse texto, ele argumentava que o uso de testes estatísticos de hipótese nula no contexto da ciência moderna necessariamente leva a altos níveis de resultados falsos.

Valor Preditivo Positivo e Significância Estatística

A análise de Ioannidis focava um conceito conhecido como *valor preditivo positivo* (VPP), definido como a proporção de resultados positivos (em geral, traduzidos como "descobertas estatisticamente significativas") que são verdadeiros:

$$VPP = \frac{p(resultado\ positivo\ verdadeiro)}{p(resultado\ positivo\ verdadeiro) + p(resultado\ positivo\ falso)}$$

Supondo que sabemos a probabilidade de que nossa hipótese seja verdadeira *(p(hÉVerdadeira))*, a probabilidade de um resultado positivo verdadeiro é simplesmente *p(hÉVerdadeiro)* multiplicado pela potência estatística do estudo:

$$p(\textit{resultado positivo verdadeiro}) = p(\textit{hÉVerdadeiro}) * (1 - \beta)$$

Em que β é a taxa de falsos negativos. A probabilidade de um resultado falso positivo é determinada por *p(hÉVerdadeira)* e a taxa de falso positivo α:

$$p(\textit{resultado positivo falso}) = (1 - p(\textit{hÉVerdadeiro})) * \alpha$$

O VPP é então definido como:

$$VPP = \frac{p(\textit{hÉVerdadeiro}) * (1 - \beta)}{p(\textit{hÉVerdadeiro}) * (1 - \beta) + (1 - p(\textit{hÉVerdadeiro})) * \alpha}$$

Primeiro, vejamos um exemplo em que a probabilidade de nossa hipótese ser verdadeira é alta, digamos, 0,8 — embora, em geral, não possamos realmente saber essa probabilidade. Suponha que realizamos um estudo com os valores padrão de $\alpha = 0{,}05$ e $\beta = 0{,}2$. Podemos calcular o VPP como:

$$VPP = \frac{0.8 * (1 - 0.2)}{0.8 * (1 - 0.2) + (1 - 0.8) * 0.05} = 0.98$$

Isso significa que, se encontrarmos um resultado positivo em um estudo no qual a hipótese provavelmente é verdadeira, e a potência é alta, a verossimilhança de ela ser verdadeira é alta. Observe, no entanto, que um campo de pesquisa em que as hipóteses têm uma verossimilhança tão alta de serem verdadeiras provavelmente não é um campo de pesquisa muito interessante; pesquisar é mais importante quando nos indica fatos inesperados! Faremos a mesma análise para um campo em que *p(hÉVerdadeiro)* = 0,1 — ou seja, a maioria das hipóteses testadas é falsa. Nesse caso, o VPP é:

$$VPP = \frac{0.1 * (1 - 0.2)}{0.1 * (1 - 0.2) + (1 - 0.1) * 0.05} = 0.307$$

Isso significa que, em um campo no qual a maioria das hipóteses provavelmente estão erradas (ou seja, um campo científico de interesse em que os pesquisadores estão testando hipóteses arriscadas), mesmo quando encontramos um resultado positivo, é mais provável que seja falso do que verdadeiro! Na realidade, esse é apenas mais um exemplo do efeito da taxa-base que analisamos no Capítulo 6 — quando um resultado é improvável, é quase certo que a maioria dos positivos serão falsos.

Podemos simular isso a fim de mostrar como o VPP se relaciona com a potência estatística em função de a probabilidade anterior da hipótese ser verdadeira (Figura 18.1). Infelizmente, a potência estatística continua baixa em muitas áreas da ciência (Smaldino; McElreath, 2016), sugerindo que muitos resultados de pesquisas publicadas são falsos. Um exemplo engraçado disso ocorreu em um artigo de Jonathan Schoenfeld e John Ioannidis (2013), intitulado "Is Everything We Eat Associated with Cancer? A

Systematic Cookbook Review ["Tudo o Que Comemos Está Associado ao Câncer? Uma Revisão Sistemática de Livros de Culinária", em tradução livre]. Eles examinaram um grande número de artigos que avaliavam a relação entre diferentes alimentos e o risco de câncer, descobrindo que 80% dos ingredientes foram associados ao aumento ou diminuição do risco de câncer. Na maioria desses casos, a evidência estatística era fraca, e, quando os resultados foram combinados entre os estudos, o resultado foi nulo.

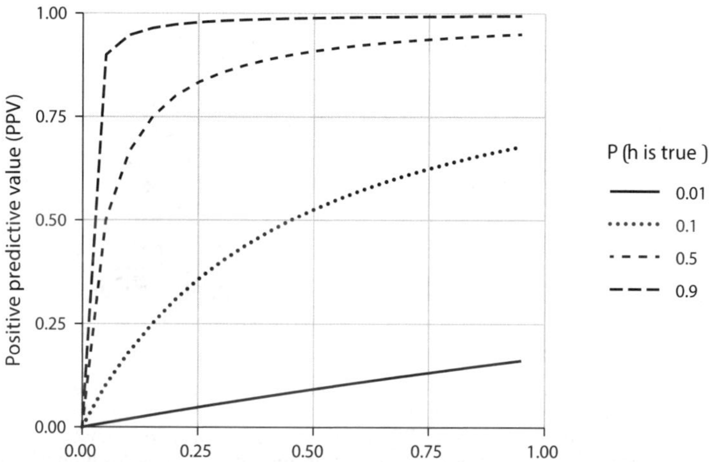

FIGURE 18.1. Uma simulação do valor preditivo positivo [Positive predictive value] em função da potência estatística [Power] (plotada no eixo x) e da probabilidade anterior da hipótese ser verdadeira (plotada como linhas separadas).

A Maldição do Vencedor

Outro tipo de erro também pode ocorrer quando a potência estatística é baixa: nossas estimativas do tamanho do efeito serão infladas. Esse fenômeno costuma ser chamado de *maldição do vencedor*, termo proveniente da economia, e se refere ao fato de que, em certos tipos de leilões (nos quais o valor é o mesmo para todos, como um pote de moedas, e os lances são privados), o vencedor inevitavelmente paga mais do que a mercadoria vale para obtê-la. Na ciência, a maldição do vencedor se refere ao fato de que o tamanho do efeito estimado a partir de um resultado significativo (ou seja, um vencedor) é quase sempre uma estimativa excessiva do tamanho verdadeiro do efeito.

Podemos simular isso a fim de constatar como o tamanho do efeito estimado para resultados significativos está relacionado ao tamanho do efeito subjacente real. Geraremos dados para os quais existe um tamanho do efeito verdadeiro de $d = 0{,}2$ e estimaremos o tamanho do efeito para os resultados em que existe um efeito significativo detectado. O painel A da Figura 18.2 mostra que, quando a potência é baixa, o tamanho do efeito estimado para resultados significativos pode ser altamente inflado em comparação com o tamanho real do efeito.

Podemos examinar uma única simulação para verificar por que isso acontece. No painel B da Figura 18.2, podemos ver um histograma dos tamanhos do efeito estimados para 1000 amostras, considerando quando o teste foi estatisticamente significativo e quando não foi. Deve ficar claro a partir da figura que, se estimarmos o tamanho do efeito apenas com base em resultados significativos, nossa estimativa será inflada; somente quando a maioria dos resultados for significativa (ou seja, a potência for alta, e o efeito, relativamente grande), nossa estimativa se aproximará do tamanho real do efeito.

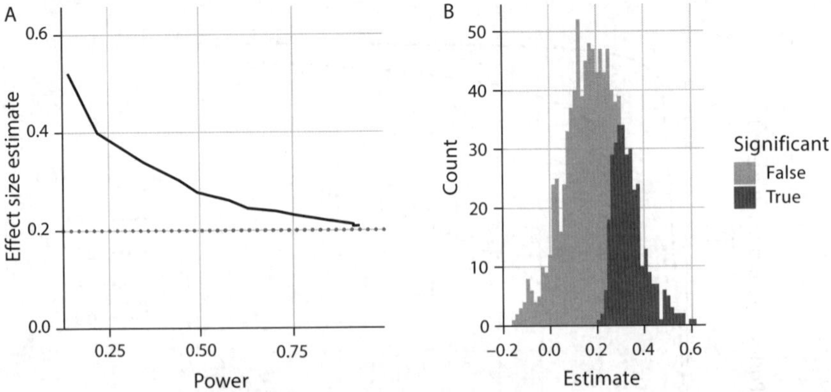

Figura 18.2. (A) Uma simulação da maldição do vencedor [Effect size estimate] em função da potência estatística [Power] (eixo x). A linha contínua demonstra o tamanho estimado do efeito, e a linha pontilhada ilustra o tamanho real do efeito. (B) Um histograma mostrando estimativas de tamanho do efeito [Estimate] para o número de amostras a partir de um conjunto de dados [Count]. Os resultados significativos são representados em cinza-escuro, e os não significativos, em cinza-claro.

Práticas de Pesquisa Questionáveis

Um livro popular chamado *The Compleat Academic: A Career Guide*, publicado pela American Psychological Association [Associação Norte-americana de Psicologia] (Darley; Zanna; Roediger, edição de 2004), tem como objetivo orientar aspirantes a pesquisadores sobre como construir uma carreira sólida. Em um capítulo escrito pelo renomado psicólogo social Daryl Bem, intitulado "Writing the Empirical Journal Article" ["Escrevendo o Artigo Científico Empírico", em tradução livre], o autor fornece algumas sugestões para redigir um artigo de pesquisa. Infelizmente, as práticas sugeridas são seriamente problemáticas e passaram a ser conhecidas como *práticas de pesquisa questionáveis* (PPQs).

> **Qual artigo você deve escrever?** Segundo Bem, existem duas possibilidades: (1) o artigo que você planejou escrever quando elaborou seu estudo ou (2) o artigo que faz mais sentido agora que você já sabe os resultados. Raramente essas duas modalidades coincidem, e a resposta correta é a opção 2. (Bem, 2004, p. 186)

O que Bem sugere é conhecido como *HARKing* (hypothesizing after the results are known [hipotetização após os resultados serem conhecidos]) (Kerr, 1998). Isso pode até parecer inofensivo, mas é problemático, pois possibilita que o pesquisador reformule uma conclusão *post-hoc* (que devemos encarar com cautela) como uma predição a priori (na qual teríamos maior confiança). Basicamente, isso permite que o pesquisador reescreva sua teoria com base nos fatos, em vez de usar a teoria para fazer predições e depois testá-las — é como mover a trave do gol para que o gol seja sempre marcado, independentemente da direção da bola. Assim, torna-se extremamente difícil refutar ideias incorretas, já que os critérios podem ser sempre ajustados para coincidir com os dados. Bem continua:

> **Analisando dados:** examine-os de todas as perspectivas. Analise os sexos separadamente. Crie novos índices compostos. Se um dado sugerir uma hipótese nova, tente encontrar evidências adicionais para ela em outras partes dos dados. Se você perceber vestígios tênues de padrões interessantes, tente reorganizar os dados para torná-los mais evidentes. Se houver participantes de que não goste, ou ensaios, observadores ou entrevistadores que lhe forneceram resultados anômalos, descarte-os (temporariamente). Participe de uma busca exploratória para encontrar algo — qualquer coisa — interessante. Não, isso não é imoral. (Bem, 2004, p. 186)

O que ele recomenda é conhecido como *p-hacking*, que é tentar muitas análises diferentes até encontrar um resultado significativo. Bem tem razão ao afirmar que, se todas as análises feitas nos dados fossem relatadas, essa abordagem não seria "imoral". Contudo, é raro ver um artigo elencar todas as análises realizadas em um conjunto de dados; ao contrário, em geral, os artigos apresentam somente as análises que *funcionaram* — o que normalmente significa que um resultado estatisticamente significativo foi encontrado. O p-hacking pode ser praticado de muitas formas diferentes:

- Analisar os dados após cada sujeito de pesquisa e parar de coletar dados quando chegar a $p<0,5$.
- Analisar muitas variáveis diferentes, mas relatar apenas aquelas com $p<0,5$.
- Coletar muitas condições experimentais diferentes, mas relatar apenas aquelas com $p<0,5$.
- Excluir participantes para obter $p<0,5$.
- Transformar os dados para obter $p<0,5$.

Um conhecido artigo de Simmons, Nelson e Simonsohn (2011) mostrou que o uso desses tipos de estratégias de p-hacking poderia aumentar muito a taxa real de falsos positivos, resultando em um grande número de resultados falsos positivos.

PES ou PPQ?

Em 2011, o mesmo Daryl Bem publicou um artigo que alegava ter encontrado evidência científica para a percepção extrassensorial (PES):

> Este artigo relata nove experimentos, envolvendo mais de mil participantes, para testar a influência retroativa por meio da "inversão temporal" de efeitos psicológicos consagrados, de modo que as respostas do indivíduo sejam obtidas antes de os eventos de estímulos supostamente causais ocorrerem. O tamanho médio do efeito (d) no desempenho de psi em todos os nove experimentos foi de 0,22, e

todos eles, exceto um, geraram resultados estatisticamente significativos. (Bem, 2011, p. 407)

À medida que os pesquisadores começaram a examinar o artigo de Bem, ficou claro que ele havia se envolvido com todas as PPQs recomendadas no capítulo analisado anteriormente. Como destacou Tal Yarkoni em uma postagem de blog quando analisou o artigo:[2]

- Os tamanhos das amostras variavam entre os estudos.
- Diferentes estudos parecem ter sido agrupados ou divididos.
- Os estudos possibilitam muitas hipóteses diferentes, e não fica claro quais foram planejadas com antecedência.
- Bem usou testes unicaudais mesmo quando não havia uma predição direcional clara (logo, alfa é realmente 0,1).
- A maioria dos valores-p está muito próxima de 0,05.
- Não fica claro quantos outros estudos foram realizados e não foram relatados.

Praticando a Pesquisa Reproduzível

Desde que a crise da reprodutibilidade surgiu, houve um movimento substancial para desenvolver ferramentas que ajudem a proteger a reprodutibilidade das pesquisas científicas.

Pré-registro

Uma das ideias que ganhou mais popularidade é o *pré-registro*: submete-se uma descrição detalhada de um estudo (incluindo todas as análises de dados) a um repositório confiável (como o Open Science Framework ou o AsPredicted.org). Ao especificar os planos detalhadamente antes de analisar os dados, o pré-registro fornece maior confiança de que as análises não serão comprometidas pelo p-hacking ou por outras práticas de pesquisa questionáveis.

Os efeitos do pré-registro em ensaios clínicos na medicina têm sido notáveis. Em 2000, o National Heart, Lung, and Blood Institute (NHLBI) [Instituto Nacional do Coração, Pulmão e Sangue dos Estados Unidos] começou a exigir que todos os ensaios clínicos fossem pré-registrados usando o sistema `ClinicalTrials.gov`. Isso fornece um experimento natural para observar os efeitos do pré-registro do estudo. Quando Kaplan e Irvin (2015) examinaram os resultados dos ensaios clínicos ao longo do tempo, descobriram que o número de resultados positivos neles foi bastante reduzido após a década de 2000 em comparação com os períodos anteriores. Mesmo existindo muitas causas possíveis, parece provável que, antes do registro do estudo, os pesquisadores conseguiam alterar métodos ou hipóteses a fim de encontrar um resultado positivo, o que ficou mais difícil após exigência do pré-registro.

---

2 http://www.talyarkoni.org/blog/2011/01/10/the-psychology-of-parapsychology-or-why-good-researchers-publishing-good-articles-in-good-journals-can-still-get-it-totally-wrong/.

Práticas Reproduzíveis

O artigo de Simmons, Nelson e Simonsohn (2011) apresenta um conjunto de práticas sugeridas para tornar a pesquisa mais reproduzível, que deveriam se tornar padrão para os pesquisadores. Os autores devem:

- Decidir regras para finalizar a coleta de dados antes do seu início e elencá-la no artigo.
- Coletar, pelo menos, 20 observações por unidade de análise ou fornecer uma justificativa convincente do custo da coleta de dados.
- Listar todas as variáveis coletadas em um estudo.
- Relatar todas as condições experimentais, incluindo manipulações malsucedidas.
- Elencar como seriam os resultados estatísticos incluindo as observações eliminadas, se houver.
- Relatar os resultados estatísticos sem a covariável se uma análise incluir uma covariável.

Replicação

Um dos balizadores da ciência é o conceito de *replicação* — ou seja, outros pesquisadores devem ser capazes de realizar o mesmo estudo e obter o mesmo resultado. Infelizmente, conforme vimos o que aconteceu com o Reproducibility Project analisado anteriormente neste capítulo, muitas descobertas não são replicáveis. A melhor forma de assegurar a replicabilidade de sua pesquisa é, primeiro, replicá-la por conta própria; para alguns estudos, isso não será possível, mas sempre que possível, você deve garantir que sua descoberta se sustente em uma amostra nova, que deve ter potência suficiente para encontrar o tamanho do efeito de interesse; em muitos casos, isso exigirá uma amostra maior do que a original.

É importante considerar alguns pontos quando se trata de replicação. Primeiro, o fato de uma tentativa de replicação ser malsucedida não significa necessariamente que a descoberta original era falsa; lembre que, com o nível padrão de 80% de potência, ainda existe 1 chance em 5 de que o resultado não seja significativo, mesmo que exista um efeito verdadeiro. Por esse motivo, queremos normalmente observar múltiplas replicações em qualquer descoberta importante antes de decidir se devemos ou não acreditar nela e, em geral, queremos que as tentativas de replicação tenham níveis de potência maiores do que o original.

Infelizmente, muitas áreas, incluindo a psicologia, não adotaram esse conselho ao longo dos últimos anos, levando a descobertas "amplamente aceitas" que provavelmente se revelaram falsas. No que diz respeito aos estudos de PES de Daryl Bem, uma grande tentativa de replicação envolvendo sete estudos não conseguiu replicar as descobertas (Galak *et al*, 2012).

Segundo, lembre-se de que o valor-p não nos fornece uma medida da verossimilhança de replicação de uma descoberta. Conforme examinamos anteriormente, o valor-p é uma afirmação sobre a verossimilhança dos dados, considerando uma hipótese nula específica; ele não indica nada sobre a probabilidade de que a descoberta seja efetivamente verdadeira (conforme aprendemos no Capítulo 11). Para saber a verossimilhança de replicação, precisamos saber a probabilidade de a descoberta ser verdadeira, o que geralmente não sabemos.

Praticando a Reprodutibilidade na Análise de Dados

Até agora, focamos a capacidade de replicar as descobertas de outros pesquisadores em experimentos novos. Mas outro aspecto fundamental da reprodutibilidade é a capacidade de reproduzir as análises de alguém usando os próprios dados. Chamamos isso de *reprodutibilidade computacional.* Isso exige que os pesquisadores compartilhem seus dados e seu código de análise, de modo que outros possam tentar reproduzir o resultado e, potencialmente, testar diferentes métodos de análise nos mesmos dados. Felizmente, a psicologia caminha cada vez mais em direção ao compartilhamento open-source de código e de dados. Por exemplo, a revista *Psychological Science* agora oferece "badges" para artigos que compartilham materiais de pesquisa, dados e código, bem como pré-registro.

A capacidade de reproduzir análises é uma das razões pelas quais defendemos veementemente o uso de análises baseadas em scripts (como as feitas em R) em vez de pacotes de softwares do tipo "point-and-click". É também uma razão pela qual defendemos o uso de software gratuito e open-source (como a linguagem R) em vez de pacotes de software comerciais, os quais exigiriam que outras pessoas os comprassem a fim de reproduzir quaisquer análises.

Podemos compartilhar códigos e dados de muitas formas. Uma forma comum de compartilhar código é por meio de sites que disponibilizam *controle de versão* para software e programas, como o Github. Conjuntos pequenos de dados também podem ser compartilhados nesses mesmos sites, já os conjuntos maiores de dados, em portais de compartilhamento de dados, como o Zenodo, ou em portais especializados para tipos específicos de dados, como o OpenNeuro para neuroimagem.

Conclusão: Elevando a Qualidade da Ciência

Todo cientista tem como responsabilidade melhorar suas práticas de pesquisa para aumentar a reprodutibilidade dos estudos. É essencial lembrar que o objetivo da pesquisa não é encontrar um resultado significativo a qualquer custo. Pelo contrário, é formular e responder a perguntas sobre a natureza da forma mais fidedigna possível. A maioria de nossas hipóteses estará errada, e devemos nos sentir à vontade com esse fato, afinal, quando encontramos uma hipótese correta, confiamos ainda mais em sua veracidade.

Leituras Sugeridas:

- *Rigor Mortis: How Sloppy Science Creates Worthless Cures, Crushes Hope, and Wastes Billions*, de Richard Harris. Uma visão geral excepcional da crise de reprodutibilidade na ciência.
- *Statistics Done Wrong: The Woefully Complete Guide*, de Alex Reinhart. Um guia divertido sobre como a estatística pode ser indevidamente utilizada.

Problemas

1. Qual porcentagem de estudos publicados sobre psicologia foram considerados replicáveis no estudo de 2015 do Reproducibility Project: Psychology?
   - ▷ 18%
   - ▷ 37%
   - ▷ 51%
   - ▷ 86%
2. O que John Ioannidis evidenciou em seu artigo de 2005 chamado "Why Most Published Research Findings Are False?" Escolha todas as opções que se aplicam.
   - ▷ A maioria dos pesquisadores criou os próprios dados.
   - ▷ A potência estatística está relacionada à verossimilhança de que um resultado positivo é efetivamente verdadeiro.
   - ▷ Estudos com amostras menores têm maior probabilidade de apresentar erros do Tipo I.
   - ▷ É mais provável que um resultado positivo a partir de um estudo com amostras maiores seja verdadeiro do que um resultado positivo a partir de um estudo com amostras menores.
3. Dez pesquisadores diferentes realizam estudos independentes a fim de determinar se as alergias ao amendoim nas crianças estão relacionadas à ingestão desse alimento pela mãe durante a gravidez. Seis dos estudos encontraram uma relação estatisticamente significativa, com tamanhos do efeito variando de $d = 0,2$ a $d = 0,5$. O conceito de maldição do vencedor afirma que o verdadeiro tamanho do efeito é provavelmente (maior, pequeno, idêntico a) o maior tamanho do efeito ($d = 0,5$) no conjunto de estudos.
4. Descreva o conceito de HARKing e por que ele é problemático para a qualidade da pesquisa.
5. Quais das afirmações a seguir seriam exemplos de p-hacking? Escolha todas as opções que se aplicam.
   - ▷ Testar 5 métodos de análise diferentes nos mesmos dados e relatar apenas o resultado mais significativo
   - ▷ Realizar 1.000.000 de testes de hipóteses e relatar os resultados após a correção de múltiplos testes
   - ▷ Recorrer à validação cruzada a fim de determinar o desempenho preditivo de um modelo
   - ▷ Analisar os dados após cada observação nova e interromper o estudo quando o resultado se tornar significativo
6. Quais das seguintes opções estão incluídas nas regras sugeridas por Simmons e seus colegas para melhorar a reprodutibilidade? Escolha todas as opções que se aplicam.
   - ▷ Os autores devem coletar, no mínimo, 50 observações por grupo ou fornecer uma justificativa convincente para não fazer isso.
   - ▷ Os autores devem relatar todos os conflitos de interesse financeiros.
   - ▷ Os autores devem elencar todas as condições experimentais, incluindo aquelas malsucedidas.

7. Os autores devem decidir regras para finalizar a coleta de dados antes do seu início e elencá-las no artigo.

BIBLIOGRAFIA

Bakan, David (1966). "The test of significance in psychological research", Em: *Psychol Bull* 66.6, pp. 423–37. Baker, Monya (2017). "Reproducibility: Check your chemistry", em: *Nature* 548.7668 (agosto), pp. 485–88. https://doi.org/10.1038/548485a.

Barr, Dale J. *et al.* (2013). "Random effects structure for confirmatory hypothesis testing: Keep it maximal", em: *J Mem Lang* 68.3, pp. 255–78. https://doi.org/10.1016/j.jml.2012.11.001.

Bem, Daryl J. (2004). "Writing the empirical journal article", Em: J. M. Darley; M. P. Zanna; H. L. Roediger (eds.), *The Compleat Academic: A Career Guide*, pp. 185–219. Washington, DC: American Psychological Association.

Bem, Daryl J. (2011). "Feeling the future: Experimental evidence for anomalous retroactive influences on cognition and affect". Em: *J Pers Soc Psychol* 100.3, pp. 407–25. https://doi.org/10.1037/a0021524.

Benjamin, Daniel J. *et al.* (2018). "Redefine Statistical Significance". Em: *Nat Hum Behav* 2.1, pp. 6–10.

Breiman, Leo (2001). "Statistical modeling: The two cultures (with comments and a rejoinder by the author)". Em: *Statist Sci* 16.3 (Aug.) Pp. 199–231. https://doi.org/10.1214/ss/1009213726.

Camerer, Colin F. *et al.* (2018). "Evaluating the replicability of social science experiments in *Nature* and *Science* between 2010 and 2015". Em: *Nat Hum Behav* 2, pp. 637–44.

Christensen, Garret S.; Edward Miguel (2016). "Transparency, reproducibility, and the credibility of economics research". Artigo em curso, 22989. National Bureau of Economic Research. http://www.nber.org/papers/w22989.

Cleland, Elsa E. *et al.* (2008). "Species responses to nitrogen fertilization in herbaceous plant communities, and associated species traits". Em: *Ecology* 89.4, p. 1175. https://doi.org/10.1890/07-1104.1.

Copas, J. B. (1983). "Regression, prediction and shrinkage (with discussion)". Em: *JR Statist SocB* 45, pp. 311– 54.

Darley, John M.; Mark P. Zanna; Henry L Roediger, eds. (2004). *The Compleat Academic: A Career Guide*. 2ª edição, Washington, DC: American Psychological Association.

Dehghan, Mahshid *et al.* (2017). "Associations of fats and carbohydrate intake with cardiovascular disease and mortality in 18 countries from five continents (PURE): A prospective cohort study". Em: *Lancet* 390.10107, pp. 2050–62. https://doi.org/10.1016/S0140-6736(17)32252-3.

Efron, Bradley (1998). "R. A. Fisher in the 21st century". Artigo apresentado na Palestra de R. A. Fisher em 1996. Em: *Statist. Sci.* 13.2 (May), pp. 95–122. https://doi.org/10.1214/ss/1028905930.

Einstein, Albert (1934). "On the method of theoretical physics". Em: *Phil Sci* 1.2 (Apr.), pp. 163–69.

Eisenberg, Ian W. *et al.* (2019). "Uncovering the structure of self-regulation through data-driven ontology discovery". Em: *Nat Commun* 10.1 (maio), p. 2319. https://doi.org/10.1038/s41467-019-10301-1.

Enders, Craig K. (2022). *Applied Missing Data Analysis.* 2ª edição. Nova York: Guilford Press.

Errington, Timothy M. *et al.* (2014). "An open investigation of the reproducibility of cancer biology research". Em: *Elife* 3. https://doi.org/10.7554/eLife.04333.

Fisher, R. A. (1925). *Statistical Methods for Research Workers.* Edinburgh, Scotland: Oliver & Boyd.

Fisher, R. A. (1956). *Statistical Methods and Scientific Inference.* Nova York: Hafner.

Galak, Jeff *et al.* (2012). "Correcting the past: Failures to replicate PSI". Em: *J Pers Soc Psychol* 103.6, pp. 933–48. https://doi.org/10.1037/a0029709.

Galton, Francis (1883). *Inquiries into Human Faculty and Its Development.* Nova York: Macmillan e Co. Gerrig, R. J.; P. G. Zimbardo (2002). *Psychology and Life.* 16ª edição. Boston: Allyn & Bacon.

Gigerenzer, Gerd (2004). "Mindless statistics". Em: *J Socio-Econ* 33.5, pp. 587–606.

Godfrey-Smith, Peter (2021). *Theory and Reality: An Introduction to the Philosophy of Science.* 2ª edição. Chicago: University of Chicago Press.

Huberty, Lisa E.; Katherine L. Gross; Carolyn J. Miller (1998). "Effects of nitrogen addition on successional dynamics and species diversity in Michigan old-fields". Em: *J Ecol* 86.5, 794–803. https://doi.org/10.1046/j.1365-2745.1998.8650794.x.

Ioannidis, John P. A. (2005). "Why most published research findings are false". Em: *PLoS Med* 2.8, e124. https://doi.org/10.1371/journal.pmed.0020124.

Kaplan, Robert M.; Veronica L. Irvin (2015). "Likelihood of null effects of large NHLBI clinical trials has increased over time". Em: *PLoS One* 10.8, e0132382. https://doi.org/10.1371/journal.pone.0132382.

Kass, Robert E.; Adrian E. Raftery (1995). "Bayes Factors". Em: *J Am Stat Assoc* 90.430, pp. 773–95.

Kerr, N. L. (1998). "HARKing: Hypothesizing after the results are known". Em: *Pers Soc Psychol Rev* 2.3, pp. 196–217. https://doi.org/10.1207/s15327957pspr0203_4.

Lee, Stephanie M. (2018). "Here's how Cornell scientist Brian Wansink turned shoddy data into viral studies about how we eat". https://www.buzzfeednews.com/article/stephaniemlee/brian-wansink-cornell-p-hacking.

Lewandowsky, Stephan; Gilles E. Gignac; Klaus Oberauer (2013). "The role of conspiracist ideation and worldviews in predicting rejection of science". Em: *PLoS One* 8.10, e75637. https://doi.org/10.1371/journal.pone.0075637.

Lewandowsky, Stephan; Gilles E. Gignac; Klaus Oberauer (2015). "Correction: The role of conspiracist ideation and worldviews in predicting rejection of science". Em: *PLoS One* 10.8, e0134773. https://doi.org/10.1371/journal.pone.0134773.

Liebst, Lasse S. *et al.* (2022). "Face-touching behaviour as a possible correlate of mask-wearing: A video observational study of public place incidents during the COVID-19 pandemic". Em: *Transbound Emerg Dis* 69.3, pp. 1319–25. https://doi.org/10.1111/tbed.14094.

Luce, R. D. (1988). Revisão de *Cognition as Intuitive Statistics*, por G. Gigerenzer; D.J. Murray. Em: *Contemp Psychol* 33.7, pp. 582–83.

Majumder, M. (2017). "Higher rates of hate crimes are tied to income inequality". https://fivethirtyeight.com/features/higher-rates-of-hate-crimes-are-tied-to-income-inequality/.

Marsh, Herbert W. *et al.* (2014). "Exploratory structural equation modeling: An integration of the best features of exploratory and confirmatory factor analysis". Em: *Annu Rev Clin Psychol* 10, 85–110. https://doi.org/10.1146/annurev-clinpsy-032813-153700.

McNeish, Daniel; Ken Kelley (2019). "Fixed effects models versus mixed effects models for clustered data: Reviewing the approaches, disentangling the differences, and making recommendations". Em: *Psychol Methods* 24.1, pp. 20–35. https://doi.org/10.1037/met0000182.

Neyman, J. (1937). "Outline of a theory of statistical estimation based on the classical theory of probability". Em: *Phil Trans R Soc A* 236.767, pp. 333–80. https://doi.org/10.1098/rsta.1937.0005.

Neyman, J.; E. Pearson (1933). "On the problem of the most efficient tests of statistical hypotheses". Em: *Phil Trans R Soc A* 231.694–706, pp. 289–337. https://doi.org/10.1098/rsta.1933.0009.

Open Science Collaboration (2015). "Psychology: Estimating the reproducibility of psychological science". Em: *Science* 349.6251, aac4716. https://doi.org/10.1126/science.aac4716.

Pesch, Beate *et al.* (2012). "Cigarette smoking and lung cancer — relative risk estimates for the major histological types from a pooled analysis of case-control studies". Em: *Int J Cancer* 131.5, 1210–19. https://doi.org/10.1002/ijc.27339.

Pew Research Center (2020). https://www.pewresearch.org/fact-tank/2020/11/20/facts-about-crime-in-the-u-s/.

Press, W. H. *et al.* (1992). *Numerical Recipes in C: The Art of Scientific Computing.* Nova York: Cambridge University Press.

Reinhart, Carmen M; Kenneth S Rogoff (2010). "Growth in a time of debt". Em: *Am Econ Rev* 100.2, pp. 573–78. https://doi.org/10.1257/aer.100.2.573.

Schenker, Nathaniel; Jane F Gentleman (2013). "On Judging the significance of differences by examining the overlap between confidence intervals". Em: *Am Statistician* 55.3, 182–186. http://www.jstor.org/stable/2685796.

Schoenfeld, Jonathan D.; John P. A. Ioannidis (2013). "Is everything we eat associated with cancer? A systematic cookbook review". Em: *Am J Clin Nutr* 97.1, 127–34. https://doi.org/10.3945/ajcn.112.047142.

Simmons, Joseph P.; Leif D. Nelson; Uri Simonsohn (2011). "False-positive psychology: Undisclosed flexibility in data collection and analysis allows presenting anything as significant". Em: *Psychol Sci* 22.11, pp. 1359–66. https://doi.org/10.1177/0956797611417632.

Smaldino, Paul E.; Richard McElreath (2016). "The natural selection of bad science". Em: *R Soc Open Sci* 3.9, p. 160384. https://doi.org/10.1098/rsos.160384.

Stigler, Stephen M. (2016). *The Seven Pillars of Statistical Wisdom.* Cambridge, MA: Harvard University Press. Sullivan, Gail M e Richard Feinn (2012). "Using effect size — or why the P value is not enough". Em: *J Grad Med Educ* 4.3, pp. 279–82. https://doi.org/10.4300/JGME-D-12-00156.1.

Teicholz, Nina (2014). *The Big Fat Surprise.* Nova York: Simon & Schuster.

Wagenmakers, Eric-Jan (2007). "A practical solution to the pervasive problems of p values". Em: *Psychon Bull Rev* 14.5, pp. 779–804. https://doi.org/10.3758/bf03194105.

Wakefield, A. J. (1999). "MMR vaccination and autism". Em: *Lancet* 354.9182, 949–50. https://doi.org/10.1016/S0140-6736(05)75696-8.

Wansink, Brian; David R. Just; Collin R Payne (2012). "Can branding improve school lunches?" Em: *Arch Pediatr Adolesc Med* 166.10, pp. 1–2. https://doi.org/10.1001/archpediatrics.2012.999.

Woodfine, J. D.; D. A. Redelmeier (2015). "Berkson's paradox in medical care". Em: *J Intern Med* 278.4, pp. 424–26. https://doi.org/10.1111/joim.12363.

ÍNDICE

N

O

P

Q

R

S

T

U

V